纳米氧化锌基材料制备及应用研究

李 荡 著

中国原子能出版社

图书在版编目（CIP）数据

纳米氧化锌基材料制备及应用研究 / 李荡著. --北
京：中国原子能出版社，2023.10（2025.3重印）
ISBN 978-7-5221-3095-8

Ⅰ.①纳… Ⅱ.①李… Ⅲ.①纳米材料–氧化锌–制
备 Ⅳ.①TN304.2

中国国家版本馆 CIP 数据核字（2023）第 216164 号

纳米氧化锌基材料制备及应用研究

出版发行	中国原子能出版社（北京市海淀区阜成路 43 号　100048）
责任编辑	蒋焱兰
责任校对	冯莲凤
装帧设计	北京华联印刷有限公司
责任印制	赵　明
印　　刷	北京天恒嘉业印刷有限公司
经　　销	全国新华书店
开　　本	787 mm×1092 mm　1/16
印　　张	13.75
字　　数	240 千字
版　　次	2023 年 10 月第 1 版　2025 年 3 月第 2 次印刷
书　　号	ISBN 978-7-5221-3095-8　　　定　价　79.00 元

发行电话：010-68452845

前　言

纳米科学技术被认为是 21 世纪的新科技，它可以使人们在原子、分子尺度上研究物质变化的行为和规律，深化人们对客观世界的认识。因此，纳米科学技术的出现及其不断深入发展无疑是现代科学的重大突破，必将深刻影响国民经济未来的发展。在这一领域中，纳米材料的制备技术、分析和表征手段、性能测试及实际应用等全方位的综合研究，已日益引起人们的极大兴趣。

随着科学技术的飞速发展，纳米材料作为一种新型的材料形式，因其不同于一般材料的物理、化学性质，已经在各个领域展示了广泛的应用前景。纳米科技的快速发展不仅为我们提供了新的材料和工艺，而且也引领了科技和工业革命的新潮流。纳米材料的制备是纳米科技的重要组成部分，制备出高质量、性能稳定、大规模的纳米材料是纳米科技应用的关键。同时，纳米材料的应用已经渗透到许多领域，如能源、医疗、环保、信息等，其独特的性质使得纳米材料能够解决一些传统材料无法解决的问题。对纳米材料的制备和应用进行深入研究，具有重要的理论和实践价值。

本书结合纳米材料的实际应用，总结当前对纳米材料的研究文献，联系作者在工作研究期间对纳米材料的研究情况，以全新的角度对纳米材料的制备技术和纳米材料在各个领域的应用情况进行了深入研究。本书共 9 章：第 1 章为绪论，介绍了本书的研究背景、研究意义、研究现状以及研究方法；第 2 章为纳米材料的基本理论，介绍了纳米材料的概念、分类、效应、结构与性能等；第 3 章为纳米材料的表征，介绍了 X 射线衍射法、扫描电子显微镜、透射电子显微镜、紫外—可见光谱、激光拉曼光谱法、X 射线光电子能谱等多种表征方法；第 4 章为纳米材料的制备方法，介绍了气相法、液相法和固相法三类制备方法；第 5 章为纳米颗粒的表面修饰改性，介绍了纳米材料的无机包覆及表面修饰改性、有机包覆及表面修饰改性、防止纳米颗粒团聚的表面处理等；第 6 章为典型纳米材料的制备，介绍了一维纳米材料、二维纳米材料和三维纳米材料的制备方法；第 7 章为纳米复合材料的制备，介绍了纳米复合材料的分类、无机纳米复合材料的制备、有机—无机纳米复合材料的制备、聚合物—聚合物纳米复合材料的制备；第 8 章为纳米材料的应用研究，介绍了纳米材料在陶瓷、新能源、磁性材料、光催化、光学、纺织印染等领域的应用情况，并通过具体案例来说明纳米材料在这些领域的应用优势和潜力；第 9 章为 ZnO 纳米材料的制备及应用研究，以 ZnO 纳米材料为例，介绍了其结构性质、制备方法及应用领域。希望本书能够为纳米材料的研究和应用提供一定的参考价值，并促进纳米科技的发展和应用。

由于时间仓促，作者写作水平有限，书中难免存在不足之处，欢迎专家、学者及同行提出宝贵意见。

李 荡

2023 年 8 月

目　录

第1章 绪 论

本书的选题背景主要是基于纳米材料在各个领域展现出的广泛应用前景和未来发展潜力。纳米科学是一门涉及多个学科领域的新兴科学，纳米材料作为其中的一个重要方向，其制备和应用研究已经成为当前科学研究的前沿和热点之一。

随着科技的不断进步，纳米材料的应用已经渗透到许多领域，如能源、医疗、环保等。这些应用领域对纳米材料的要求也越来越高，需要不断探索新的制备方法和应用研究，以推动纳米材料科学和技术的发展。

本书写作的目的是为了系统地总结和介绍纳米材料的制备方法和应用研究，希望能够为读者深入理解纳米材料的制备和应用提供有益的帮助，为相关领域的科研和实际应用提供有价值的参考，同时也为推动纳米科学技术的发展做出一定的贡献。

纳米材料的制备与应用研究的意义主要体现在以下几个方面。

（1）纳米技术是一种新型的科学和工程领域，通过纳米技术，科学家们能够观察和操作物质的纳米尺度特性，揭示了许多新颖的物理、化学和生物学现象，推动了基础科学的发展。同时，纳米技术的应用也开发出了许多具有独特性能的新材料，解决了许多技术难题，为社会的发展提供了新的科技动力。

（2）纳米技术的应用已经渗透到能源、医疗、环保、信息等众多领域，通过纳米技术，我们可以开发出更高效、更环保、更安全、更经济的材料和设备，促进产业的升级和转型。

（3）纳米技术的应用可以提高人类生活的品质。例如，纳米材料在医疗领域的应用可以实现药物输送、生物成像和治疗等，为人类健康提供了新的保障；纳米材料在能源领域的应用可以实现高效能源储存和转化，为人类能源的可持续发展提供了新的方向；纳米材料在环保领域的应用可以实现环境友好型的废水处理和废弃物资源化利用等，为人类环境的改善提供了新的途径。

（4）纳米材料的制备及应用研究也面临着一些挑战，如制备方法的限制、应用领域的局限等。但是，这些挑战也为科研人员提供了新的机遇，通过深入研究纳米材料的特性和应用，我们可以发现新的物理化学现象和规律，开发出更多的创新技术和应用。

总的来说，纳米材料的制备与应用研究具有重要的意义，它可以推动科技进步和发展，促进产业升级和转型，提高人类生活品质，同时也面临着一些挑战和机遇。未来，我们需要更加深入地研究和探索纳米材料的新颖性质和潜在应用，以推动纳米科技的发展和应用。

1.1　研究现状

1.1.1　纳米材料的研究阶段

自 20 世纪 70 年代纳米颗粒材料问世以来，从研究内涵和特点大致可划分为 3 个阶段：

第一阶段（1990 年以前），主要是在实验室探索用各种方法制备各种材料的纳米颗粒粉体或合成块体，研究评估表征的方法，探索纳米材料不同于普通材料的特殊性能；研究对象一般局限在单一材料和单相材料，国际上通常把这种材料称为纳米晶或纳米相材料。

第二阶段（1990—1994 年），人们关注的热点是如何利用纳米材料已发掘的物理和化学特性，设计纳米复合材料，复合材料的合成和物性探索一度成为纳米材料研究的主导方向。

第三阶段（1994 年至今），纳米组装体系、人工组装合成的纳米结构材料体系正在成为纳米材料研究的新热点。国际上把这类材料称为纳米组装材料体系或者纳米尺度的图案材料。它的基本内涵是以纳米颗粒以及它们组成的纳米丝、管为基本单元在一维、二维和三维空间组装排列成具有纳米结构的体系。

1.1.2　我国纳米材料研究现状

近年来，随着纳米材料生产技术的改良及陶瓷、半导体、催化剂、医疗等下游需求增加的拉动，纳米材料市场规模呈现了较快的增长趋势。纳米材料研究领域如表 1-1 所示。

表 1-1 纳米材料研究领域

研究领域	研究内容
磁性材料	纳米磁性材料具有十分特别的磁学性质，纳米粒子尺寸小，具有单磁畴结构和矫顽力很高的特性，用它制成的磁记录材料不仅音质、图像和信噪比好，而且记录密度比 γ -Fe_2O_3 高几十倍。超顺磁的强磁性纳米颗粒还可制成磁性液体，用于电声器件、阻尼器件、旋转密封及润滑和选矿等领域
陶瓷材料	传统的陶瓷材料中晶粒不易滑动，材料质脆，烧结温度高。纳米陶瓷的晶粒尺寸小，晶粒容易在其他晶粒上运动，因此，纳米陶瓷材料具有极高的强度和高韧性以及良好的延展性，这些特性使纳米陶瓷材料可在常温或次高温下进行冷加工。如果在次高温下将纳米陶瓷颗粒加工成形，然后做表面退火处理，就可以使纳米材料成为一种表面保持常规陶瓷材料的硬度和化学稳定性，而内部仍具有纳米材料的延展性的高性能陶瓷
传感器	纳米二氧化锆、氧化镍、二氧化钛等陶瓷对温度变化、红外线以及汽车尾气都十分敏感。因此，可以用它们制作温度传感器、红外线检测仪及汽车尾气检测仪，检测灵敏度比普通的同类陶瓷传感器高得多
半导体材料	将硅、砷化镓等半导体材料制成纳米材料，具有许多优异性能。例如，纳米半导体中的量子隧道效应使某些半导体材料的电子输运反常、导电率降低，电导热系数也随颗粒尺寸的减小而下降，甚至出现负值。这些特性在大规模集成电路器件、光电器件等领域发挥重要的作用
家电	用纳米材料制成的纳米材料多功能塑料，具有抗菌、除味、防腐、抗老化、抗紫外线等作用，可用做电冰箱、空调外壳里的抗菌除味塑料
纺织工业	在合成纤维树脂中添加纳米 SiO_2、纳米 ZnO、纳米 SiO_2 复配粉体材料，经抽丝、织布，可制成杀菌、防霉、除臭和抗紫外线辐射的内衣和服装，可用于制造抗菌内衣、用品，可制得满足国防工业要求的抗紫外线辐射的功能纤维
机械工业	采用纳米材料技术对机械关键零部件进行金属表面纳米粉涂层处理，可以提高机械设备的耐磨性、硬度和使用寿命
倾斜功能材料	在航天用的氢氧发动机中，燃烧室的内表面需要耐高温，其外表面要与冷却剂接触。因此，内表面要用陶瓷制作，外表面则要用导热性良好的金属制作。但块状陶瓷和金属很难结合在一起。如果制作时在金属和陶瓷之间使其成分逐渐地连续变化，让金属和陶瓷"你中有我、我中有你"，最终便能结合在一起形成倾斜功能材料
催化材料	纳米粒子是一种极好的催化剂，这是由于纳米粒子尺寸小、表面的体积分数较大、表面的化学键状态和电子态与颗粒内部不同、表面原子配位不全，导致表面的活性位置增加，使它具备了作为催化剂的基本条件

1.1.3 纳米材料的研究成果

近年来关于纳米制备应用的研究论文数量越来越多，涉及领域也非常广泛。以下仅列举了近些年的几篇研究纳米材料制备和应用的论文，并简要概括了其主要内容和结论。

"Nanoporous materials：preparation，properties and applications" by R.M.Gomes，T.H.Metzger，G.J.Hofer，Journal of Materials Chemistry A，2020，

8（14），pp 6938–6954.本论文综述了纳米孔材料的制备、性能及其在各个领域的应用。其中包括了溶血素蛋白通道的生物纳米孔模型，该模型可用于DNA 分子的电子检测。然而，对于 4 种碱基的理化性质接近的问题以及电子噪声的降低，仍需进一步研究。

"Biomimetic nanomaterials: design，preparation and applications" by Y.Jia，Z.Chen，Y.Wang，RSC Advances，2020，10（50），pp 29355–29371.本论文介绍了仿生纳米材料的研究进展，包括丝蛋白毛孔和仿生核孔复合物等。跨孔形成的侧电极使得通过纳米孔转运的生物分子的电子检测成为可能。纳米生物农药也是研究的一个方向，利用纳米材料的性能在农药领域可能的用途，需要进一步验证。

" Nanomaterials for water treatment：preparation and application" by S.Ghosh，ACS Nano，2019，13（5），pp 5924–5936.本论文讨论了纳米材料在水处理领域的应用，包括纳米银颗粒、氧化锌纳米材料、纳米二氧化硅和纳米二氧化钛等。在阳光中的 UVB、UVA 紫外线照射下，纳米二氧化钛与水反应能产生强氧化剂羟基自由基，可以强化环境净化及灭菌作用。纳米材料本身以及含纳米材料的组合物用作农药的用途也可以作为专利申请保护的客体。

从以上论文中可以看出，近些年纳米材料的制备与应用研究已经得到了广泛关注，各种新的制备技术和应用领域也不断涌现。这些研究不仅有助于深入了解纳米材料的性质和制备机理，也为纳米科技的发展提供了强有力的支撑。

1.2　研究方法

纳米材料的制备与应用的研究方法有多种。根据不同的研究目的和实验条件，可以选择不同的研究方法。以下是本书采用的几种方法。

1. 文献法

通过查阅相关的文献资料，了解纳米材料的研究现状、制备方法、性能和应用等方面的信息，为研究提供基础和指导。

2. 实验法

通过实验手段制备和表征纳米材料，探索纳米材料的制备工艺、性能和影响因素，为纳米材料的应用提供依据。

3. 分析法

通过对纳米材料的分析测试，如 X 射线衍射、透射电子显微镜、扫描电子显微镜、光谱分析等，对纳米材料的结构和性能进行表征和分析。

4. 计算机模拟技术

利用计算机模拟技术对纳米材料进行分子模拟和量子力学模拟，预测纳米材料的性能和结构关系，为纳米材料的设计和应用提供参考。

第 2 章　纳米材料的基本理论

2.1　纳米材料的含义和特点

2.1.1　纳米材料含义

纳米是一种比微米（μm）还小的长度单位，1 纳米（nm）等于 10^{-3} μm （10^{-9} m），1 nm 相当头发丝直径的十万分之一的长度。

在 20 世纪 80 年代，正式命名为纳米材料。纳米材料是指三维空间尺度至少有一维处于纳米量级（1～100 nm）的材料，它是由尺寸介于原子、分子和宏观体系之间的纳米粒子所组成的新一代材料。由于其组成单元的尺度小，界面占用相当大的成分。因此，纳米材料具有多种特点，这就导致由纳米微粒构成的体系出现了不同于通常的大块宏观材料体系的许多特殊性质。纳米体系使人们认识自然又进入一个新的层次，它是联系原子、分子和宏观体系的中间环节，是人们过去从未探索过的新领域，实际上由纳米粒子组成的材料向宏观体系演变过程中，在结构上有序度的变化，在状态上的非平衡性质，使体系的性质产生很大的差别，对纳米材料的研究将使人们从微观到宏观的过渡有更深入的认识。

2.1.2　纳米材料的特点

当粒子的尺寸减小到纳米量级，将导致声、光、电、磁、热性能呈现新的特性。比如说：被广泛研究的 Ⅱ～Ⅵ 族半导体硫化镉，其吸收带边界和发光光谱的峰的位置会随着晶粒尺寸减小而显著蓝移。按照这一原理，可以通过控制晶粒尺寸来得到不同能隙的硫化镉，这将大大丰富材料的研究内容和可望得到新的用途。我们知道物质的种类是有限的，微米和纳米的硫化镉都是由硫和镉元素组成的，但通过控制制备条件，可以得到带隙和发光性质不同的材料。也就是说，通过纳米技术得到了全新的材料。纳米颗粒往往具有很大的比表面积，每克这种固体的比表面积能达到几百甚至上千平方米，这使得它们可作为高活性的吸附剂和催化剂，在氢气贮存、有机合成和环境保护等领域有着重要的应用前景。对纳米体材料，我们可以用"更轻、更高、更强"这六个字来概括。"更轻"是指借助于纳米材料和技术，我们可以制备体积更小性能不变甚至更好的器件，减小器件的体积，使其更轻盈。第一台计算机需要三间房子来存放，正是借助于微米级的半导体制造技术，才实现了其小型化，并普及了计算机。无论从能量和资源利用来看，这种"小型化"的效益都是十分惊人的。"更高"是指纳米材料可望有着更高的光、电、磁、热性能。"更强"是指纳米材料有着更强的力学性能（如强度和韧性等），对纳米陶瓷来说，纳米化可望解决陶瓷的脆性问题，并可能表现出与金属等材料类似的塑性。

2.2　纳米材料的分类和效应

2.2.1　纳米材料分类

纳米材料的分类方法确实很多，下面按照不同的分类标准进行详细介绍。

1. 根据结构分类

根据纳米材料的基本结构，可以将其分为三维纳米材料、二维纳米材料、一维纳米材料和零维纳米材料。三维纳米材料是指晶粒尺寸在三个方向都在几个纳米范围内的材料；二维纳米材料具有层状结构；一维纳米材料具有纤维结构；零维纳米材料则具有原子簇和原子束结构。

2. 根据化学组成分类

根据纳米材料的化学组成，可以将其分为纳米金属、纳米晶体、纳米陶瓷、纳米玻璃、纳米高分子以及纳米复合材料等。纳米金属和纳米晶体具有特殊的物理和机械性能；纳米陶瓷和纳米玻璃在高温和化学腐蚀环境下具有很高的稳定性；纳米高分子材料具有优异的热稳定性、电学和光学性能；纳米复合材料则具有多种功能特性。

3. 根据材料物性分类

根据纳米材料的物性，可以将其分为纳米半导体、纳米磁性材料、纳米非线性材料、纳米铁电体、纳米超导材料以及纳米热电材料等。纳米半导体材料在电子学和光电子学领域有着广泛的应用；纳米磁性材料具有高磁导率和低能耗的优点；纳米非线性材料具有非线性光学特性；纳米铁电体具有高度可逆性和快速响应性；纳米超导材料则具有零电阻和完全抗磁性；纳米热电材料能够实现热能和电能的有效转换。

4. 根据材料用途分类

根据纳米材料的用途，可以将其分为纳米电子材料、纳米生物医用材料、纳米敏感材料、纳米光电子材料、纳米储能材料等。纳米电子材料是制造高性能电子元件的基础；纳米生物医用材料在生物医学领域具有广泛的应用前景；纳米敏感材料能够感知和响应外部刺激；纳米光电子材料是下一代光电子器件的核心；纳米储能材料则具有高能量密度和快速充电能力。

2.2.2　纳米材料效应

纳米材料具有特殊的结构，由于组成纳米材料的超微粒尺度属纳米量级，这一量级大大接近于材料的基本结构——分子甚至于原子，其界面原子数量比例极大，一般占总原子数的 50% 左右，纳米微粒的微小尺寸和高比例的表面原子数导致了它的量子尺寸效应和其他一些特殊的物理性质。不论这种超微颗粒由晶态或非晶态物质组成，其界面原子的结构都既不同于长程有序的晶体，也不同于长程无序、短程有序的类似气体固体结构，因此，一些研究人员又把纳米材料称之为晶态、非晶态之外的"第三态固体材料"。

1. 表面效应

表面效应是指纳米粒子表面原子与总原子数之比。纳米微粒尺寸小，表面能高，位于表面的原子占相当大的比例，随着粒径的减小，表面原子数迅速增加，原子配位不足和高的表面能，使这些表面原子具有高的活性，极不稳定，很容易与其他原子结合。配位越不足的原子，越不稳定，极易转移到配位数多的位置上，表面原子遇到其他原子很快结合，使其稳定化，这就是活性原因。这种表面原子的活性，不但引起纳米粒子表面输送和构型的变化，同时也会引起表面电子自旋构象和电子能级的变化，例如，化学惰性的金属铂在制成纳米微粒后也变得不稳定，使其成为活性极好的催化剂，金属纳米粒子在空中会燃烧，无机的纳米粒子暴露在空气中会吸附气体，并与气体进行反应。

纳米微粒由于尺寸小、表面积大、表面能高、位于表面的原子占相当大的比例。纳米微粒子直径与表面原子数的关系如表 2-1 所示，微粒尺寸与表面原子数的关系如图 2-1 所示。

表 2-1　微粒子直径与表面原子数的关系

粒子直径/nm	粒子中的原子数	表面原子的比例/%
1	30	99
2	250	80
5	4 000	40
10	30 000	20
100	3 000 000	2

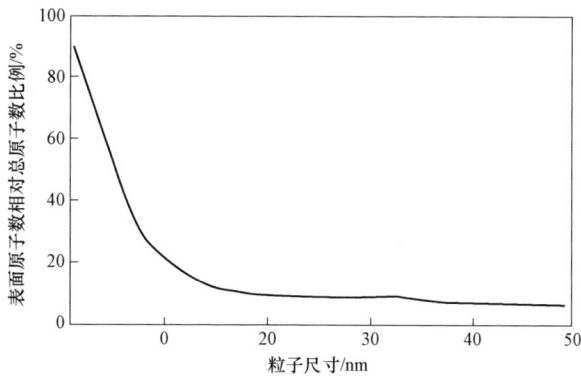

图 2-1　微粒尺寸与表面原子数的关系

　　这些表面原子处于严重的缺位状态，其活性极高，极不稳定，当遇见其他原子时很快形成结合，使其稳定化，这种活性就是表面效应。用电子显微镜对直径为 2 nm 的 Au 颗粒摄像，发现这些颗粒并没有固定的形态，随着时间的变化会随机形成各种各样形状，如立方八面体、十面体、十六面体等，它既不同于固体，又不同于液体，而是一种准固体。在电子显微镜的电子束照射下，表面原子仿佛进入"沸腾"状态，当尺寸大于 10 nm 后，这种不稳定的颗粒结构性才会消失，并进入相对稳定状态。纳米颗粒表面活性非常高，金属颗粒在空气中会迅速氧化燃烧。为了防止自燃发生，我们可用表面包覆或人为地控制氧化速率，使其缓慢地氧化生成一层极薄而致密的氧化层来确保表面的稳定。利用表面活性第一特点，金属纳米颗粒成为新一代的高效催化剂和贮气材料以及低熔点材料等。某些纳米金属粉末可作为制备动物生长素药物的添加剂，并可用于免疫分析。纳米材料的高催化活性和、高反应性，以及纳米粒子容易团聚不但引起表现原子的输运和构型变化，而且可引起自旋构象和电子能谱的变化。

2. 小尺寸效应

当超细微粒的尺寸与光波波长、德布罗意波长以及超导态的相干长度或透射深度等物理特征尺寸相当或更小时，晶体周期性的边界条件将被破坏，非晶态纳米微粒的颗粒表面层附近原子密度减少，导致声、光、电磁、热力学等物性呈现新的小尺寸效应。小尺寸效应的表现首先是纳米微粒的熔点发生改变，普通金属金的熔点是 1 337 K，当金的颗粒尺寸减小到 2 nm 时，金微粒的熔点降到 600 K；纳米银的熔点可降低到 100 ℃。

由于纳米微粒的尺寸比可见光的波长还小，光在纳米材料中传播的周期性被破坏，其光学性质就会呈现与普通材料不同的情形。光吸收显著增加并产生吸收峰的等离子共振频移，磁有序态向无序态转变等，例如，金属由于光反射显现各种颜色，而金属纳米微粒都呈黑色，说明它们对光的均匀吸收性、吸收峰的位置和峰的半高宽都与粒子半径的倒数有关。利用这一性质，可以通过控制颗粒尺寸制造出具有一定频宽的微波吸收纳米材料，可用于磁波屏蔽、隐形飞机等。

3. 量子尺寸效应

量子尺寸效应是指粒子尺寸下降到极值时，体积缩小，粒子内的原子数减少而造成的效应。日本科学家久保（Kubo）给量子尺寸下的定义是：当粒子尺寸降到最小值时，出现费米能级附近的电子能级由准连续变为不连续离散分布的现象，以及纳米半导体存在不连续的最高被占据分子轨道和最低未被占据的分子轨道能级而使能隙变宽的现象，这时就会出现明显的量子效应，导致纳米微粒的磁、光、声、热、电等性能与宏观材料的特性有明显的不同。例如，纳米微粒对于红外吸收表现出灵敏的量子尺寸效应；共振吸收的峰比普通材料尖锐得多；比热容与温度的关系也呈非线性关系。此外，微粒的磁化率、电导率、电容率等参数也因此具有特有的变化规律。例如，金属普遍是良导体，而纳米金属在低温下都是呈现电绝缘体，$PbTiO_3$、$BaTiO_3$ 和 $SrTiO_3$ 通常情况下是铁电体，但它们的纳米微粒是顺电体；无极性的氮化硅陶瓷，在纳米态时却会出现极性材料才有的压电效应。

4. 宏观量子隧道效应

微观粒子具有穿越势垒的能力称为隧道效应。纳米粒子的磁化强度等也具有隧道效应，它们可以穿越宏观的势垒而产生变化，这被称为纳米粒子的宏观量子隧道效应。它的研究对基础研究及实际应用都具有重要意义，它限定了磁盘等对信息存储的极限，确定了现代微电子器件进一步微型化的极限，由于纳米材料本身所具有的这些基本特性使它的应用领域十分广阔。

这种宏观量子隧道效应的研究对基础研究及实用都有着重要意义，它对限定磁带、磁盘进行信息储存的时间极限具有调节的作用。量子尺寸效应及隧道效应将会是未来微电子器件的基础，同时也可明确现存微电子器件进一步微型化的极限。当微电子器件进一步细微化时，必须要考虑上述的相关的量子效应。

5. 介电限域效应

介电限域效应是纳米微粒分散在异质介质中由于界面引起的体系介电增强的现象，这种介电增强通常称为介电限局，主要来源于微粒表面和内部局域强的增强。当介质的折射率与微粒的折射率相差很大时，产生了折射率边界，这就导致微粒表面和内部的场强比入射场强明显增加，这种局域强的增强称为介电限域。一般来说，过渡族金属氧化物和半导体微粒都可能产生介电限域效应。纳米微粒的介电限域对光吸收、光化学、光学非线性等会有重要的影响。

上述的表面界面效应、小尺寸效应、量子尺寸效应、宏观量子隧道效应及介电限域效应都是所讨论的纳米材料的基本特性，它使纳米微粒和纳米固体呈现许多奇异的物理、化学性质，而有些出现的现象与常规的认识甚至完全相反。例如通常金属总是导体，但通过上面的解说，可以看到纳米金属微粒在低温时由于量子尺寸效应会呈现电绝缘性；当磁性材料的物质的基本尺寸进入纳米级（约 5 nm），使得多畴体系变成单畴体系，于是显示极强的顺磁效应；一般 $PbTiO_3$、$BaLTiO_3$ 和 $SrTiO_3$ 等是典型铁电体，但当其材料的基本尺寸进入纳米数量级，这些铁电体变成了顺电体；当粒径为十几纳米的氮化硅微粒组成了纳米陶瓷时，已不具有完全的典型共价键的特征，界面的键的结构出现部分极性，结果在交变电场下其电阻很小；常态下化学惰性的金属铂制成纳米微粒（铂黑）后成为活性极好的催化剂。原本是高反光材料的金属，在光照射下会反射显现各种美丽的特征颜色，但由于小尺寸和表面效应会使纳米微粒对光吸收表现极强能力，纳米金属微粒对光的反射能力显著下降，可低于 1%；由纳米微粒组成的纳米固体在较宽的范围显示出对光的均匀吸收性，纳米复合多层膜在 7～17 GHz 频率的吸收峰高达 14 dB，在 10 dB 水平的吸收频宽为 2 GHz；颗粒为 6 nm 的纳米 Fe 晶体的断裂强度较多晶 Fe 提高 12 倍；纳米金属 Cu 的比热容是传统纯 Cu 的两倍；纳米固体 Pb 的热膨胀提高 1 倍；纳米 Ag 晶体作为稀释制冷剂的热交换器效率较传统材料高 30%；纳米磁性金属的磁化率是普通金属的 20 倍，而饱和磁矩是普通金属的 50%。

2.3 纳米材料结构与性能

2.3.1 纳米材料结构

1. 界面结构

纳米材料的界面结构中包含大量缺陷，这些缺陷是纳米材料的重要结构元素，它们影响甚至决定了纳米材料的性能。因此，研究纳米材料的界面结构就显得十分重要。早期格莱特等利用多种结构分析手段对纳米材料的界面结构进行了深入研究，认为纳米晶界面具有较为开放的结构，原子排列具有随机性，原子间距较大，原子密度较低。晶界结构既非晶态的长程有序，也不是非晶态的短程有序，而是一种类似于气态的更无序的结构。

在纳米材料中心的是纳米尺寸的颗粒，由于颗粒的尺寸效应、相界面效应，纳米材料表现出奇异的性质。同样，对于多孔固体，在总的孔体积（或孔隙率）达到一定值后，若孔尺寸足够小，也会表现出孔的尺寸效应和表面效应，从而产生一系列异于体相的性质，这种固体称为纳米介孔固体。纳米介孔固体由于其巨大的内表面积和均匀的孔尺寸，使其在催化和分离科学中有重要的应用。

2. 晶体结构

由于界面组分在纳米材料中占有很大的比例，因而在结构和性能分析时，往往忽略晶粒而只考虑界面的作用，但一些研究表明：纳米尺寸的晶粒结构与完整晶格也有很大差异。纳米晶粒由于尺寸超细，在一定程度上表现出晶格畸变效应。由非晶晶化形成的纳米晶 Ni_3P 和 Fe_2B 化合物的点阵常数研究表明：纳米尺寸晶粒的点阵常数偏离了平衡值，如图 2-2 所示。这表明纳米尺寸晶粒发生了严重的晶格畸变，而总的单胞体积有所膨胀。在纯单质纳米晶体 Se 样品中也发现，当晶粒尺寸小于 10 nm 时，晶格膨胀高达 0.4%。

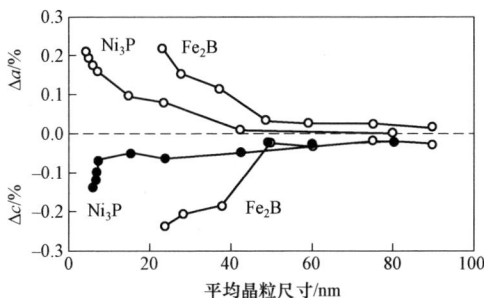

图 2-2　纳米晶 Ni_3P（纳米晶 Ni-P 合金）和 Fe_2B（Fe-Cu-Si-B）的
点阵常数变化量与晶粒尺寸的关系

3. 热稳定性

从应用上来说，许多纳米材料由于界面的高过剩能量，使其熔点大大下降，如 2 nm 的 Au 颗粒的熔点由块体 Au 的 1 100 ℃ 降为 320 ℃，这为难熔金属的冶炼提供了新工艺。高熔点材料的烧结温度，例如，纳米 SiC 的烧结温度可从 2 000 ℃ 降到 1 300 ℃。另一个重要的问题是烧结纳米粉而不使组织粗化。在一些体系中观察，当加入亚稳的纳米固溶体合金时，晶粒生长往往伴随着固溶原子向晶界偏聚。晶界偏聚可能会降低比晶界能，从而减小晶粒生长的驱动力。在具有大偏聚焓的固溶体中，晶粒长大的驱动力甚至可以消失。

总之，纳米晶的热稳定性与材料的结构特性密切相关，如晶粒尺寸和分布、晶粒组织结构、界面特征、三节点、样品中的孔隙等。

4. 结构弛豫和晶界偏聚

在描述纳米纯金属的状态时，通常关心的是纳米材料的平均晶粒尺寸或晶粒尺寸分布函数，但一些研究表明，除晶粒尺寸之外，样品的制备历史对性能也有重要影响。研究者测量了纳米晶 Pd 的 DSC（示差扫描量热计）曲线，如图 2-3 所示。在 400 K 处观察到第一个放热峰，在经过第一个放热峰后样品的平均晶粒尺寸几乎不变，而在 500 K 处第二个放热峰后则伴随着晶粒的明显长大。研究者认为制备态样品的比晶界能 σ 大约为多晶 Pd 的两倍，第一放热峰被归结于内应力和非平衡晶界结构的弛豫，而第二个放热峰则与晶粒长大相连。同样地，在纳米晶合金中，化学成分的空间分布也是表征纳米材料的重要因素。

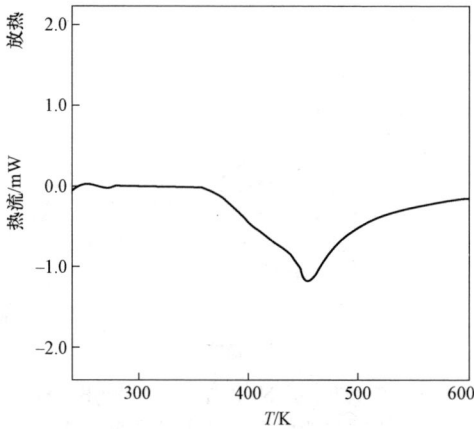

图 2-3　纳米晶 Pd 的 DSC 曲线

2.3.2　纳米材料性能

　　纳米材料的物理、化学性质既不同于微观的原子、分子，也不同于宏观物体，纳米介于微观世界与宏观世界之间。当常态物质被加工到极其微细的纳米尺度时，会出现特异的表面效应、体积效应、量子尺寸效应等，其光学性质、电学性质、热学性质、力学性质、磁学性质、化学性质也就相应地发生十分显著的变化。

　　1. 光学性质

　　纳米金属粉末对电磁波有特殊的吸收作用，可作为军用高性能毫米波隐形材料、红外线隐形材料和结构式隐形材料以及手机辐射屏蔽材料。

　　（1）线性与非线性性质

　　纳米材料的光学性质研究之一为其线性光学性质。纳米材料的红外吸收研究是近年来比较活跃的领域，主要集中在纳米氧化物、氮化物和纳米半导体材料上，如纳米 Al_2O_3、Fe_2O_3、SnO_2 中均观察到了异常红外振动吸收，纳米晶粒构成的 Si 膜的红外吸收中观察到了红外吸收带随沉积温度增加出现频移的现象，非晶纳米氮化硅中观察到了频移和吸收带的宽化且红外吸收强度强烈地依赖于退火温度等现象。对于以上现象的解释基于纳米材料的小尺寸效应、量子尺寸效应、晶场效应、尺寸分布效应和界面效应。目前，纳米材料拉曼光谱的研究也日益引起研究者的关注。

　　纳米材料光学性质研究的另一个方面为非线性光学效应。纳米材料由于自身的特性，光激发引发的吸收变化一般可分为两大部分：由光激发引起的自由电子—空穴对所产生的快速非线性部分；受陷阱作用的载流子的慢非线性过程。其中研究最深入的为 CdS 纳米微粒。由于能带结构的变化，纳米晶体中载流子的迁移、跃迁和复合过程均呈现与常规材料不同的规律，因而其具有不同的非线性光学效应。

纳米材料非线性光学效应可分为共振光学非线性效应和非共振非线性光学效应。非共振非线性光学效应是指用高于纳米材料的共振吸收光照射样品后导致的非线性效应。共振光学非线性效应是指用波长低于共振吸收区的光照射样品后导致的光学非线性效应，其来源于电子在不同电子能级的分布而引起电子结构的非线性，电子结构的非线性使纳米材料的非线性响应显著增大。

目前，主要采用 Z-扫描（Z-SCAN）和 DFWM 技术来测量纳米材料的光学非线性。此外，纳米晶体材料的光伏特性和磁场作用下的发光效应也是纳米材料光学性质研究的热点。通过以上两种性质的研究，可以获得其他光谱手段无法得到的一些信息。

（2）宽频带强吸收

大块金属具有不同颜色的光泽，这表明它们对可见光范围各种颜色（波长）的反射和吸收能力不同。当尺寸减小到纳米量级时，各种金属纳米粒子几乎都呈黑色，它们对可见光的反射率极低。

（3）蓝移现象

与大块材料相比，纳米粒子的吸收带普遍存在"蓝移"现象，即吸收带移向短波方向，利用这种蓝移现象可以设计波段可控的新型光吸收材料。

（4）其他光学性能

除上述特征外，纳米材料的荧光性能、纳米微粒强烈反射红外线的功能、纳米微粒对紫外光很强的吸收能力等光学性能都有自己新的特点，不同于常规材料。利用其特性可制作高效光热、光电转换材料，可高效地将太阳能转化为热能、电能。此外又可作为红外敏感元件、红外隐身材料等。对纳米材料进行表面修饰后，纳米材料具有较大的非线性光学吸收系数。类似的现象在许多纳米微粒中均被观察到，这使得纳米微粒的光学性质成为纳米科学研究的热点之一。

2. 电学性质

由于晶界上原子体积分数的增大，纳米材料的电阻高于同类粗晶材料。纳米半导体的介电行为（介电常数、介电损耗）及压电特性同常规的半导体材料有很大的不同。如纳米半导体材料的介电常数随测量频率减少呈明显上升趋势，另外其界面存在大量的悬键，导致其界面电荷分布发生变化，形成局域电偶极矩。

（1）电导性能

在电导方面，纳米材料的电导性能会随着粒径的减小而减小。例如，纳米晶金属块体材料的电导随着品粒度的减小而减小。此外，纳米金属材料的电导行为表现出了量子隧道效应，即电子的传输是通过量子隧道实现的。与粗晶材料相比，纳米材料的电导特性具有明显的尺寸效应，这主要表现在空间电荷引起的界面极化和介电常数或介电损耗的尺寸效应上。

（2）介电性能

在介电方面，纳米材料的介电常数和介电损耗对于其微粒尺寸和交变电场的频率都有显著影响。例如，纳米 TiO_2 在频率不太高的电场作用下，介电常数是随粒径增大而增大，达到最大值后下降。此外，纳米介电材料还具有交流电导常数远大于常规电介质的电导的特点。

（3）压电性能

若受外加压力情况使偶极矩取向等发生变化，则在宏观上产生电荷积累，从而产生强的压电效应，也就是说纳米块体的压电性是由界面产生的，而不是颗粒本身。颗粒越小，界面越多，缺陷偶极矩浓度越高，对压电性贡献越大。而相应的粗晶半导体材料粒径可达微米数量级，因此其界面急剧减小，从而导致压电效应消失。

总之，纳米材料的电学性质与常规材料有所不同，这主要与纳米材料的微粒尺寸和界面效应等有关。这些特性使得纳米材料在电子设备的小型化、大容量存储器件以及高效能源转换和储存方面具有广泛的应用前景。

3. 力学性质

由于纳米晶体材料有很大的表面积/体积比，杂质在界面的浓度便大大降低，从而提高了材料的力学性能。由于纳米材料晶界原子间隙的增加和气孔的存在，使其弹性模量减小了 30% 以上。此外，由于晶粒减小到纳米量级，使纳米材料的强度和硬度比粗晶材料高 4～5 倍。与传统材料相比，纳米结构材料的力学性能有显著的变化，一些材料的强度和硬度成倍地提高，这方面还没有形成比较系统的理论。纳米晶体材料的力学性能概括为以下几方面。

（1）弹性模量

纳米晶体材料的弹性模量与其孔隙率密切相关，随着孔隙率减小，弹性模量增加。银纳米晶的弹性模量随温度的变化规律呈现 3 个明显的阶段：

① 当相对密度约小于 92%时，弹性模量随密度增加而增加；

② 当相对密度为 92%～94%时，弹性模量对密度变化不敏感；

③ 而当相对密度大于 94%时，弹性模量又随密度增加而迅速增加。

可见，纳米晶材料中的孔隙、缺陷或裂纹使其弹性模量降低。当晶粒尺寸非常小（如<5 nm）时，材料几乎没有弹性了。单壁碳纳米管（SWNT）的刚度比钢高，也不能被轻易破坏。例如，如果在两端施加压力，纳米管会弯曲而其内部不产生塑性变形。当外力撤去时，碳纳米管会恢复初始状态。Treacy 等利用透射电子显微镜在一定温度范围内（300～1 100 K）观测得出，多壁碳纳米管（MWNT）具有高弹性模量，高达 1.87 TPa。

（2）硬度

在大多数的情况下，晶体尺寸降低，硬度升高。纯纳米晶体金属材料（晶粒尺寸约为 10 nm）的硬度是用普通细化方法得到的金属材料硬度（晶粒尺寸>1 mm）的 2～7 倍。硬度测量值随晶粒尺寸变化，两者之间关系被描述成 Hall-Petch 曲线。但是，当晶粒尺寸非常小（如<20 nm）时，不同材料的曲线有不同的走向：一些遵循 Hall-Petch 关系（正斜率）；一些斜率为 O（晶粒尺寸无明显关系）；还有一些与 Hall-Petch 关系相反（斜率为负），铜和钯纳米晶体材料的 Hall-Petch 曲线的斜率就是负的。由于铜和钯在晶体尺寸减小时，出现负的 Hall-Petch 曲线，所以，当晶粒尺寸从普通大小降低至纳米晶体区域时，存在一个临界晶粒尺寸，此处这些材料具有强度极值。

（3）韧性

在普通金属材料中，当晶粒尺寸减小时，不仅材料的强度会提高，而且塑性也会提高。但实验结果表明，不同纳米金属和合金的伸长率随着晶粒减小而明显下降。当晶粒尺寸小于 30 nm 时，大多数材料的伸长率均小于 3%。对于塑性金属（普通晶粒），当晶粒尺寸降低到小于 25 nm 的范围内时，韧性明显降低。在温度明显低于 $0.5T_m$（熔点）时，纳米晶体脆性材料或金属间化合物的高韧性还没得到进一步证实。

（4）超塑性

在特殊温度和特殊应变速率下做拉伸试验时，一些合金晶体材料在颈缩和断裂前可被极大地拉伸，这种现象被称为超塑性。其延伸率可以达到 100%～1 000%。通常，超塑性发生在稳定的细晶显微组织和温度高于 $0.5T_m$ 时。超塑性特性是工业所需要的，可以用来生产形状复杂的元件。这些元件是由机械加工难度大的材料制成的，诸如金属基复合物和金属间化合物。

4. 磁学性质

由于改变原子间距可以影响材料的铁磁性，因此纳米材料的磁饱和量 Me 和铁磁转变温度将降低，如 6 nm Fe 的 Me 为 130 cm/g^{-1}、而正常 α-Fe 多晶材料为 20 cm/g^{-1}、Fe 基金属玻璃态为 215 cm/g^{-1}。纳米材料另一个重要的磁学性质是磁（致）热的效应，指的是如果在非磁或弱磁基体中包含很小的磁微粒，当其处于磁场中时，微粒的磁旋方向会与磁场相匹配，因而增加了磁有序性，降低了自旋系统的磁熵。如果此过程是绝热的，自旋熵将随晶格熵的增加而减小，且样品温度升高，这是一个可逆过程。磁学性质主要包括以下几种。

（1）超顺磁性

超顺磁状态指当纳米材料的尺寸为某一临界值时进入的状态，例如，Fe_3O_4 和 α-Fe_2O 的临界值分别为 16 nm 和 20 nm，此时磁化率 X 不再符合居里定律

$$X = C / (T - T_c) \qquad (2\text{-}1)$$

式中，C——常量；

T_c——居里温度。

产生超顺磁性的原因为：在小尺寸条件下，当各项性能减小到与热运动可以比拟时，磁化方向就不再固定在一个易磁化方向上，易磁化方向无规律地变化，结果导致超顺磁性。

（2）矫顽力

矫顽力 H_c 是指纳米微粒的尺寸高于超顺磁临界尺度时出现的力。例如，尺寸为 16 nm 的 Fe_3O_4 微粒，在 5 K 时矫顽力达到 127 000 A/m，而常规铁块的矫顽力为 80 A/m。

对于纳米微粒的高矫顽力，目前有两种较为合理的解释：一致转动模式和球链发转模式。一致转动模式认为，当纳米微粒小到一定尺寸时可认为是一个单磁畴，每个单磁畴实际上是一个永久磁铁，要使这个磁铁去掉磁性，必须使整个磁矩反转，这需要很大的磁场，因此具有很高的矫顽力。

（3）居里温度

居里温度（居里点/磁性转变点）是指磁性材料中自发磁化强度降到零时

的温度，是铁磁性或亚铁磁性物质转变成顺磁性物质的临界点。

居里温度是磁性材料的重要参数，实验表明，低于居里点温度时该物质成为铁磁体，此时和材料有关的磁场很难改变。当温度高于居里点时，该物质成为顺磁体，磁体的磁场很容易随周围磁场的改变而改变。这时的磁敏感度约为 10^{-6}。居里温度由物质的化学成分和晶体结构决定。

（4）磁化率特性

纳米微粒的磁性与它所含的总电子数的奇偶性密切相关，每一个微粒的电子可以看成一个体系。电子数的奇偶对磁化率影响各不相同。在电子数为奇数时粒子集合体的磁化率服从居里定律，而偶数情况下符合如下公式：

$$\chi \propto kB_T \qquad (2\text{-}2)$$

此外，纳米材料的磁性比普通材料要大 2 个数量级。例如，纳米金属在高场下为泡利顺磁性，磁化率是常规金属的 20 倍。

5. 热学性质

纳米材料的高浓度界面及原子能级的特殊结构使其具有不同于常规块体材料和单个分子的性质，导致纳米材料的各种热力学性质，如熔点、热熔和结合能等。

（1）熔点

材料热性能与材料中分子、原子运动行为有着不可分割的联系。当热载流子（电子、声子及光子）的各种特征尺寸与材料的特征尺寸（晶粒尺寸、颗粒尺寸或薄膜厚度）相当时，反映物质热性能的物性参数，如熔点、热容等，会体现出明显的尺寸依赖性。特别是，低温下热载流子的平均自由程将变长，使材料热学性质的尺寸效应更为明显。随粒子尺寸的减小，熔点降低。当金属粒子尺寸小于 10 nm 后熔点急剧下降，其中 3 nm 左右的纳米金粒子的熔点只有块体材料熔点的一半，用高分辨电子显微镜观察尺寸 2 nm 的纳米金粒子结构可以发现，纳米金粒子形态可以在单晶、多晶与孪晶连续转变。这种行为与传统材料在固定熔点熔化的行为完全不同，伴随着纳米材料的熔点降低，单位质量粒子熔化时的潜热吸收（焓变）也随尺寸的减小而减少。

（2）热熔

热容是指材料分子或原子热运动的能量 Q 随温度 T 的变化率，在温度 T

时材料的热容 C 的计算公式为

$$C = \left(\frac{\partial Q}{\partial T}\right)_T \qquad (2\text{-}3)$$

若加热过程中材料的体积不变，则测得的热容为定容热容（C_V）；若加热过程中材料的压强不变，则测得的热容为定压热容（C_P）。即

$$C_V = \left(\frac{\partial Q}{\partial T}\right)_V = \left(\frac{\partial U}{\partial T}\right)_V \qquad (2\text{-}4)$$

$$C_P = \left(\frac{\partial Q}{\partial T}\right)_P = \left(\frac{\partial U}{\partial T}\right)_P \qquad (2\text{-}5)$$

纳米薄膜热容小于块体热容，而对厚一些的薄膜，二者等价。值得注意的是，上述计算是假定纳米晶体尺寸极小时仍然保持完整的晶格结构，忽略了表面声子软化效应，计算得到的热容值会较实际值小。

（3）结合能

纳米微粒的晶格畸变具有尺寸效应，人们利用惰性气体蒸发的方法在高分子基体上制备出 1.45 nm 的钯（Pd）纳米微粒，通过电子微衍射方法测试其晶格参数，发现钯纳米微粒的晶格参数随着微粒尺寸的减小而降低。结合能比相应块体材料的结合能低。通过分子动力学方法，人们模拟钯纳米微粒在热力学平衡时的稳定结构，并计算微粒尺寸和形状对晶格参数和结合能的影响，定量给出形状对晶格参数和结合能变化量的贡献。研究表明：在一定的形状下，纳米微粒的晶格参数和结合能随微粒尺寸的减小而降低；在一定尺寸时，球形纳米微粒的晶格参数和结合能要高于立方体形纳米微粒的相应量。

6. 化学性质

纳米粒子的比表面很大，表面原子数很多.使得纳米材料具有较高的化学活性。许多纳米金属微粒室温下在空气中就会被强烈氧化而燃烧；将纳米 Cr 和纳米 Cu 粒子在室温下进行压结就能够反应形成金属间化合物；无机材料的纳米粒子暴露在大气中会吸附气体，形成吸附层，因此可利用纳米粒子的气体吸附性做成气敏元件，对不同气体进行检测。

另外纳米粒子具有很高的催化活性，作为新一代催化剂备受国内外重视。作为催化剂，颗粒愈细或载体比表面愈大，催化效果愈好。纳米粒子具有无细孔，无其他成分，使用条件温和、使用方便等优点，对某些有机

化合物的氢化反应，纳米级的 Ni、Cu 或 Zn 是极好的催化剂，可用来代替昂贵的 Pt 或 Pd。一般粒径为 30 nm 的 Ni 可使加氢或脱氢反应速度提高 15 倍。

7. 其他性质

纳米材料的比热大于同类粗晶和非晶材料，Cp 的增加与界面结构有关，界面结构越开放，Cp 的增加幅度就越大，这是由于界面原子耦合变弱的结果。由于纳米材料原子在其晶界上高度弥散分布，因此纳米材料的弥散性要强于同类单晶或多晶材料，这对诸如材料的蠕变等一系列性质有着重要的影响。近年来报道了一些纳米材料的腐蚀行为。由于纳米材料具有精细晶粒和均匀结构，因此纳米材料受到的是均匀的腐蚀，而粗晶材料多为晶界腐蚀。

第3章 纳米材料的表征

3.1 纳米材料的表征参数

纳米材料的表征是对纳米材料的性质和特征的客观表达，其主要包括外貌、成分、尺寸和结构等方面的表征，如表 3-1 所示。

表 3-1 纳米材料的表征

特性	表征参数
尺寸	粒径、直径或宽度、长径比、膜厚等
形貌	粒子形貌、团聚度、表面形态、形状等
结构	晶体结构袁表面结构袁分子、原子的空间排列方式袁缺陷袁位错袁孪晶界等
成分	主体化学组成、表面化学组成、原子种类、价态、官能团等
其他	应用特性如分散性、流变性、表面电荷等

尺寸表征是对纳米材料进行的最基本表征，是区别于传统材料的首要特征，也是判断是否为纳米材料的必要条件。通常，纳米材料的尺寸包括纳米粒子的直径或当量直径、晶粒尺寸，纳米管/纤维的长度、直径或端面尺寸，纳米薄膜的厚度等。形貌表征也是纳米材料表征的重要组成部分，纳米材料具有多种不同的几何形貌，不仅包括粒子、球、管、纤维、环和面等，还包括颗粒度及其分布、表面粗糙度和均匀性等。结构表征一般包括两个方面的内容：一方面指纳米晶粒的晶体结构、晶面结构、晶界以及存在的各种缺陷，如点缺陷、位错、孪晶界等；另一方面指纳米材料的分子结构。纳米材料的成分表征分为主体化学组成、表面化学组成和微区化学组成的表征，包括元素组成、价态以及杂质等。

除了尺寸、外貌、结构和成分等基本参数外，还有一些特定应用产生影响的性能参数，如表面带电性等；因此，不同类型的纳米材料也具有各自不同的表征参数，如纳米粒子的分散性、流变性、振实密度、表观密度，纳米管的对称性、在基质中的强度、与基质的相容性，纳米膜的表面多孔性等，这些都有可能对纳米材料的应用产生重要影响。在实际应用中，应根据需要进行具体的参数选取和表征。

3.2　X 射线衍射法（XRD）

1895 年，德国物理学家伦琴偶然发现 X 射线，后来伦琴、巴克拉、劳厄、布拉格等人又进一步对 X 射线作了研究。X 射线通常是利用一种类似热阴极二极管的装置（X 射线管）获得的。当它与物质相遇时，就会产生一系列效应。就其能量转换而言一般分为三部分：其中一部分被吸收；一部分通过物质继续沿原来方向传播；一部分被散射，在散射波中有相干散射与非相干散射。

3.2.1　XRD 原理

散射的 X 射线与入射 X 射线波长相同时对晶体将产生衍射现象，即晶面间距产生的光程差等于波长的整数倍时。将每种晶体物质特有的衍射花样与标准衍射花样对比，利用三强峰原则，即可鉴定出样品中存在的物相。

X-射线的产生是由在 X-射线管（真空度 10^{-4} Pa）中有 $30\sim60$ kV 的加速电子流，冲击金属（如纯 Cu 或 Mo）靶面产生。常用的射线是 MoKα 射线，包括 Kα_1 和 Kα_2 两种射线（强度 2:1），波长为 71.073 pm。

布拉格方程是 X 射线在晶体中产生衍射需要满足的基本条件，其反映了衍射线方向和晶体结构之间的关系。

$$2d\sin\theta = n\lambda \tag{3-1}$$

式中，d——相邻平行晶面的面间距；

　　θ——入射角；

　　λ——入射波波长；

　　n——衍射级数。

满足式（3-1）则产生衍射，衍射方向为产生干涉加强的反射方向。

衍射产生遵循以下条件：

① 选择反射。产生选择反射的方向是各原子面反射线干涉一致加强的方向，即满足布拉格方程的方向。

② 极限条件。由 $2d\sin\theta = n\lambda$ 可知 $n\lambda \leqslant 2d$。当入射波长一定时，晶体中有可能参加反射的晶面族只有满足 $d \geqslant \dfrac{\lambda}{2}$ 时才发生衍射，利用此式可判断

23

一定条件下出现的衍射数目的多少。

③ 衍射级数。n 为整数，$n=1$，为一级衍射，$n=2$，3，…则为二级、三级……衍射。布拉格方程将晶体周期特点 d，X 射线本质 λ 与衍射规律 θ 结合起来。利用衍射实验，只要知道其中两个，即可以算出第三个。

④ 衍射线的强度。由布拉格方程可知，当 λ 一定后，对于一定晶体而言，θ 与 d 有一一对应关系。研究衍射方向时，是把晶体看作理想完整的，但实际晶体并非如此。而且射线也并非严格单色，也不严格平行，因此，在计算某一反射强度时，应将晶体在 θ 附近的全部反射强度累加起来。

3.2.2 X 射线衍射仪

X 射线衍射仪的形式多种多样，用途各异，但其基本构成很相似，主要部件包括 4 部分。

① 高稳定度 X 射线源：提供测量所需的 X 射线，改变 X 射线管阳极靶材质可改变 X 射线的波长，调节阳极电压可控制 X 射线源的强度。

② 样品及样品位置取向的调整机构系统：样品须是单晶、粉末、多晶或微晶的固体块。

③ 射线检测器：检测衍射强度或同时检测衍射方向，通过仪器测量记录系统或计算机处理系统可以得到多晶衍射图谱数据。

④ 衍射图的处理分析系统：现代 X 射线衍射仪都附带安装有专用衍射图处理分析软件的计算机系统，它们的特点是自动化和智能化。

图 3-1 为 X 射线衍射仪装置实物图。

1. X 射线源

（1）X 射线发生器

由 X 射线管、高压电缆、高压和灯丝电源组成。为了安全与使用方便，配置有冷却水泵，电流、电压调节与稳定装置，一系列的安全保护系统。大功率转靶衍射仪还须配有真空抽取、监测和保护等系统。

（2）测角仪

测角仪是 X 射线衍射仪的核心部件。测角仪种类很多，最常用的是水平宽角测角仪。高质量的测角仪必须起动快、惯性小、速度均匀、分度精细、读数准确、可连续和步进扫描。测角仪应注意精细调整，其光路的零位误差应调到 $\pm 0.01°$ 以内。

图 3-1　为 X 射线衍射仪装置实物图

（3）探测器

衍射仪大多数配用闪烁探测器或正比探测器，其中盖革探测器因性能差已逐渐被淘汰。其基本原理：当 X 射线穿透铍窗后，铊激活碘化钠晶体（闪烁体）吸收 X 射线，发射出波长为 410 nm 的可见光光子，光子中的大部分到达光电倍增管的光阴极，由光电效应游离出光电子，再经次阴极逐次打出更多的次极电子，经 9～14 级倍增后，被阳极收集而输出电脉冲。输出脉冲的幅度、数量与入射 X 射线能量有关，也与光电管增益、闪烁体的光子产额、光阴极的光照灵敏度和量子效率等因素有关。

（4）脉冲高度分析器

除盖革探测器外，X 射线衍射仪使用的其他探测器输出脉冲幅度都在数十毫伏以内，而输出阻抗又很高，要直接计量是不现实的。探测器输出的信号脉冲中，还夹有各种干扰，因此在直接测量前，必须进行阻抗转换、线性放大和脉冲选择，这些任务均由波高仪来完成。实际上，波高仪对 X 射线辐射还起单色化效果。脉冲高度分析器（波高仪）由线性放大器、脉冲幅度分析器两大部分组成，如图 3-2 所示。

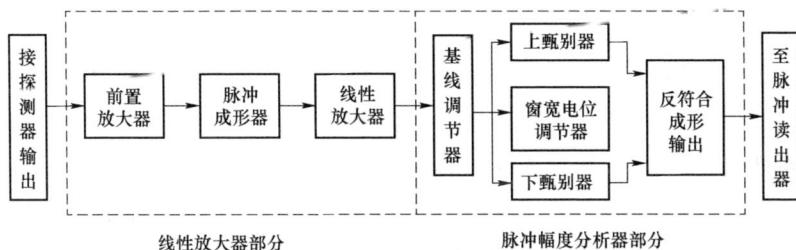

图 3-2　脉冲高度分析器示意及方框图

脉冲高度分析器基本原理为：前置放大器对探测器输出的脉冲进行电流放大和阻抗转换；脉冲成形器把前后沿畸变、宽窄不一的脉冲成形为有利于线性放大的较窄矩形脉冲；线性放大器完成输入脉冲成正比的线性电压放大。但因信号和干扰同时放大，只有靠基线调节器钳位，才可把小于预置基线电位的低能噪声清除；有用信号和高能噪声同时输至预置了不同窗宽电位的上、下甄别器，低于下甄别电位的热噪声不能通过甄别电路而被清除，同时通过上、下甄别器的高能干扰通过双稳态反符合电路清除，仪器只允许仅通过下甄别器而不能通过上甄别器的信号脉冲，即落入窗宽内的信号脉冲输至成形输出器，变成等高等宽度的输出脉冲至计数器电路，完成对脉冲的选取和成形输出。

（5）脉冲的测量和记录

脉冲的测量和记录对完成样品的分析十分重要。经波高仪选取的信号脉冲，通过控制器和定标器后，可直接由计数器显示，也可由计数率计的积分电路处理，把脉冲变成直流电压，再由记录仪记录强度。当用定时计数时，可求出峰的积分强度，并可扣作背底提高精度，在定量分析中十分必要。

（6）控制和数据处理

计算机控制衍射仪和数据处理，包括应用于衍射仪的硬件有各种控制器、存储器、运算器和多种输入与输出设备。而软件更为丰富，有用于调机、测量、手控、自检的控制软件；有用于平滑峰、背底扣除、自动寻峰、积分、作图和数据处理的软件；还有用于物相定性与定量分析，测量结晶度、晶粒度、径向分布函数等的应用软件。

（7）低温衍射

也装在宽角测角仪上。样品、测温元件、制冷剂等都置于气密封室内，以隔绝热量交换。当用液氮作为制冷剂时，样品室温度可低至−190 ℃。主要用于研究金属、非金属、化合物及其他材料的低温相变等。

（8）高温衍射

装在宽角测角仪上（对在高温下要分解、熔化的样品需用 $\theta-\theta$ 测角仪，使样品保持水平位置不变）加热器根据加热范围不同可在空气中、抽真空或充隋性气体的状态下对试样加热。此附件配有测温敏感元件，通过温控装置，可进行恒温或程序升温控制。它可对金属、矿物、陶瓷、高聚物、化合物等进行高温下的相变和膨胀系数等测定。该附件的某些型号可在 2 500 ℃下使用。

（9）极图

由载物台和极驱动器组成，装于宽角测角仪上，样品不仅能绕衍射仪轴和样品板面法线旋转，还能绕样品表面的水平轴旋转。通过各种参数的设置与调整，采用平行光束，可在样品的透射和反射区进行自动或半自动极图测定。该装置用于测试金属、高聚物等的结构。

（10）小角散射测角仪

X 射线通过具有电子密度差的薄层试样时，原光束将发生散射。小角散射测角仪是用于测量此种散射的专用设置，它具有细小的狭缝准直光路。它在小角度区利用各种物质的不同散射特性，研究尺寸为 1～100 nm 量级物质的结构特性，如高聚物的长周期，共混高聚物的相关距离，金属、催化剂、胶体的颗粒大小及形状等。若配用 Kratky 狭缝系统，可进行 10.4 nm 以上粒子大小的测定。

（11）微区衍射测角仪

专门分析微量样品或样品细微区域衍射的测角仪，采用 $\varphi = 10 \sim 100 \ \mu m$ 的准直光管，限制 X 射线在样品上的照射面积，用环形接收狭缝，更有效地接收样品对 X 射线的衍射强度。可采用透射和反射两种测试方式。当改变环形接收狭缝与样品的距离时，能得到所测微区或微量样品的衍射图。最适用于金属和矿物沉淀相研究，也适用于污染物、无机与有机物的痕量相分析，还可测定半导体材料中的杂质等。

（12）纤维样品

能对纤维样品施加拉力并附有加热器的机械装置。可对纤维、高聚物以及丝状材料的拉伸态、膨胀态结构进行测定。

（13）薄膜 X 射线衍射

这是宽角测角仪的附件。采用平行光束，试样表面与入射 X 射线取小的固定掠射角（通常 $\theta = 1° \sim 10°$），以提高样品的入射厚度，增加衍射强度。为降低择优取向，使用转动样品座。采用平晶单色器，以提高分辨率。本装置可对蒸镀的玻璃、陶瓷、单晶、金属、高分子材料等基底上的薄膜进行研究，可得到 10 nm 左右薄膜的结构信息。宽角测角仪的样品台上还可装置其他附件，如转动样品台、摆动样品台，都用来消除样品的择优取向。又如由计算机控制的样品自动更换器，可使数十件样品依次更换。石墨弯晶单色器是装于宽角测角仪探测器臂上的附件，它使样品衍射的 X 射线单色化，可明显提高峰背比。为了充分利用 X 射线衍射仪光源，可同时进行 X 射线照相法测定。

3.2.3 检测方法

X 射线衍射检测方法有照相法（粉末照相法和德拜照相法）和衍射仪法。前者大多数是利用底片来记录衍射线的，而后者由于与计算机相结合，具有高稳定性，高分辨率，多功能等特性，且可以自动给出大多数衍射实验结果，目前应用比较普遍。X 射线衍射仪主要由 X 光管、样品台、测角仪及检测器等部件组成。同时使光管和探测器作圆周同相转动，而探测器的角速度为光管的两倍，使两者保持 1:2 的角度关系。探测器是将射线的强度转变为相应的电信号，一般采用正比计数管、闪烁计数器、在探测器后再用脉冲高度分析仪器将杂乱信号过滤、用定标器进行脉冲计数等，从而最终得到"衍射强度 2θ"的衍射曲线。

对样品进行 X 射线衍射分析时，依据样品的状态和数量不同，采用不同的制样方法：

1. 粉体样品

由于 X 射线的衍射强度及重现性很大，一部分取决于样品的颗粒度。颗粒越大，参与衍射的晶粒数就越少，而且还会产生初级消光效应。所以一般要求颗粒的大小在 $0.1\sim10\ \mu m$ 之间，且参比物质也要求结晶完好。晶粒小于 $5\ \mu m$，吸收系数小。一般用压片、胶带粘以及石蜡分散的方法制样，要求样品制备均匀，以取得好的重现性。

2. 薄膜样品

因为 X 射线的穿透力很强，样品可以较厚，但要求具有较大的面积，而且薄膜较平整，表面粗糙度小。

3. 特殊样品

像样品量较少的粉体样品，一般采用分散在胶带纸上粘接或分散在石蜡油中形成石蜡糊的方法进行分析，要求尽可能分散均匀以及每次分散量控制相同，以保证测量结果的重现性。

3.3 扫描电子显微镜

扫描电子显微镜（SEM），是一种介于透射电子显微镜和光学显微镜之间的一种观察手段。其利用聚焦得很窄的高能电子束来扫描样品，通过光束与物质间的相互作用，来激发各种物理信息，对这些信息收集、放大、再成像以达到对物质微观形貌表征的目的。新式的扫描电子显微镜的分辨率可以达到 1 nm；放大倍数可以达到 30 万倍及以上连续可调；并且景深大，视野大，成像立体效果好。此外，扫描电子显微镜和其他分析仪器相结合，可以做到观察微观形貌的同时进行物质微区成分分析。扫描电子显微镜在岩土、石墨、陶瓷及纳米材料等的研究上有广泛应用。因此扫描电子显微镜在科学研究领域具有重大作用。

3.3.1 扫描电子显微镜工作原理

扫描电子显微镜工作原理是用束斑较细的高能电子束在样品表面扫描，入射电子束与样品中的原子相互作用。少量的入射电子受原子的大角弹性散射后（＞90°）背散射回去；还有很少的一部分入射电子在样品中经过多次非弹性散射后也将背散射回去。这两部分电子统称为背散射电子。由于背散射电子的产额随原子序数的增加而增大，所以背散射电子的图像不仅能分析样品的形貌特征，还能根据图像中的明暗衬度定性分析元素差异。而大部分入射电子，由于能量很高，能把样品中的核外电子直接轰击出来，形成二次电子。由于二次电子收集极的作用，可将各个方向发射的二级电子汇集起来，再将加速极加速射到闪烁体上，转变成光信号，经过光导管到达光电倍增管，使光信号再转变成电信号。这个电信号又经视频放大器放大并将其输送至显像管的栅极，调制显像管的亮度。因而，在荧光屏上呈现一幅亮暗程度不同的、反映样品表面形貌的二次电子像。二次电子成像是使用扫描电镜所获得的各种图像中应用最广泛，分辨本领最高的一种图像。

3.3.2 扫描电子显微镜仪器装置

1. 电子束与物质的相互作用

电子束与固体物质的相互作用是扫描电子显微镜能显示各种图像的依据。当高能入射电子束轰击固体试样表面时，由于入射电子束与样品表面的相互作用，将有 99% 以上的入射电子能量转变为样品热能，而余下约 1% 的入射电子能量将从样品中激发出各种有用的信息，如图 3-3 所示，如背散射电子、二次电子、吸收电流、透镜电子、X 射线、阴极荧光、俄歇电子、电子电动势等。

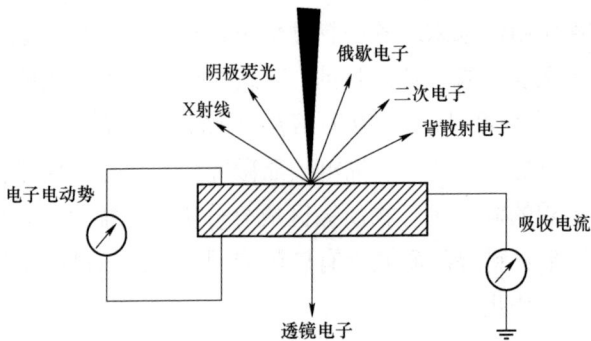

图 3-3　入射电子束轰击样品产生的信号

① 背散射电子：属于初次电子束，在电子束与样品发生弹性相互作用后反弹回来。相比之下，二次电子来自样品的原子；它们是电子束和样品发生非弹性相互作用的结果。散射电子发射深度约为 50 nm～1 μm。

② 二次电子：从距样品表面 10 nm 左右深度范围内激发出来的低能电子。二次电子能量约为 0～50 eV，大部分只有 2～3 eV。由于背散射电子来自样品的较深区域，而二次电子来自表面区域，因此他们反映的信息是不同的。背散射电子图像显示出其对原子序数高度敏感；原子序数越高，图像区域越亮。而二次电子成像则可以反映更详细的表面信息。

③ X 射线：部分入射电子将试样原子中内层 K、L 或 M 层上的电子激发后，其外层电子就会补充到这些剩下的空位上去，这时它们的多余能量便以 X 射线形式释放出来。每一元素的核外电子轨道的能级是特定的，因此，其产生的 X 射线波长也有特征值。这些 K、L、M 系 X 射线的波长一经测定，就可确定发出这种 X 射线的元素；测定了 X 射线的强度，就可确定该元素的含量。

④ 阴极荧光：入射电子束轰击发光材料表面时，从样品中激发出来的可见光或红外引起的电动势。

⑤ 透镜电子：当试样薄至 1 μm 以下时，便有相当数量的入射电子可以穿透样品。透过样品的入射电子称为透镜电子，其能量近似于入射电子能量。

⑥ 吸收电流：随着入射电子在试样中发生非弹性散射次数的增多，其能量不断下降，最后被样品吸收。

⑦ 俄歇电子：从距样品表面几个纳米深度范围内发射的并具有特征能量的二次电子。

⑧ 电子电动势：入射电子束照射半导体材料器件的 PN 结时，将产生由

于电子束照射而引起的电子电动势。

2. 扫描电子显微镜的仪器

扫描电子显微镜的结构包括电子枪、电子聚光镜系统、物镜、样品台、探测器、真空系统等结构。

（1）电子枪

电子枪的主要作用就是从灯丝打出电子，要求电子枪能提供足够亮度的电子束。电子束的束斑越小、像差越小，电镜的分辨本领就越高。从灯丝打出电子的方式有两种，一种是加热灯丝（热发射），另一种是在灯丝两端加电场（场发射）。热发射枪的发射电流比较稳定，价格便宜，对真空要求不高。但是这种电子枪的亮度不高，电子束的束斑比较大，导致仪器分辨率相对较差。场发射枪又分为热场发射枪和冷场发射枪，它们对真空的要求都很高，价格较为昂贵。这种枪的亮度很高、束斑很细，所以仪器分辨率比较高。

（2）电子聚光镜系统

扫描电子显微镜中的聚光镜系统通常由两、三级聚光镜组成。其作用就是把从电子枪打出来的电子束会聚为束斑仅有数纳米的电子束。

（3）样品台

样品台的主要作用就是控制样品的移动。扫描电子显微镜的放大倍数很高（几十万倍），这要求样品台要足够平稳，保证样品能在纳米尺度精确移动。在扫描电子显微镜中，样品的移动主要包括在 X-Y 方向的水平移动、在 Z 方向的垂直移动、样品倾转、样品旋转。

（4）物镜

在扫描电子显微镜中物镜的作用是对电子束进一步聚焦。物镜是扫描电子显微镜中一个非常重要的磁透镜，它决定了在样品表面扫描电子束的束斑。在样品表面扫描的束斑越细，扫描电子显微镜的空间分辨率就越高。

（5）探测器

探测器，是观察、记录粒子的装置，核物理和粒子物理实验研究中不可缺少的设备。探测器可分为两类：计数器和径迹探测器。扫描电子显微镜中用于成像的信号主要是来自样品的二次电子和背散射电子。

二次电子探测器朝向样品的一端镀有闪烁体涂层，并施加约 10 kV 的高压。该高压使来自样品的二次电子接近探测器时能被有效地吸引、加速、轰击闪烁体产生光子。这些光子被光波导传播到光电倍增管中，经过放大，转为电流信号后输出显示。

背散射电子探测器位于样品的上方，由两块中空的、半圆形探测器 A 和 B 组成，对称地分布在光轴周围。背散射电子探测原理与二次电子探测器类似。由于背散射电子直接入射到探测器中，所以背散射电子图像上的衬度主要取决于探测器的位置。从 A 探测器得到的衬度减去 B 探测器的衬度就能得到样品表面的形貌信息；相反，把 A 和 B 探测器的衬度加起来就能得到组分差异的衬度信息。

（6）真空系统

真空系统是由真空泵、PLC 程序控制系统、储气罐、真空管道、真空阀门、境外过滤总成等组成的成套真空系统。目前，该系统广泛应用于电子半导体业、光电背光模组、机械加工等行业。高真空或超高真空是电镜正常运行的前提条件。一方面，因为电子极易在空气中湮灭；另一方面，在热发射枪中，加热中的灯丝在空气中很容易氧化，甚至烧坏；在场发射枪中，真空度差时很容易在灯丝表面附着空气分子，不利于打出电子。

3.3.3 扫描电子显微镜下的样品

在扫描电子显微镜中观察的样品可以是大到几厘米、小到几毫米（只要能固定到样品台上）的块材或粉末。由于扫描电子显微镜只能在高真空下运行，要求这些样品"干"和"净"，所以，如果样品中含有水分、有机溶剂等，最好预先烘干或冷冻干燥；样品在放入扫描电子显微镜前最好用高压气枪吹净样品表面或周围粘接的稀松的粉末，确保样品和样品台清洁。

扫描电子显微镜不适合直接观察磁性样品，如果是磁性样品应提前告知操作者并进行特殊处理。样品最好具有良好的导电性，否则会产生严重的荷电现象，影响样品的观察。如果是导电性较差的高分子材料、陶瓷材料、玻璃、纤维等，最好在样品表面蒸镀一薄层导电层，比如，镀金或镀碳。镀层不宜太厚，否则会掩盖样品本征的形貌特征。

3.4 透射电子显微镜

透射电子显微镜（TEM），于 1932 年左右发明，是把经加速和聚集的电子束投射到非常薄的样品上，电子与样品中的原子碰撞而改变方向，从而产生立体角散射。散射角的大小与样品的密度、厚度相关，因此可以形成明暗不同的影像，影像将在放大、聚焦后在成像器件（如荧光屏、胶片、感光耦合组件）上显示出来。

3.4.1　透射电子显微镜的结构及成像原理

1. 透射电子显微镜的结构

透射电子显微镜与光学显微镜的成像原理基本一样，所不同的是前者用电子束作光源，用电磁场作透镜。另外，由于电子束的穿透力很弱，因此用于电镜的标本须制成厚度约 50 nm 左右的超薄切片。这种切片需要用超薄切片机制作。电子显微镜的放大倍数最高可达近百万倍、由照明系统、成像系统、真空系统、记录系统、电源系统 5 部分构成，如果细分的话：主体部分是电子透镜和显像记录系统，由置于真空中的电子枪、聚光镜、物样室、物镜、衍射镜、中间镜、投影镜、荧光屏和照相机。

透射电子显微镜的结构的总体工作原理是：由电子枪发射出来的电子束，在真空通道中沿着镜体光轴穿越聚光镜，通过聚光镜将之汇聚成一束尖细、明亮而又均匀的光斑，照射在样品室内的样品上；透过样品后的电子束携带有样品内部的结构信息，样品内致密处透过的电子量少，稀疏处透过的电子量多；经过物镜的会聚调焦和初级放大后，电子束进入下级的中间透镜和第 1、第 2 投影镜进行综合放大成像，最终被放大了的电子影像投射在观察室内的荧光屏板上；荧光屏将电子影像转化为可见光影像以供使用者观察。

电子光学系统的上部是由电子枪和聚光镜组成的照明系统。它的作用是提供一个亮度高、尺寸小的电子束；电子束的亮度取决于电子枪，电子束直径的尺寸则取决于聚光镜。电子枪又分为阴极灯丝、栅极和加速阳极三部分，是电镜的照明光源。灯丝通过电流后发射出电子，栅极电压比灯丝负几百伏，作用是使电子汇聚，改变栅压可以改变电子束尺寸。加速阳极具有比灯丝高数十万伏的高压，其作用是使电子加速，从而形成一个高速运动的电子束。

聚光镜又名聚光器，装在载物台的下方。小型的显微镜往往无聚光镜，在使用数值孔径 0.40 mm 以上的物镜时，则必须具有聚光镜。聚光镜不仅可以弥补光量的不足和适当改变从光源射来的光的性质，而且将光线聚焦于被检物体上，以得到最好的照明效果。聚光镜的结构有多种，同时根据物镜数值孔径的大小，相应地对聚光镜的要求也不同。

样品室在照明系统下方，放置被观察样品，并可使观察样品沿 x、y、z 3 个方向移动。此外，为了多方面应用的需要，还配有低温样品台、加热样品台和拉伸样品台等。

样品室下方是成像系统，由物镜、中间镜和投影镜组成。物镜也是电镜的重要部分，它的作用是形成样品的第一级放大像，并对像进行聚焦。物镜中还有一个可变光阑和物镜消像散器，其作用是减少物镜像散，提高其分辨本领。通常用强磁透镜作为物镜，其焦距为 2 mm 左右，放大率为 100～200倍。试样放在物镜的前焦面附近，可以得到放大倍率高的图像。

中间镜的作用是把物镜形成的第一级放大像再进行二级放大。中间镜一般用弱磁透镜，要求电流的可调范围比较大。改变中间镜的激励电流可以改变中间镜磁场强度，从而改变中间镜的放大倍数，进而改变整个成像系统总的放大倍数。

投影镜的作用是把上述所形成的电子图像进一步放大并投影到荧光屏上。要求投影镜有较高的放大倍数，一般用强磁透镜。

设物镜的放大倍数为 M_0，中间镜的放大倍数为 M_1，投影镜的放大倍数为 M_p，这时成像系统的总放大倍数 M 为

$$M = M_0 M_1 M_p \qquad (3\text{-}2)$$

只要改变一个透镜的放大倍数，电镜的放大倍数就可以很大，总的放大倍数就会改变。在电镜的设计、制造中，常采用改变中间镜的放大倍数来改变总的放大倍数。人眼无法观测电子，透射电子显微镜中的电子信息通过荧光屏和照相底板转换为可观察图像。

真空系统对于透射电子显微镜要求较高，一般镜筒内部需处于高真空。因为，空气与运动的电子与气体分子碰撞而散射，使得电子的平均自由路程很小；电子枪中的高压需要处于高真空中，以免引起放电；高真空可以延长阴极灯丝寿命；试样处于高真空中可以减少污染等。

普通透射电镜的真空度要求达到 $1.33 \times 10^{-2} \sim 1.33 \times 10^{-3}$ Pa，加速电压较高的电子枪需要更高的真空度。若试样测试要求高分辨率，真空度须高于 $1.33 \times 10^{-4} \sim 1.33 \times 10^{-5}$ Pa。通常用旋转机械泵抽前级真空 $13.33 \sim 1.33$ Pa，再用扩散泵抽到高真空约 1.33×10^{-3} Pa。若要更高的真空度，需采用液氮冷却系统或者离子吸附泵。此外，还有空气干燥器、冷却装置、真空指示器等。现代电镜的真空系统都是自动控制的，带有保护装置，可防止由于突然停水、停电所造成的事故。

透射电子显微镜的电源系统分为电子枪高压电源、磁透镜激磁电流电

源、消像散器电源、自动照相及其自动控制系统电源等。电子枪的高压电源是为了减小色差而设计的。要求加速电压有很高的稳定度，如要达到 0.2～0.3 nm 的分辨本领，高压的稳定度必须优于 2×10^{-6}/分钟。例如，电压为 100 kV，则在一分钟之内其波动量约在 0.2 V 之内。磁透镜激磁电流电源提供磁透镜激励电流。但是激励电流易使磁透镜焦距变化，图像变得模糊。因此，一台分辨本领为 0.3 nm 的电镜要求物镜电流的稳定度为 1×10^{-6}/分钟，中间镜和投影镜的电流的稳定度为 5×10^{-6}/分钟。近年来，透射电子显微镜采用了集成电路新技术，大大提高了电源的稳定性和自动化程度，更利于电子显微分析技术的广泛应用。

2. 透射电子显微镜的成像原理

透射电子显微镜是利用电磁透镜成像，由物镜、中间镜和投影镜成像。它的成像原理是样品在物镜的物平面上，物镜的像平面是中间镜的物平面，中间镜的像平面是投影镜的物平面，荧光屏在投影镜的像平面上。

物镜和投影镜的放大倍数固定，通过改变中间镜的电流来调节电镜总放大倍 M。M 越大，成像亮度越低，成像亮度与 M^2 成反比。

高性能透射电子显微镜大都采用 5 级透镜放大，中间镜和投影镜有两级。中间镜的物平面和物镜的像平面重合，荧光屏上得到放大像。中间镜的物平面和物镜的后焦面重合，得到电子衍射花样。

3.4.2　仪器装置

从灯丝发射出来的电子经韦氏极的静电聚焦后形成束斑较细的电子束，该电子束在阳极的加速下形成高能电子束，进入聚光镜系统。电子束在聚光镜系统的控制下形成束斑尺寸和会聚角可调的平行束或会聚束，入射到样品上。电子束与样品相互作用后从样品下表面发射出来，入射到物镜上并在物镜后焦面上形成衍射信号。

这些衍射信号经中间镜、投影镜的放大、投影，在荧光屏上得到放大的图像或衍射花样。TEM 的主要结构包括以下几部分。

1. 电子枪

与 SEM 中的电子枪类似，TEM 中电子枪的主要作用就是从灯丝打出亮度足够高、束斑足够细的高能电子束。常规 TEM 的加速电压一般在 200～300 kV，有些商业超高压电镜则高达 1 500 kV；而生物电镜的高压一般比较低，通常在 80～120 kV。

2. 聚光镜系统

TEM 中的聚光镜系统通常由三级聚光镜和聚光镜迷你镜组成。其作用就是得到束斑（如 0.1～500 nm）、会聚角（如 1～20 mrad）可调的平行束或会聚束。当电子束被 C1～C3 聚光镜聚焦在聚光镜迷你镜的前焦点上时，电子束就能平行地照射到样品上，即平行光；如果入射电子被 C1～C3 聚光镜会聚在聚光镜迷你镜前焦点的上方或下方，此时得到会聚束。

3. 样品台

样品台的主要作用就是精确控制样品的移动。TEM 的放大倍数很高（高达 1 500 000 倍），这要求样品台要足够平稳，保证样品能在纳米尺度下精确移动（在 x–y 方向的水平移动、在 z 方向的垂直移动、样品倾转、样品旋转）。

4. 成像系统

成像系统由物镜、中间镜、投影镜组成，实现成像、放大、投影。物镜是 TEM 中一个非常重要的电磁透镜，它直接决定了这台电镜的分辨率。物镜是强磁透镜，其焦距约为 1 cm，这意味着样品与物镜靠得很近。所以，在样品的移动、倾转时要确保样品杆处在安全范围，否则可能碰到物镜极靴。中间镜通常由三级中间镜组成，负责图像或衍射花样的放大，以及成像模式和衍射模式的切换。比如，调节中间镜的励磁电流，使中间镜的物平面上升到物镜的后焦面上，此时为衍射模式；如果中间镜的物平面位于物镜的像平面上，则为成像模式。成像系统中各透镜相互组合可实现放大倍数在 50～1 500 000 范围内的连续调节。

5. 观察记录系统

观察记录系统主要包括荧光屏、底片、慢扫 CCD，以及 EDS 探测器和电子能量损失谱探测器等。

3.4.3　透射电子显微镜的样品制备技术

透射电子显微镜的试样载网很小，直径一般约 3 mm，试样的横向尺寸一般不应大于 1 mm。常规透射电子显微镜的加速电压为 10 kV。在这种情况下，电子穿透试样的能力很弱。由于聚合物试样很薄，最厚不得超过 200 nm，因此，薄的试样放在一个多孔的载网上容易变形，尤其是当试样横向尺寸只有微米数量级时，试样比网眼还小很多，这时必须在载网上再覆盖一层散射能力很弱的支持膜。

1. 粉末颗粒样品制备

通常粉末样品分散在支持膜上，它必须有良好的分散但又不过分稀疏，这是制备粉末样品的关键。具体方法有悬浮液法、喷雾法、超声波振荡分散法等，可根据需要选用。支持膜的制备方法通常有塑料支持膜、碳支持膜、塑料—碳支持膜几种。

塑料支持膜常用火棉胶制备。制备方法是将一滴火棉胶的醋酸异戊酯溶液（1%～2%）滴在蒸馏水表面上，在水面上形成厚度约 20～30 nm 的薄膜，再将膜捞在载样铜网上即可。这种膜透明性好，但在电子束轰击下易损坏。

碳支持膜在真空镀膜机中蒸发碳，形成约 20 nm 厚的膜，再设法捞在铜网上。因为碳的原子序数低，碳膜对电子束的透明度高，耐电子轰击，其强度、导电、导热和迁移性都很好。

塑料—碳支持膜虽制备简单，但它导热、导电性差。因此将火棉胶膜捞在铜网上，然后再在火棉胶膜上蒸发一层约 5～10 nm 厚的碳层。这种支持膜性能好，应用最多、最方便。支持膜的作用是支撑粉末试样，铜网的作用是加强支持膜。

有机高分子样品对电子的散射能力较差。这是因为组成这些化合物的元素的原子序数较小，在电子图像上形成衬度很小，且不易分辨。采用重金属投影的方法来提高衬度，是透射电子显微镜中常采用的一种制样技术。投影工作在真空镀膜机上进行。选用某种重金属材料，如 Ag、Cr、Ge、Au 或 Pt 等作为蒸发源，金属受热形成原子状态蒸发至样品表面，由于样品表面凹凸不平，形成了与表面起伏状况有关的重金属投影层。由于重金属的散射能力，投影层与未蒸发重金属部分形成明显衬度，增加了立体感。制备高分子的薄膜样品或粉末样品均可采用重金属投影的方法来提高衬度。

2. 直接薄膜样品的制备

有些试样制成电子束能穿透的薄膜样品，可直接在电镜中进行观察。薄膜的厚度与试样的材料及电镜的加速电压有关。对于 100 kV 的加速电压，有机物或聚合物材料的厚度在 1 μm 以内，可对薄膜样品内部的结构、形貌、结晶性质及微区成分进行综合分析。样品在加热、冷却、拉伸等变化过程中进行动态研究。制备薄膜样品的方法有真空蒸发法、溶液凝固法、离子轰击减薄法、超薄切片法等，使用时应根据样品的性质和研究的要求选用不同的方法。

离子轰击减薄是等离子束将试样逐层剥离，最后得到适于透射电镜观察的薄膜，这种方法很适用于聚合物材料。超薄切片法是用超薄切片机获得50 nm左右的薄试样。对于研究聚合物大块试样的内部结构，可采用此法制样。但往往将切好的小薄片从刀刃上取下时会发生变形或弯曲，为克服这一困难，可以先把样品在液氮或液态空气中冷冻，或者把样品包埋在一种可以固化的介质中，如环氧树脂等。可选择不同的配方来调节介质的硬度，使之与样品的硬度相匹配，经包埋后的样品切削不会引起超微结构的变化。

超薄切片是等厚样品，其在电镜中形成的衬度一般很小，因此需要采用"染色"的办法来增加衬度，即将某种重金属原子选择性地引入试样的不同部位，利用重金属散射能力大的特点，提高超薄切片样品图像的衬度。常用的重金属有锇、钨、银、铝等盐类，不同聚合物可用不同的染色方法。

如含有双键的橡胶，可用四氧化锇 OsO_4 或溴 Br 染色。OsO_4 与双键发生作用可以在没有脱氢的情况下进行。因此，选择适当的 OsO_4 染色条件是必须注意的。此外，对橡胶试样，OsO_4 不仅是染色以增加其反差的作用，而且还可作为化学固定剂，用包埋法制超薄切片时，可增加橡胶硬度并保持其原有的结构。对于一些含有 NH_2 的高分子化合物，如多胺类，其多肽链上或多肽链间的 NH_2 基同样可被 OsO_4 染色固定，从而有利于包埋超薄切片和提高其图像的反差。

对于一些饱和聚合物可用醋酸铀或其他金属盐，如聚丙烯腈纤维试样可用 $H_2S-AgNO_3$ 染色以增加其反差。对一些软的聚合物材料，可采用冷冻超薄切片法。冷冻温度可低于试样材料的 T_g（20 ℃）左右。

3. 表面复型制样技术

透射电子显微镜观察用的试样又薄又小，这就大大限制了它的应用领域。利用表面复型制样技术，将大块物体表面的形态制得复制品，用复制品在电镜中进行观察。这种方法一般只能研究物体表面的形貌特征。

若需了解块状聚合物的内部结构及成分分布，可以采用冷冻脆断或刻蚀技术把样品的内部结构显露出来，然后用复型和投影相结合的技术，把这种结构转移到复型膜上，再进行观察。但它不能对聚合物晶体的点阵结构进行电子衍射研究，这是它的不足之处。

复型有一级复型和二级复型之分。一级复型依据制膜材料的不同，又分为塑料膜一级复型和碳膜一级复型。火棉胶、聚乙烯醇缩甲醛、聚苯乙烯或聚乙烯醇等均可用于制塑料膜一级复型。具体做法是将某种塑料的较浓溶液滴在清洁的样品表面、断面或刻蚀面上，干燥后将其剥离下来待用。

电子像的衬度因复型膜各部位的厚薄程度引起。照片上亮的部分对应着复型膜上薄的部位和样品上凸起的部分；照片上暗的地方则对应于样品上凹下的地方。

碳膜一级复型的制作有两种不同的操作顺序。一种是先用重金属在样品表面投影，再蒸发上一层 20～30 nm 的碳膜；另一种则是蒸碳后投影重金属。由于碳颗粒的迁移性很好，所以蒸上去的碳膜基本上是等厚的。如果样品的表面或断面相当粗糙，应在蒸碳时让样品不断旋转，使样品表面上各部位都能均匀地蒸上一层碳膜。为剥离这种复型膜，一般需要将样品浸到适当的溶剂里，使之轻微溶解但又不要产生气泡，否则会冲破碳膜。这种复型膜所记录的表面形貌的分辨率较高，操作也不复杂，但在剥离样品时要损坏原样品的表面形貌。

二级复型有塑料—碳膜和碳—塑料膜之分。塑料—碳膜二级复型可用醋酸纤维素膜（AC 纸）；也可用火棉胶等其他塑料制成一级复型，剥下后在内侧制碳膜二级复型，再将其置于电镜用铜网上，塑料面朝下，放入溶剂的蒸汽中把 AC 纸慢慢溶化，最终只剩下碳复型膜或经投影后蒸碳的碳复型膜。制备碳—塑料膜二级复型的方法是先在样品表面上蒸一层碳膜，并用重金属投影，再将聚合物溶液（如 10%聚丙烯酸）滴在上述一级复型上，制成二级复型，待溶剂挥发后将复型膜揭下，把碳膜朝上塑料膜朝下置于 45 ℃的蒸馏水面上，将聚丙烯酸膜溶去，剩下碳膜，捞在电镜载网上备用。溶去聚丙烯酸膜的水温要适当，水温过高聚丙烯酸会交联，水温过低又不能将其全部溶解掉。

为了增加衬度，可在倾斜 15°～45°的方向上喷镀一层重金属，如 Au、Cr 等。

3.5 X 射线光电子能谱（XPS）

X 射线光电子能谱（XPS），是由 Siegbahn 研究小组在 20 世纪 60 年代中期发展起来的。利用 X 射线光电子能谱法能够分析纳米材料表面的原子价态、化学组成、表面形貌、表面微细结构状态以及表面能态分布等。通过对高分辨 X 射线光电子能谱的谱峰进行分解拟合能够确认新的元素或基团；通过对 X 射线光电子能谱图的指纹特征进行分析能够对除 H、He 外的各种元素进行定性分析；通过 X 射线光电子能谱的谱峰相对强度比能够进行不同元素及化学态的半定量分析；通过电子结合能的变化还能够判断元素的可能价态，从而确定元素的可能配位环境，给出配合物的可能构型。X 射线光电子能谱法具有对待分析样品无损伤、分析时所需样品量少、分析的绝对灵敏度高等优点。因此，X 射线光电子能谱法已经成为目前应用范围最广的纳米材料表/界面分析方法。

3.5.1　工作原理

光电子能谱的基本原理是光电效应。当一束具有足够能量（hv）的 X 射线照射到某一固体样品（M）上时，所吸收的 X 射线的能量可激发出物质中原子或分子中某个轨道上的电子，使原子或分子电离，激发出的电子获得一定的动能 E_K，从而留下一个离子 M^+。这一过程就是光电过程，可用下式表示：

$$M+hv \rightarrow M^+ + e^- \tag{3-3}$$

式中，e^- 称为光电子，若这个电子的能量高于真空能级，就可以克服表面位垒，逸出体外而成为自由电子。光电子发射过程的能量守恒方程为：

$$E_K = hv - E_B \tag{3-4}$$

式（3-7）是著名的爱因斯坦光电发射方程，它是光电子能谱分析的基础。式中，hv 为入射光子的能量，E_K 为某一光电子的动能，E_B 为结合能。通过电子分析器测定 E_K 就可以求得某一原子的电子结合能 E_B。

各种原子、分子轨道的电子结合能是一定的。在实际分析中一般采用费米能级作为基准（即结合能为零），测得样品的结合能（E_B）值，通过对样品产生的光子能量的测定，就可以了解样品中元素的组成。样品在 X 射线作用下，各轨道的电子都有可能从原子中激发成为光电子。为便于区分各种光电子，通常采用被激发电子所在能级来标示光电子。一般可用元素的最强特征峰来鉴别元素，如果最强特征峰与其他元素的光电子峰发生重叠，此时可以选用其他光电子峰来鉴别元素。例如，由 K 层激发出来的电子称其为 1 s 光电子，由 L 层激发出来的电子分别记为 2 s，2p1/2，2p3/2 光电子，依此类推。可以根据 XPS 电子结合能标准手册对被分析的元素进行鉴定。

3.5.2　化学位移

元素所处的化学环境不同（原子价态的变化、原子与不同电负性的原子结合等），其结合能会有微小的差别，则 X 射线光电子能谱的谱峰位置会发生移动，称为化学位移。化学位移在 XPS 中是一种很有用的信息，通过对化学位移的研究，可以了解原子的状态、可能处于的化学环境以及分子结构等。如聚对苯二甲酸乙二酯，此化合物中有三种完全不同的碳：

苯环上的碳、碳基中的碳和连接对苯二甲酸单元上—CH_2 中的碳。每种碳所处的化学环境不同，因此呈现不同的化学位移，导致碳的 1 s 峰出现在谱图不同的位置上。分子中两种氧原子所处的化学环境不同，谱峰的位置也不同。

由此可见，当一种原子构成不同的化合物时，由于本身在化学结构中所处的化学环境不同，同一元素会表现出不同的结合能。化学位移现象可以用原子的静电模型来解释。内层电子一方面受到原子核强烈的库仑作用而具有一定的结合能，另一方面又受到外层电子的屏蔽作用。当外层电子密度减少时，屏蔽作用将减弱，内层电子的结合能增加；反之则结合能将减少。因此当被测原子的氧化价态增加，或与电负性大的原子结合时，都导致其结合能的增加，相反如果被测原子氧化态降低或得到电子成为负离子，则结合能会降低。从被测原子内层电子的结合能变化可以判断其价态变化和所处的化学环境。

3.5.3　仪器装置

X 射线光电子能谱仪是精确测量物质受 X 射线激发产生光电子能量分布的仪器。主要组成部分有 X 光源（激发源），样品室，电子能量分析器和信息放大、记录（显示）系统等。当具有一定能量的 X 射线与物质相互作用后，从样品中激发出光电子。带有一定能量的光电子经过特殊的电子透镜到达分析器，光电子的能量分布在这里被测量，最后由检测器给出光电子的强度，按电子的能量展谱，再进入电子探测器。由计算机组成的数据系统用于收集谱图和数据处理。为了使数据的可靠性增加，可以多次重复扫描，使信号逐次累加而提高信噪比。

XPS 仪器通常用 Al 或 Mg 靶作为 X 射线源（其能量分别是 1 486.6 eV 和 1 253.6 eV），用以激发元素各壳层（内壳层和外壳层）的电子。同步辐射源也常用作 XPS 的入射源。XPS 扫谱方式包括宽扫描和窄扫描两种。对一个未知化学成分的样品，首先要进行宽扫描（在整个光电子能量范围内扫描），以确定样品中存在的表面化学成分。由于 XPS 谱中各元素特征峰分立性强，因此，可在一次宽扫中检出全部或大部分元素。然后再对所研究的元素进行比较详细的窄扫描以提高分辨率，确定化学状态。

3.5.4　样品处理

XPS 对样品没有特殊要求，气态、液态和固态样品原则上都可进行分析。对气体样品，通常采用差分抽气法，把气体样品引入分析室进行测定。对一些易冷凝的蒸气样品，冷冻处理也是常用方法之一。液体样品除直接予以探测外，也可通过升华为气体或冷冻为固体来研究。

对固体样品的处理可通过以下几种方法制取样品。

① 如果聚合物样品能溶解在某种溶剂中，可采用浸渍法、涂层法或浇铸法沉积在金片上形成聚合物膜，必须注意制膜选用的溶剂要纯，样品完全干燥后进行测试。

② 对于粉末样品，可直接用双面胶带将粉末粘于样品托上，制样过程中应注意粉末在样品台上保持平整、覆盖均匀，否则会导致信噪比加大，干扰实验数据。

③ 高分子薄膜可直接粘于双面胶纸上进行测试。为防止薄膜表面可能的污染，可用不影响样品性质的溶剂清洗，也可在谱仪处理室内加热处理。

XPS 所探测的样品深度受电子的逃逸深度所限，一般在几个原子层，故属表面分析方法。XPS 技术对样品的损伤很小，基本是无损分析。但是，在 X 射线的长时间照射下，可能引发元素的价态变化，在实际工作中应引起足够的重视。

3.6　拉曼光谱法（Raman）

拉曼光谱方法是一种利用拉曼效应进行光谱分析的光学分析方法。1928年印度科学家拉曼发现当单色光作用于某物质时，在散射光谱中，除与入射光的频率相同的谱线特别强之外，在这条谱线的两侧还有较弱的若干条谱线，被称为拉曼效应。但由于灯光源的限制，这些谱线强度很弱不能用来进行有效的分析测量。近年来，由于激光光源的引入，使拉曼光谱获得强大的生命力，形成激光拉曼光谱法。

3.6.1　基本原理

当一束光照射到样品上时，入射光中的绝大部分直接透过样品，少量的入射光（约 0.1%）与样品分子发生非弹性散射。在非弹性散射过程中样品和入射光之间有能量的交换，这种散射称为拉曼散射；如果发生弹性散射，样品和入射光之间没有能量交换，这种散射称为瑞利散射。在拉曼散射中，入射光把一部分能量传递给样品分子，使得散射光的能量减少，在低于入射光频率处探测到的散射光，称为斯托克斯线；相反地，若入射光从样品分子中获得能量，在大于入射光频率处探测到散射光，则称为反斯托克斯线。

拉曼散射光和入射光之间的频率差称为拉曼位移。拉曼位移取决于样品分子的振动能级，与入射光的频率无关。不同的化学键或基态具有不同的振动方式，进而决定了能级间的能量变化。所以，拉曼位移具有"指纹"的特征，这是利用拉曼光谱识别分子结构的依据。

1. 斯托克斯散射

处于基态（E_0）上的分子吸收入射光子的能量 $h\nu_0$ 后被激发到虚态，而后迅速从虚态回复到激发态 E_1 上，同时发射出能量为 $h(\nu_0 - \nu_1)$ 的光子。在该过程中，散射光的频率为 $\nu_s = \nu_0 - \nu_1$，所产生的散射光为斯托克斯线。

2. 瑞利散射

一种情况是，处于基态（E_0）上的分子吸收入射光子的能量 $h\nu_0$ 后被激发到虚态，而后迅速从虚态回复到基态上，同时发射出能量为 $h\nu_0$ 的光子。在该过程中，散射光的频率为 $\nu_s = \nu_0$，属于弹性、瑞利散射；另一种情况是，处于激发态（E_1）上的分子吸收入射光子的能量 $h\nu_0$ 后被激发到虚态，而后迅速从虚态回复到激发态 E_1 上，同时发射出能量为 $h\nu_0$ 的光子。在该过程中，散射光的频率为 $\nu_s = \nu_0$，也属于瑞利散射。

3. 反斯托克斯散射

处于激发态（E_1）上的分子吸收入射光子的能量 $h\nu_0$ 后被激发到虚态，而后迅速从虚态回复到基态 E_0 上，同时发射出能量为 $h(\nu_0 + \nu_1)$ 的光子。在该过程中，散射光的频率为 $\nu_s = \nu_0 + \nu_1$，所产生的散射光为反斯托克斯线。

根据玻尔兹曼定律，在室温下处于基态的分子数远高于处于激发态的分子数。所以，斯托克斯线的强度远高于反斯托克斯线。斯托克斯线和反斯托克斯线对称分布在瑞利线的两侧，且反斯克斯线一般比较弱，通常只测斯托克斯线。

拉曼散射的强度 I_R 可表示为

$$I_R \propto \nu^4 l_0 N \left(\frac{\partial \alpha}{\partial Q} \right)^2 \tag{3-5}$$

式中，v——激光频率；

  α——分子的极化率；

  I_0——入射光的强度；

  Q——分子的振动幅度；

  N——辐照范围内拉曼散射分子的数目。

式（3-5）表明：拉曼散射峰的强度与处于拉曼散射状态的分子数有关，这为定量分析提供了依据；短波长的激光或者增大入射光的强度能增强拉曼散射峰的强度；只有那些极化率发生改变的分子振动才具有拉曼活性。

3.6.2　拉曼散射的描述

拉曼散射是入射光子与分子碰撞引起分子核外电子云的变形，造成的分子的极化。入射光是种电磁波，是交变振荡的电磁场。对于各向同性的原子，核外电子云均匀地分布在原子核的周围。当入射光辐照到分子上时，入射光中的电场分量 E 会引起分子核外电子云的变形，从而产生诱导偶极矩，公式为

$$\mu = \alpha E \tag{3-6}$$

式中，α——分子的极化率，表征在外电场作用下电子云的形变程度。

3.6.3　仪器装置

色散型拉曼光谱仪主要由激发光源、外光路系统、多光栅单色器、检测器等系统组成。光源发射出的激光，经单色处理后入射到样品上；散射光经凹面镜收集、通过狭缝照射到光栅上。连续转动光栅使不同波长的散射光依次通过出射狭缝进入探测器，再经放大、显示就能得到拉曼光谱。

1. 激发光源

在拉曼光谱仪中用激光作为激发光源。常用的激光器是氩离子激光器，其激发波长为 514 nm 和 488 nm，单线输出可达 2 W。在实验中，根据实验需求可选用 633 nm、785 nm 以及紫外激发光源。不同波长的激发光源，对拉曼散射的位移没影响，但对荧光和其他激发线会产生影响。

2. 多光栅单色器

在色散型拉曼光谱仪中通常使用三光栅或双光栅组合的单色器来削弱杂散光，以提高色散性。使用多光栅的缺点是降低了光通量，也可使用凹面全息光栅来减少反射镜，以提高光的反射效率。

3. 外光路系统

外光路系统是从激光光源后到多光栅单色器前的所有设备，包括聚焦透镜、反射镜、偏振旋转镜、样品台等。激光照射到样品上有两种方式，一种是 90 度方式，可以进行准确的偏振测定，能改善拉曼散射和瑞利散射的比值，有利于测量低频振动部分；另一种是 180 度方式，可得到最大的激发效率，适合微量样品的测量。

4. 探测器

位于可见光区的拉曼散射光可用光电倍增管来探测，要求光电倍增管具有量子效率高、热离子暗电流小等特点。在傅里叶变换—拉曼光谱仪中，常用 Ge、InGaAs 或 Si 半导体探测器。其中，Ge 探测器在液氮冷却下可探测 $3\,400\;cm^{-1}$ 的拉曼位移；InGaAs 探测器在室温下可探测 $3\,600\;cm^{-1}$ 的拉曼位移，制冷能降低噪声但探测范围变窄（可探测 $3\,000\;cm^{-1}$ 的拉曼位移）；Si 探测器在低温下探测范围较窄，但对反斯托克斯线有良好的响应。这些半导体探测器最好在低温下运行，可降低探测器的噪声，提高探测器的稳定性。在散射光进入探测器前需先滤除瑞利散射。这样可以将瑞利散射的强度降低 3～7 个数量级，以免拉曼散射湮没在瑞利散射中。

傅里叶变换—拉曼光谱仪是目前常用的拉曼光谱仪。傅里叶变换—拉曼光谱仪的主要组件是迈克耳孙干涉仪，它包括分束器、固镜和动镜。入射光经准直后入射到分束器上，被分成等强度的两束光。一束光直接照到动镜上，经动镜反射后照到分束器上，经分束后其中一束反射到探测器上；类似地，另一束光被反射到固镜上，经固镜反射后照到分束器上，经分束后直接进入探测器中。

3.6.4　样品制备

拉曼散射数据的好坏还与样品制备方法有关，在测试前应采用合适的方法制备样品。常见的样品制备方法有以下几种。

1. 液体样品

液体样品可装入玻璃毛细管中，调节毛细管的位置使光束正好对准样品。如果是低沸点、易挥发的样品，建议密封毛细管，以免污染光学器件。

2. 气体样品

气体样品的拉曼散射很弱，为了提高拉曼散射信号，可以增大样品池中气体的压强（即增大气体分子的数密度）或采用多次反射的样品池。

3. 块体样品

对于块体样品，可直接固定在镀金或镀银的样品台上；而粉末样品，可采用毛细管或样品杯装盛，也可通过压片、旋涂等方式对其进行测量。

3.7 紫外—可见光谱

紫外—可见光谱也被称为电子光谱，它由物质分子的外层电子能级之间的跃迁所产生，紫外—可见光谱就是利用物质的分子或离子对紫外和可见光的吸收所产生的紫外可见光谱及吸收程度可以对物质的组成、含量和结构进行分析、测定、推断。紫外—可见光谱的横坐标一般用波长表示，单位为纳米；纵坐标为吸光度或透过率。紫外—可见光区通常分为 3 个区域：10～200 nm 的深紫外光区（也称为真空紫外），200～380 nm 的近紫外光区和 380～760 nm 的可见光区。

3.7.1 形成机理

原子或分子中的电子，总是处在某一种运动状态之中。每一种状态都具有一定的能量，属于某一能级。这些电子由于各种原因，如光、热、电等的激发，放出光或热，而从一个能级转移到另一个能级，称之为跃迁。当这些电子吸收了外来辐射的能量后，就会从能量较低的能级跃迁到另外一个能量较高的能级。每一次跃迁都对应着吸收一定能量（一定的波长）的辐射。

用紫外—分光光度计对已知浓度的亚甲基蓝溶液进行全波扫描，得到亚甲基蓝的紫外—可见吸收光谱，发现亚甲基蓝溶液在波长 664 纳米处有最大吸光度，不同浓度的同一物质具有相似的吸收光谱，最大吸收波长位置基本不变，但是吸光度会随浓度的增加而增大。因此，可以利用吸收曲线进行定量分析。

3.7.2 朗伯—比尔定律

朗伯—比尔定律又称为比尔定律，是光吸收的基本定律，适用于所有的电磁辐射和所有的吸光物质，包括气体、固体、液体、分子、原子和离子。比尔—朗伯定律是比色分析及分光光度法的理论基础。光被吸收的量正比于光程中产生光吸收的分子数目。

当一束平行的单色光通过含有均匀物质的液体吸收池（或气体、固体）时，入射光的一部分被溶液吸收，一部分透过溶液，一部分被液体表面反射。

朗伯—比尔定律描述的是入射光的吸收强弱 A 与溶液的浓度 c、溶液厚度 l 之间的关系，其计算公式为

$$A = \lg \frac{I_0}{I} = \varepsilon cl \qquad （3-7）$$

式中，I——透射光强度；

　　　I_0——入射光强度；

　　　l——光程，即吸收池厚度；

　　　ε——摩尔吸光系数；

　　　c——浓度（注意，单位为 mol/L）。

当一束平行的单色光通过均匀溶液时，溶液对入射光的吸收程度 A（吸光度）与吸光物质的浓度 c 和光通过的液层厚度 l 的乘积成正比。当光程一定时，吸光度 A 与溶液浓度 c 呈线性关系。朗伯—比尔定律是对单色光吸收的强弱与吸光物质的浓度 c 和液体厚度 l 之间关系的定律，是光吸收的基本定律，是紫外—可见光度法定量分析的基础。

需要说明的是：朗伯—比尔定律只适用于平行的单色光，并垂直入射吸收池；另外，朗伯—比尔定律只适用于浓度小于 0.01 mol/L 的稀溶液：当浓度高时，吸光粒子间的平均距离减小，受粒子间电荷分布相互作用的影响，它们的摩尔吸收系数发生改变，导致偏离朗伯—比尔定律。

3.7.3　仪器装置

紫外—可见分光光度计由光源、单色器、样品池、探测器以及数据处理系统等部分组成。

1. 光源

光源的作用是提供激发能，供待测样品吸收。要求光源能够提供足够强的连续光谱，有良好的稳定性和较长的使用寿命，且辐射能量随波长无明显变化。通常使用钨灯或氘灯作为光源。

2. 样品池

用于盛放试液。石英池用于紫外—可见光区的测量，玻璃池只用于可见光区。按其用途不同，可以制成不同形状和尺寸的吸收池，如矩形吸收池、流通吸收池、气体吸收池等。对于稀溶液，可用光程较长的吸收池，如 5 cm 吸收池。

3. 单色器

单色器的作用是从光源发出的光中分离出所需要的单色光。通常由入射

狭缝、准直镜、色散元件、物镜和出口狭缝构成。而色散元件通常就是光栅，在阵列式探测器出现之前，光栅需要旋转才可获得每个波长上的信号。

4. 探测器

检测器的功能是检查光信号，并将光信号转变成电信号。简易分光光度计上使用光电池或光电管作为检测器。近几十年来，阵列型光电器件技术的发展和应用促使了全新结构和性能的固定光栅型分光光度计的诞生，使分光光度计的测量速度上了一个新的台阶。阵列型光电探测器的典型代表是电荷耦合器件，这类探测器测量速度快，多通道同时曝光，最短时间仅在毫秒量级，也可积累光照，积分时间最长可达几十秒，探测微弱信号，动态范围大。另外，由于固定光栅型分光光度计没有机械运动部件，简化了结构，减小了体积，提供了工作的稳定性，所以分光光度计能走出实验室，进入工作现场，进行在线测量。

3.7.4　半导体无机纳米材料的紫外—可见光谱

TiO_2、ZnO、Fe_2O_3、ZnS、CdS、SiO_2、Al_2O_3、PbS 等纳米均可吸收紫外—可见光，与金属不同，它们的能带结构是不叠加的，形成分立的能带。其中底部的价带相当于阴离子的价电子层，完全被电子充满；而顶部的价带一般为空带；价带与导带之间有一定宽度的能隙，简写为 E_g，在能隙中不存在电子的能级。当光照在半导体粒子上，其光子能量大于禁带宽度时，光激发电子从价带跃迁到导带产生电子（e^-）和空穴（h^+），而电子和空穴很容易重新复合或者被纳米粒子中杂质或其他缺陷捕获，并以热能或光的形式释放能量，从而实现吸收紫外—可见光的过程。引发这个过程的光线的最大激发波长可以根据材料的禁带宽度 E_g 求得 $\lambda=hc/E_g$。

理论上，波长小于最大激发波长的光都能被半导体无机纳米粒子吸收。因此半导体无机纳米粒子的光吸收谱图应该是宽的吸收带。

经过研究吸收边的结构，我们会发现这些规律：

① 强吸收区：吸收系数随光子能量 $h\nu$ 的变化为幂指数规律，其指数可能为 1/2、3/2、2 等。其中，直接带隙只单纯吸收光子就能使电子由价带顶跃迁到导带底，其指数为 1/2；间接带隙必须在吸收光子的同时伴随有吸收或发射声子，其指数为 2；而禁戒的直接跃迁仍存在一定的跃迁概率，其指数为 3/2。

② 弱吸收区：远离强吸收区，吸收系数较小。

③ e 指数区：吸收系数随光子能量 $h\nu$ 为 e 指数变化律。

第4章 纳米材料的制备方法

4.1 引　言

纳米材料的制备是纳米科学领域内的一个重要研究课题，是纳米特性研究、纳米测量技术、纳米应用技术及纳米产业化的必备前提条件，也是纳米材料研究者始终关注和研究的重点。

目前，纳米材料的制备方法很多。

① 根据是否发生化学反应可以分为物理方法和化学方法两类；

② 根据制备状态的不同可分为气相法、固相法和液相法3类；

③ 按照纳米材料形成物态可分为纳米微粒、纳米纤维、纳米薄膜和纳米块材（纳米结构）制备。

4.2　气相法

制备纳米材料的气相法，是利用各种前驱气体或采用加热的方法使固体蒸发成气体以获得气源，然后将高温蒸汽在冷阱中冷凝或在衬底上沉积和生长出低维纳米材料的方法。气相法是制备纳米粉体、纳米晶须、纳米纤维和生长超晶格薄膜和量子点等的主要方法。气相法制备纳米微粒可分为物理气相沉积法和化学气相沉积法两大类。

4.2.1　物理气相沉积法

物理气相沉积（PVD）是用物理的方法（如蒸发、溅射等）使镀膜材料气化，在基体表面沉积成膜的方法。除传统的真空蒸发和溅射沉积技术外，还包括近 30 多年来蓬勃发展起来的各种离子束沉积，离子镀和离子束辅助沉积技术。其沉积类型包括：热蒸发法、等离子体蒸发法、激光蒸发法、电弧放电加热蒸发法、电子束蒸发沉积、离子溅射法和高频感应加热蒸发法等。

1. 热蒸发法

1963 年，热蒸发法由 Ryozi Uyeda 及合作者研制出，也称为气体蒸发法，是通过在较纯净的惰性气体中的蒸发和冷却过程获得较纯净的纳米微粒。热蒸发法是在氩、氮等惰性气体中将金属、合金或陶瓷蒸发、气化，然后与惰性气体相撞、冷却、凝结而形成纳米微粒。

热蒸发法制备纳米微粒的整个过程是在高真空室内进行的。通过真空泵使真空室真空度达到 0.1 Pa 后充入低压的纯净惰性气体（He 或者 Ar，纯净度在 99.99%以上）。将欲蒸发的物质（金属、二氟化钙、氯化钠等离子化合物、过渡族金属氧化物）等置于坩埚内，通过钨电阻加热器或者石墨加热器等加热装置逐渐加热蒸发，生成源物质烟雾。烟雾通过凝聚，形成纳米微粒沉积于微粒收集器上。

发热体一般被做成螺旋状或舟状。发热体材料除了钨丝和石墨外，还可以选择钼、钽等高温金属以及氧化铝等耐高温材料。在实际选择发热体时应注意：

① 发热体与蒸发原料在高温熔融后不能形成合金；

② 蒸发原料的蒸发温度不能高于发热体的软化温度。

热蒸发法可通过调节惰性气体压力、蒸发物质的分压（即蒸发温度和蒸发速率）来控制纳米微粒的大小。实验结果表明，随着蒸发速率的增加（等同于蒸发温度的升高），纳米微粒的粒径变大。随蒸发室压力下降，纳米微粒的粒径变小。

采用热蒸发法制备的纳米微粒表面清洁，粒径分布窄，粒度易于控制。热蒸发制备纳米微粒的过程也可以在非真空环境中进行，主要用于制备金属氧化物纳米微粒，如氧化锌等。和真空蒸发相比，该工艺设备要求不高，但制得的微粒粒径较大，不容易控制，比较适合要求不高的纳米微粒的制备。

2. 等离子体蒸发法

等离子体加热蒸发是利用了等离子体的高能量而实施加热蒸发的。一般等离子体的焰流温度可高达 1 800 ℃以上，存在大量的高活性物质微粒，能与反应物微粒迅速交换能量，有助于纳米微粒的形成。为了保证获得粒径小、粒径分布集中的纳米微粒，就要求热源温度场分布范围尽量小，热源附近的温度梯度大。普通蒸发法制备纳米微粒通常要将原料加热到相当高的温度才能使物质蒸发，然后在低温的介质上沉积。另外，等离子体尾焰区的温度较高，离开尾焰区的温度急剧下降，原料微粒在尾焰区处于动态平衡的饱和，脱离尾焰区后温度骤然下降而处于过饱和状态，成核结晶而形成纳米微粒。

等离子体加热蒸发法可以制备出各类包括合金、金属、金属间化合物和非金属化合物的纳米微粒。其优点在于产品收率高，特别适合制备高熔点物质的纳米微粒。但是，等离子体喷射的射流容易将熔融物质本身吹散飞开，对收集造成影响，这是要解决的技术难点。

按照产生等离子体的方式可分为直流电弧等离子体和高频等离子体，由此派生出来的纳米微粒制备方法有直流电弧等离子体法、混合等离子体法和氢电弧等离子体法等。

（1）直流电弧等离子体法

直流电弧等离子体法是通过直流放电时气体电离产生高温等离子体，然后加热原料使其熔化、蒸发，形成气态微粒。气态微粒遇到周围的气体就会被冷却或发生反应形成纳米微粒。纳米微粒生成室内充满惰性气体，通过真空系统排气量来调节蒸发气体的压力。提高等离子体枪的发射功率可以提高由蒸发而生成的微粒数量。生成的纳米微粒黏附于水冷管状的铜板上，气体被排除在蒸发室外，运转约半小时后，进行慢氧化处理，然后打开生成室，将黏附在圆筒内侧的纳米微粒收集起来。

在惰性气氛中，由于等离子体温度高，几乎可以制备任何金属的微粒。但由于等离子体喷射到的中心部分温度较高，而与水冷铜坩埚接触的边缘部分温度较低，熔体内部具有明显的温度梯度，生成的纳米颗粒粒度分布范围较宽。另外，蒸发原料与水冷铜坩埚相接触，在坩埚壁上的热损失比较严重，会降低纳米微粒的生成速率。研究表明，这一现象对低熔点、高热导率的 Cu 和 Al 的纳米微粒生成速率影响较大，而对 Fe 及 Ni 的纳米微粒生成速率影响较小。

（2）混合等离子体法

混合等离子体法是采用射频（RF）等离子体为主要加热源，并将直流（DC）等离子体和射频等离子体组合，由此形成混合等离子体加热方式，来制备纳米微粒的方法。

RF 等离子体是由感应线圈产生射频磁场而发生的等离子体，具有以下优点：产生等离子体时没有采用电极，不会有电极物质混入等离子体而导致等离子体中含有杂质，因此制得的纳米微粒纯度较高；可使用惰性气体，同时等离子体所处的空间大，气体流速比直流等离子体慢，致使反应物在等离子空间停留时间长，物质可以充分加热和反应。

（3）氢电弧等离子体法

氢电弧等离子体法是由日本的 K.Tanaka 等先提出的,国内研究者也自行设计了可批量生产纳米金属微粒的多电极氢电弧等离子体法纳米材料制备装置。该方法的工作原理为：含有氢气的等离子体与金属间产生电弧,使金属熔融,电离的氮、氩等气体和氢气溶入熔融金属,然后释放出来,在气体中形成了金属的超微粒子,用离心收集器或过滤式收集器使微粒与气体分离从而获得纳米微粒。

以氢气作为工作气体,等离子体中的氢原子化合为氢分子时会放出大量的热,从而产生强制性的蒸发,使产量大幅度增加。一般来说,纳米颗粒的生成量随等离子体中氢气浓度的增加而上升。

用氢电弧等离子体法制备的纳米微粒的平均粒径与制备条件和材料有关。一般为几十纳米。使用该方法已经制备出 30 多种纳米金属、合金和氧化物等,如纳米铁、钴、镍、铜、锌、铝、铋、钯、锰、锡、银、铟、钼、钛、氧化铝、氧化钛等。

使用氢电弧等离子体方法制备的纳米金属粒子具有下面几个特点：

① 制备出的纳米金属粒子具有储氢和吸氢性能,粒子中含有一定量的氢；

② 具有薄壳修饰特性。在制备一些特殊原料的过程中使用添加第二种特定元素的方法,由于氢的还原作用容易形成一种具有稀土外壳和过渡金属内核的纳米复合离子；

③ 纳米粒子具有特殊的氧化行为。以此方法制备的纳米铁离子,在空气中加热,温度低于 600 ℃时,粒子由金属外壳和氧化物内核组成,这是由于储藏的氢遇热释放出来,还原了外表的氧化层；

④ 使用氢电弧等离子体方法制备的纳米金属粒子具有再分散特性。在一定的机械外力作用下,平均粒径为 50 nm 的粒子可以再分散为 3～5 nm。

3. 激光蒸发法

激光蒸发法是一种光学加热蒸发物料的方法,该方法采用大功率激光束直接照射于原材料靶材,通过原料对激光能量的有效吸收使物料蒸发,从而形成纳米微粒。一般二氧化碳和钇铝石榴石（YAG）大功率激光器均为高能量密度的平行光束,经过透镜聚焦后,功率密度可以提高到 10^4 W/cm^2 以上,激光光斑作用区域的温度可达几千摄氏度,可以使各类高熔点物质蒸发,制得相应的纳米颗粒。

除了在惰性气体中制备金属纳米颗粒以外，在各种活性气体中，激光加热蒸发法也可以制备氧化物、碳化物和氮化物等陶瓷纳米颗粒。

激光加热蒸发法制备纳米微粒具有很多优点。第一，适合于制备各类高熔点的金属和化合物纳米微粒；第二，激光光源可以独立地设置在蒸发系统外部，这样激光器可以不受蒸发室内部条件的影响，物料通过对入射激光能量的吸收，可以迅速地被加热。制备过程中激光光束能量高度集中，周围环境温度梯度大，有利于纳米微粒的快速凝聚，从而获得粒径小、分度集中的高品质纳米微粒。可以通过调节蒸发区的气氛压力来控制所制备纳米微粒的粒径。以二氧化碳激光束照射碳化硅粉末为例，随着气氛压力的上升，纳米微粒的粒径会变大。

蒸发材料能否有效地吸收激光是激光加热蒸发法制备纳米微粒是否可行的关键因素，因此要选择合适的激光光源。为了提高原料对激光的吸收率，发展了一种激光—感应复合技术。其基本原理是：首先利用高频感应将金属材料整体加热到较高温度，从而使金属材料对激光的吸收率大大提高，有利于充分发挥激光的作用，然后引入激光可以使金属材料迅速蒸发，并产生很大的温度与压力梯度，不仅粉末产率较高，而且易于控制粉末粒度。该方法具有粉末纯度高、工艺可控性强、易于实现工业化生产等优点，但能量利用率不高，且由于加热温度在 2 000 ℃以下，不适合制备高熔点金属和合金的纳米微粒。

4. 电弧放电加热蒸发法

电弧放电加热蒸发法是以两平板电极间产生的电弧来加热原料物质，使其熔融、蒸发，后经冷却和收集获得纳米微粒。

电弧放电加热蒸发可以在液体中进行。如采用电弧放电法制备纳米 Al_2O_3 微粒时，在水槽内放入金属铝粒形成一个堆积层，把电极插入堆积层中，施加一定的放电电压，利用铝粒间发生的火花放电来制备纳米颗粒。在制备过程中，要反复进行稳定的火花放电，以阻止由于各铝粒间的放电所产生的相互热熔连接。

在液体中进行的电弧放电蒸发法具有以下优点。

① 设备简单、操作方便、时间短、成本低、见效快，能进行工业化生产；

② 液面的保护可以有效隔绝空气进入反应体系，在简单的装置中，无须复杂的真空设备和烦琐的真空操作，却能达到真空热蒸发的效果；

③ 不同于其他一些高温瞬时反应，各种物质在同一液相中，既是反应产物也是反应起始物，这种复杂的交替反应造成了最终产物的多样性和新颖性。

5. 电子束蒸发沉积法

电子束蒸发沉积法的主要原理为：在有高偏压的电子枪与蒸发室之间产生压差，使用电子透镜聚焦手段使电子束集并轰击物质表面，使物质被加热和蒸发，最后凝聚为细小的纳米微粒。电子束功率密度达 $10^5 \sim 10^6$ W/cm^2 以上，特别适合于蒸发 W、Ta、Pt 等高熔点金属，可以制备出相应的金属、氧化物、碳化物、氮化物等纳米微粒。

用电子束蒸发沉积法制备纳米微粒时，电子在电子枪内由阴极放射出来，电子枪内必须保持高真空（0.1 Pa），为了使电子从阴极材料表面高速射出，还需要加上高的偏压。为了防止异常放电，电子束与残留气体碰撞而发生散射，靶材所在的熔融室内必须始终在高真空状态，使电子束不能有效地到达靶材并使其熔化。蒸发出来的原子也必须在一定的气体压力下才能和气体分子发生相互碰撞，并最终凝结成纳米微粒。因此电子枪和蒸发室之间必须要有一定的压力差。

6. 离子溅射法

离子溅射法制备纳米微粒是在高压 1 500 V 的作用下部分真空的溅射室中的辉光放电，产生了正的气体离子；在阴极（靶）和阳极（试样）之间电压的加速作用下，正电荷的离子轰击阴极表面，使阴极表面材料原子化；形成的中性原子，从各个方向溅出，蒸发原子被惰性气体冷却而凝结成纳米微粒。阴极材料就是预制备的纳米颗粒的物质，当然使用反应气体的反应溅射可以制备化合物纳米微粒，如碳化物、氮化物等。放电电流、电压以及气体的压力是影响纳米微粒生成的主要因素，此外，靶材的面积也是影响纳米微粒产率的重要因素。

溅射法制备超微纳米微粒具有很多优点：和其他蒸发法需要在蒸发材料被加热和熔融后其原子才由表面放射出去不一样，溅射法两极板间辉光放电中的氩离子携带着很高的能量撞击阴极，将靶材中的离子从其表面撞击出来，因此，不需要坩埚，蒸发材料放在什么位置都可以，可以具有很大的发射面；制取的纳米微粒均匀、粒度分布集中；适合制备高熔点材料的纳米颗粒。

7. 高频感应加热蒸发法

高频感应加热蒸发方法的原理是利用高频感应的强电流产生热量使原

料物质被加热、熔融、蒸发获得纳米微粒。

在高频感应加热过程中，高频大电流流向加热线圈（一般是用紫铜管制作），热线圈通常被绕制成环状形状。由此在线圈内产生极性瞬间变化的强磁束，将装有金属等被加热物体的坩埚放置在线圈内，磁束就会贯通整个被加热物体，在被加热物体的内部与加热电流相反的方向，便会产生相对应的很大的涡电流。由于被加热物体内存在着电阻，所以会产生很多的焦耳热，使物体自身的温度迅速上升，达到对所有金属材料加热的目的。另外，由于电磁波对熔体的连续搅拌作用，熔体内各点的温度比较均匀。采用高频感应加热蒸发法最重要的优点是生成的纳米微粒均匀，产能也比较大。

高频感应加热蒸发法的优点是所制备的纳米微粒粒径容易控制，主要参数有蒸发压力和熔体温度以及充入的气体类型等。实验结果表明，蒸发压力越大，所制备的纳米微粒粒径越大。

4.2.2　化学气相沉积法

化学气相沉积法（CVD）起源于 20 世纪 60 年代，是指一种或者数种反应气体在加热、激光、等离子体等作用下发生化学反应析出超微细粉末颗粒的方法。化学气相沉积技术由于具有设备简单、容易控制，制备的粉末材料纯度高、粒度分布窄，能连续稳定生产，而且能量消耗少等优点，已逐渐成为一种重要的粉体制备技术。化学气相沉积法不仅可以制备金属粉末，也可以制备氧化物、碳化物、氮化物等化合物粉体材料。当前，用此方法制备 Al_2O_3、SiO_2、TiO_2、Sb_2O_3、ZnO 等超微粉末已经实现工业化生产。

通过化学气相沉积法制备纳米粉体材料的方法有很多，按照反应气体类型不同可以分为气相氧化、气相还原、气相热解、气相水解等；按照反应器内压力不同可分为常压化学气相沉积法、低压化学气相沉积法、超真空化学气相沉积法等；按照加热方式不同可将其分为电阻化学气相沉积法、激光化学气相沉积法、等离子化学气相沉积法、火焰化学气相沉积法等。

1. 电阻化学气相沉积法

电阻化学气相沉积属常规化学气相沉积技术，其合成超微粉末的过程主要为原料处理、反应操作参量控制、成核与生长控制，以及冷凝控制等。其沉积温度很高，一般为 800～2 000 ℃，且反应器中呈梯度温度，反应物停留时间长，但由于该技术的反应室是一个简单的管式炉结构，设备简单，产量大，适合实现工业化生产，因而受到人们的重视。

2. 激光化学气相沉积法

激光化学气相沉积又称为激光诱导化学气相沉积，是通过使用激光源产生出来的激光束实现化学气相沉积的一种方法。由于反应物气体内分子或原子对入射激光光子具有很强的吸收，在瞬间被加热和活化。在极短的时间内反应气体分子或原子由于激光的照射，获得足够的化学反应所需要的能量，迅速完成反应→成核→凝聚的生长过程，形成相应物质的纳米颗粒。

激光化学气相沉积反应制备纳米微粒的实验装置一般都由激光器、反应器、纯化装置、真空系统、气路与控制系统等基本单元组成。激光法制备纳米微粒的一个关键性的先决条件是入射的激光能否引起化学反应。当反应物的吸收与激光某一波长相近或重合时，反应物能最有效地吸收光子产生可控气相反应，瞬时完成成核、长大和终止过程。在反应过程中，可以采用光敏剂（SH_6、C_2H_4）作能量传递，以促进反应气体的分解。

激光化学气相沉积制备纳米微粒具有以下优点。

① 原料气体分子直接吸收激光辐射而反应；

② 反应体积小，温度梯度大；

③ 容易得到高温，能够对反应区域的条件加以控制；

④ 生成物没有来自反应器的污染；

⑤ 制备的粉末强度高、颗粒细小均匀，且颗粒间不团聚。

但由于激光功率的限制，该制备方法产率低，辅助装置多，系统非常复杂，且激光运行成本高，难以实现工业化。

3. 等离子化学气相沉积法

等离子体化学气相沉积（PCVD）又称为等离子体增强化学气相沉积，它是借助气体辉光放电产生的低温等离子体来增强反应物质的化学活性，促进气体间的化学反应，从而在较低温度下进行沉积的过程。按照等离子体能量源方式划分，则有直流辉光放电、射频放电、高频等离子体放电和微波等离子体放电等。常规化学气相沉积技术中需要使用外热使初始气体分解，而等离子体化学气相沉积技术是利用等离子体中电子的动能去激发化学气相反应，有效地降低了化学反应温度。

等离子体作为热源有以下优点。

① 温度高，等离子炬中心温度可达 10 000 ℃左右。

② 活性高，等离子体是处于高度电离状态下的气态物质，对发生化学反应有利。

③ 温度梯度大，等离子体反应器的温度梯度非常大，很容易获得高过饱和度，也很易实现快速淬冷。

④ 气氛纯净、清洁，等离子体由纯净气体电离产生，不会含有普通化学火焰中存在的未燃烧尽的炭黑及其他杂质。

4. 火焰化学气相沉积法

火焰化学气相沉积一般是指利用气体燃烧产生的火焰所提供的温度场和速度场来获得超微颗粒的过程。火焰决定整个过程的温度场、速度分布以及粒子的停留时间，进而决定最终粒子的特征。火焰化学气相沉积法工艺简单、生产成本低、易于实现工业化；产品纯度高、球形度高、粒径可控；能实现前驱体之间原子水平的混合，在掺杂改性方面具有优势。主要有甲烷/空气火焰化学气相沉积法、H_2/O_2 火焰化学气相沉积法、一氧化碳火焰化学气相沉积法和工业丙烷/空气火焰化学气相沉积法。

4.3 固相法

固相法合成与制备纳米材料是固体材料在不发生熔化、气化的情况下使原始晶体细化或反应生成纳米晶体的过程。固相法是一种传统的制粉工艺，虽然有其固有的缺点，如能耗大、效率低、粉体不够细、易混入杂质等，由于该法制备的粉体颗粒无团聚、填充性好、成本低、产量大、制备工艺简单等优点，迄今仍是常用的方法。目前，常见的固相法主要有固相反应法、高能球磨法、大塑性变形法、非晶晶化法及表面纳米化法等。

4.3.1 固相反应法

固相反应是固体间发生化学反应生成新固体产物的过程。固相反应有着不同的分类方式，按反应机理不同，分为扩散控制过程、化学反应速度控制过程、晶核成核速率控制过程和升华控制过程等；按反应物状态不同，可分为纯固相反应、气固相反应（有气体参与的反应）、液固相反应（有液体参与的反应）及气液固相反应（有气体和液体参与的三相反应）；按反应性质不同，分为氧化反应、还原反应、加成反应、置换反应和分解反应。

固相反应法的原理为：假设两种原料要进行固相反应，由于存在浓度梯度，相互接触的两种颗粒上的原子或离子逐渐往界面上扩散。相向扩散到界面上的原子或离子在界面上发生化学反应形成很薄且含有大量结构缺陷的新晶核。随着扩散的进行，晶核逐渐变大。晶核的进一步生长依赖一种或几种反应物通过产物层的扩散（例如，晶体的体内、表面、晶界、位错或其他缺陷的扩散）或推进。

影响固相反应的主要因素有以下几种。

1. 反应物的化学成分与结构

反应物的化学成分与结构决定了原子或离子的键合强弱，从而影响到原子或离子的扩散能力，是决定反应方向和反应速率的重要条件。比如，反应物中原子间的键合强，则扩散能力低，反应速度慢；反应物中缺陷的多少也是影响反应速度的主要因素。一般地，晶格能越大、结构越完整，其反应活性也就越低。因此，难熔氧化物的固态反应往往很难进行，建议选用具有高活性的活性固体作为原料。

2. 反应温度

随着反应温度的升高，反应物中原子或离子热运动的动能增大，扩散能力增强，反应速度加快。

3. 反应物的颗粒大小

反应物的颗粒越小，比表面积越大，活性越强，反应速率越快。建议在固相反应之前，对反应物进行充分研磨，以减小反应物的颗粒尺寸；各反应物均匀混合后压片，有利于增加不同反应物之间的接触界面。反应物的粒径越均匀，对反应速率越有利。

4. 反应气氛

反应气氛可以改变固体吸附特征，从而影响到固体表面反应活性。反应气氛还直接影响晶体表面缺陷的浓度、扩散能量和扩散速率。

5. 反应压力

在纯固相反应中，增大压力有助于增大颗粒间的接触面积，有助于加快原子或离子的扩散。

固相反应有以下 3 个特点。

第一，固相反应是发生在两种组分界面上的非均相反应；固相物质相互接触是反应物之间发生化学作用和物质输送的先决条件。一般地，固态物质的反应活性较低、扩散速度较慢、反应速度较慢。

第二，当反应物之一出现不同晶型的转变时，则转变温度往往就是反应开始明显进行的温度。

第三，固相反应的起始温度远低于反应物的熔点或系统的低共熔温度

（反应物开始呈现显著扩散作用的温度）。

4.3.2　高能球磨法

高能球磨法一经出现，就成为制备超细材料的一种重要途径。高能球磨法的基本原理是：将粉末材料放在高能球磨机内进行球磨，粉末被磨球介质反复碰撞，承受冲击、摩擦和压缩多种力的作用，被重复性挤压、变形、断裂、焊合及再挤压变形使物料颗粒粉碎到要求或极限尺寸。高能球磨法主要用于加工相对较硬的、脆性的材料，这种技术已经扩展到生产各种非平衡结构材料，包括纳米晶、非晶和准晶材料。

高能球磨法中粉末形成纳米晶有粗晶材料经过高能球磨法形成纳米晶、非晶材料经过高能球磨法形成纳米晶两种途径。

粗晶粉末经高强度机械球磨，产生大量塑性变形，并产生高密度位错。在初期，塑性变形后的粉末中的位错先是纷乱地纠缠在一起，形成"位错缠结"。随着球磨强度的增加，粉末变形量增大，缠结在一起的位错移动形成"位错胞"，高密度位错主要集中在胞的周围区域，形成胞壁。这时变形的粉末是由许多"位错胞"组成的，胞与胞之间有微小的取向差。随着球磨强度进一步增加，粉末变形量增大，"位错胞"数量增多，尺寸减小，跨越胞壁的平均取向差也逐渐增加。当粉末的变形量足够大时，由于构成胞壁的位错密度急剧增加而使胞与胞之间的取向差达到一定的限度时，胞壁转变为晶界形成纳米晶。

非晶粉末在球磨过程中的晶体生长是一个形核与长大的过程。在一定条件下，晶体在非晶基体中形核。晶体的生长速率较慢，且其生长受到球磨造成的严重塑性变形的限制，由于机械合金化使基体在非晶体中形核位置多且生长速率慢，所以形成纳米晶。

高能球磨法制备纳米微粒工艺参数中的主要影响因素有：球磨转速、球磨介质、球磨时间、球料比等。

1. 球磨转速

球磨机的转速越高，就会有越多的能量传递给研磨物料。但是并不是转速越高越好。这是因为，球磨机转速提高的同时，球磨介质的转速也会提高，当达到某一临界值以上时，磨球的离心力大于重力，球磨介质就会紧贴于球磨容器内壁，磨球、粉料和磨筒处于相对静止状态，此时球磨作用停止，球磨物料不产生任何冲击作用，不利于塑性变形和合金化进程；另外，转速过高会使球磨系统升温过快，有时不利于机械合金化的进行。

2. 球磨介质

高能球磨中一般采用不锈钢球为球磨介质，为避免球磨介质对样品的污染，在球磨一些易磨性较好的物料时，也可以采用瓷球。球磨介质要有适当的密度和尺寸，以便对球磨物料产生足够的冲击。

3. 球磨时间

在开始阶段，随着时间的延长，粒度下降较快，但球磨到一定时间后，即使继续延长球磨时间，物料的粒度值下降幅度也不太大，不同的样品有不同的最佳球磨时间。因此，在一定条件下，随着球磨的进程，合金化程度会越来越高，颗粒尺寸会逐渐减小并最终形成一个稳定的平衡态，即颗粒的冷焊和破碎达到动态平衡，此时颗粒尺寸不再发生变化。但另一方面，球磨时间越长，造成的污染也就越严重，影响产物的纯度。

4. 球料比

在球磨过程中，球料比是决定研磨效果的关键因素，因为它决定了碰撞时所捕获的粉末量和单位时间内有效碰撞的次数。在相同条件下，随着球料比增加，球磨能量升高，微粒粒度变细，但球料比过大，生产率过分降低，这是不可取的。

在转速和装样率固定不变的情况下，粒度和均匀性系数随着时间和球料比的变化而变化：球料比越小，球磨时间越短，获得的粉体粒度越大，均匀性越低；反之，粒度越小，均匀性系数越大。

在转速和球料比不变的情况下，粉体粒度和均匀性随着时间的变化而变化：时间越短，装样率大，获得粉体的粒度大，均匀性系数小；反之，粒度小，均匀性系数大。

在时间和装样率均不变的情况下，粉体粒度和均匀性系数随着转速和球料比的变化而变化：大的球料比、大的转速可以得到较细的粉体。而且可以看到，在小的球料比的情况下，可以选取较大的转速来抑制球料比的不利后果。

高能球磨法已经成功制备出以下几种纳米晶材料：纯金属纳米晶、互不相溶体系的固溶体、纳米金属间化合物等。

高能球磨可以很容易地使具有 bcc 结构（如 Cr、Mo、W、Fe 等）和 hcp 结构（如 Zr、Hf、Ru 等）的金属形成纳米晶结构，而具有 fcc 结构的金属（如 Cu）则不易形成纳米晶。用常规熔炼方法无法将相图上几乎不互溶的几种金属制成固溶体，但用机械合金化法很容易做到。

近年来，用此种方法已制备了多种纳米固溶体。例如，将粒径小于 100 微米的 Fe、Cu 粉末放入球磨机中，在氩气保护下，球磨一段时间，就可以得到粒径为十几个纳米的 Fe-Cu 合金纳米粉。

纳米金属间化合物，特别是一些高熔点的金属间化合物在制备上较为困难。目前，已经在 Fe-B、Ti-Si、Ti-B、W-C、Nb-Al、Ti-Al、Si-C、Ni-Mo、Ni-Si、Ni-Zr 等 10 余个合金体系中应用高能球磨法制备了不同晶粒尺寸的纳米金属间化合物。

近些年已经发展了应用于不同目的的各种高能球磨方法，包括摩擦磨、分子磨、行星磨、滚转磨、平面磨、高能磨和振动磨等。

4.3.3　固相烧结法

固相烧结法是指固体粉体、成型体在加热到低于熔点的温度下发生致密化、强化、硬化的过程，形成具有一定性能、一定形状的整体。经烧结后，材料的强度增加、气孔收缩、气孔率下降、致密度提高，变成坚硬的烧结体。微观上表现为粉体中分子（或原子）的相互吸引、迁移，使粉体产生颗粒黏结、再结晶、致密化。

固相烧结与固相反应有相似之处，两者均在低于材料熔点或熔融温度之下进行，并且在反应过程中必须至少有一相是固态。不同之处是固相反应发生化学反应，而固相烧结仅是在界面能驱动下，由粉体变成致密体。

多元系固相烧结两种组元以上的粉末体系在其中低熔组元的熔点以下温度进行的粉末烧结。多元系固相烧结除发生单元系固相烧结所发生的现象外，还由于组元之间的相互影响和作用，发生一些其他现象。对于组元不相互固溶的多元系，其烧结行为主要由混合粉末中含量较多的粉末所决定。如铜—石墨混合粉末的烧结主要是铜粉之间的烧结，石墨粉阻碍铜粉间的接触而影响收缩，对烧结体的强度、韧性等都有一定影响。对于能形成固溶体或化合物的多元系固相烧结，除发生同组元之间的烧结外，还发生异组元之间的互溶或化学反应。烧结体因组元体系不同有的发生收缩，有的出现膨胀。异扩散对合金的形成和合金均匀化具有决定作用，一切有利于异扩散进行的因素，都能促进多元系固相烧结过程。如采用较细的粉末，提高粉末混合均匀性、采用部分预合金化粉末、提高烧结温度、消除粉末颗粒表面的吸附气体和氧化膜等。在决定烧结体性能方面，多元系固相烧结时的合金均匀化比烧结体的致密化更为重要。多元系粉末固相烧结后既可得单相组织的合金，也可得多相组织的合金，这可根据烧结体系合金状态图来判断。

4.3.4 非晶晶化法

非晶晶化法是将非晶态材料（可经过熔体极冷、机械研磨、溅射等取得）作为前驱材料，通过适当的晶化处理（如退火、机械研磨、辐射等）来控制晶体在非晶固体内形核、生长，使材料部分或完全地转变为不同晶粒尺寸的纳米晶合金的方法。我国科学家卢柯等首先在 Ni-P 合金系中将非晶合金晶化得到了完全纳米合金。随后，非晶晶化法作为一种制备理想的纳米晶体材料的方法而得到了很快的发展。

非晶晶化法有多种类型，按晶化过程和产物可分为多晶型晶化、共晶型晶化等。其中，多晶型晶化指纯组元或者成分接近于纯化合物成分的非晶相晶化成相同成分的结晶相；共晶型晶化指在共晶成分的非晶合金晶化时同时析出两相或多相纳米晶体，如 Ni-P, Fe-B, Fe-Ni-P-B 等的纳米晶化。在非晶晶化法制备的纳米晶体材料中，晶粒和晶界是在晶化过程中形成的，所以晶界洁净，无任何污染，样品中不含微孔隙，而且晶粒和晶界未受到较大外部压力的影响，因此能够为研究纳米晶体性能提供无孔隙和内应力的样品。

非晶晶化法的缺点主要表现为必须首先取得非晶态材料，因此，在选择材料时仅局限在选取化学成分上能够形成非晶结构的材料，且大多数只能获得条带状或粉状样品，很难获得大尺寸的块状材料。目前，随着大块非晶合金研究的迅速发展，非晶晶化法的作用越来越重要，而且它为制造高强度、高韧性的大块纳米非晶复合材料提供了重要的途径。

4.3.5 表面纳米化法

表面纳米化法（SNC）是将材料的表层晶粒细化至纳米量级，而基体仍保持原粗晶状态。根据材料表层纳米晶体的形成方式，表面纳米化法可以分为表面涂层或沉积纳米化、表面自生纳米化和混合纳米化 3 种类型。

1. 表面涂层或沉积纳米化

表面涂层或沉积纳米化是指基于不同的涂层和沉积技术（例如 PVD、CVD 和等离子体方法），被涂材料可以是纳米尺寸的微粒，也可以是具有纳米尺寸晶粒的多晶粉末。这种类型相当于气相法生成纳米材料的方法。

2. 表面自生纳米化

表面自生纳米化是指通过机械变形或热处理使材料表面变成纳米结构，而保持材料整体成分或相组成不变。

3. 混合纳米化

混合纳米化是指在表面纳米层形成后，进一步通过化学、热或冶金方法，产生与基体不同化学成分或不同相的表面纳米层。基于纳米表面层材料的高活性和快扩散的特性，采用混合纳米化技术可使常规方法（如催化、分散和表面化合等）难以实现的化学过程变得容易进行。

材料表面生成纳米晶层后，不但大幅度提高了块体材料的表面性能（如表面强硬度、耐磨性、抗疲劳性能等），而且表面层的纳米组织可以显著提高其化学反应活性，使表面化学处理温度下降。我国专家对纯铁进行表面纳米化处理，在几十微米厚的表面层中获得纳米晶体组织，然后在 300 ℃利用常规气体氮化处理实现了表面氮化，获得了 10 μm 厚的氮化层，而未经处理的纯铁需要在 500 ℃才能实现表面氮化。表面纳米化处理使表面氮化技术的适用面（材料和零件类型）大大拓宽。

4.4　液相法

液相法是选择一种或多种合适的可溶性金属盐类，按所制备的材料组成计量配制成溶液，使各元素呈离子或分子态，再选择一种合适的沉淀剂或用蒸发、升华、水解等操作，使金属离子均匀沉淀或结晶出来，最后将沉淀或结晶的脱水或者加热分解而得到所需材料粉体。液相法制备纳米材料的特点是：先将材料所需组分溶解在液体中形成均相溶液，然后通过反应沉淀得到所需组分的前驱体，再经过热分解得到所需物质。液相法制得的纳米粉体纯度高、均匀性好，设备简单，原料易获得，化学组成控制准确。根据制备和合成过程的不同，液相法可分为沉淀法、微乳液法、溶胶—凝胶法、水热法和溶剂热法、雾化水解法和喷雾热解法等。

4.4.1　沉淀法

沉淀法是液相化学合成高纯度纳米微粒采用最广泛的方法之一。包含有一种或多种阳离子的可溶性盐溶液，当加入沉淀剂（如 OH^-、CO_3^{2-} 等）后，在特定的温度下使溶液发生水解或直接沉淀，形成不溶性氢氧化物、氧化物或无机盐，直接或经热分解可得到所需的纳米微粒。

沉淀法将不同化学成分的物质首先在溶液状态下进行混合，在混合溶液中加入适当的用来沉淀制备纳米颗粒的前驱体沉淀剂，再将此沉淀物进行干燥或煅烧，从而制得相应的纳米颗粒。溶液中的沉淀物可以通过过滤与溶液分离获得。一般颗粒在 1 μm 左右时就可能发生沉淀，产生沉淀物。生成颗粒的尺寸通常取决于沉淀物的溶解度，沉淀物的溶解度越小，相应颗粒的尺寸也越小。颗粒的尺寸还会随溶液的过饱和度减小呈现出增大的趋势。沉淀法制备超微颗粒主要分为共沉淀法、单相共沉淀法、混合物共沉淀法、化学计量化合物沉淀法、直接沉淀法、均相沉淀法和水解沉淀法等多种，下面简单分别作一些介绍。

1. 共沉淀法

在含有多种阳离子的溶液中加入沉淀剂，使金属离子完全沉淀的方法称为共沉淀法。它可分为单相沉淀和混合物共沉淀。沉淀物为单一化合物或单相固溶体时，被称为单相沉淀；沉淀物为混合物时，被称为混合物共沉淀。

利用共沉淀法制备纳米粉体，控制制备过程中的工艺条件，如化学配比、沉淀物的物理性质、pH、温度、溶剂和溶液浓度、混合方法和搅拌速率、焙烧温度和方式等，可合成在原子或分子尺度上混合均匀的沉淀物，这是极为重要的。一般，不同氢氧化物的溶度积相差很大，沉淀物形成前过饱和溶液的稳定性也各不相同。所以在溶液中的金属离子很容易发生分步沉淀，导致合成的纳米粉体的组成不均匀。因此，共沉淀的特殊前提是需存在一定正离子比的初始前驱化合物。

在共沉淀的进程中，如何对粒径进行有效控制、防止颗粒间的絮凝团聚是一个需要认真解决的关键问题。较为理想的方法是利用高聚物作为分散剂，有利于用共沉淀法制备纳米颗粒材料。高聚物作分散剂机理为：无机微粒表面与聚合物之间的作用力，除静电作用、范德华力之外，还能形成氢键或配位键。纳米微粒表面通过这些作用力吸附了一层高分子，即形成一层保护膜，使粒子之间由于高表面活性引起的缔合力起到减弱或屏蔽作用，能够阻止粒子间絮凝。由于聚合物的吸附还产生了一种新的斥力，使粒子再团聚十分困难。聚合物大多具有很长的分子链，这些分子链会在刚生成的晶粒表面发生缠绕，这也阻止了晶粒的进一步增长。利用聚合物的这种分散作用，不仅可以控制纳米微粒的大小，而且能改变纳米微粒的表面状态。

由于共沉淀法可在制备过程中完成反应及掺杂，因此较多地应用于功能陶瓷纳米颗粒的制备，如 $BaTiO_3$、$PbTiO_3$ 等 PZT 系的电子陶瓷以及 ZrO_2-Y_2O_3、ZrO_2-MgO 和 ZrO_2-Al_2O_3 等复合纳米陶瓷体。

这种方法的主要目的是让共存于溶液中特定阴离子和其他离子一起沉淀，避免溶液中一些特定的离子分别沉淀的现象，实现各阴离子在溶液中原子级的混合。实现这样的目的，按照化学平衡理论，溶液的 pH 是个主要的影响因素。可以将氢氧化物、碳酸盐、硫酸盐、草酸盐等物质配成共沉淀溶液，这能在较大的范围内调节 pH。

在大多数情况下，溶液中的离子按满足沉淀条件的顺序随 pH 的上升依次沉淀，形成单一的或多种离子构成的混合沉淀物，从这个意义上讲，沉淀一般是分别发生的，而要让组成溶液的多种离子同时沉淀是很困难的。为了改变这种分别沉淀状况，可以增加作为沉淀剂的氢氧化钠或氨水溶液的浓度，再导入金属盐溶液，这样能使溶液中所有的离子同时满足沉淀条件，还可以对溶液进行强烈搅拌以保证均匀沉淀。这样的操作可以在很大程度上防止分别沉淀发生。但是，这种方法在使沉淀物向产物化合物转变而进行加热反应时，不一定能达到控制其组成的均匀性的目的。因此共沉淀法在本质上还是分别沉淀，最终的沉淀物只是一种混合物。解决共沉淀法的缺点，并在原子尺寸上实现成分的均匀混合还在进一步深入探索中。

2. 单相共沉淀法

沉淀物为单一化合物或单相固溶体时，称为单相共沉淀。溶液中的参与反应的离子以与配比组成相等的化学计量化合物形式沉淀。当沉淀颗粒的元素之比就是产物化合物的元素之比时，沉淀物具有在原了尺度上的组成均匀性。而对于由两种以上反应元素组成的化合物，当反应元素之比按倍比法则，是简单的整数比时，组成的均匀性基本上是可以保证的，但若再要加入其他微量成分，那么保证组成的均匀性就比较困难。靠这种化合物沉淀法来分散微量成分，达到原子尺度上的均匀性，形成化学计量固溶体化合物的方法应该可以收到良好的效果。但是，能够被利用形成固溶体方法的情况是相当有限的，因为能够形成固溶体的系统是有限的，而且，以固溶体方法形成的沉淀物的组成与配比组成一般是不一样的。所以，要得到产物微粉，还必须注重溶液的组成控制和沉淀组成的管理。

几乎所有利用化合物沉淀法来合成纳米微粉的过程中，都伴随有中间产物的生成。中间产物之间的热稳定性差别越大，所合成的微粉组成不均匀性就越大。从上面的分析可以看到这种方法的缺点是适用范围很窄，仅对有限的化合物沉淀适用，能够产生相应的固溶体沉淀。单一化合物沉淀法是一种能够得到组成均匀性优良的纳米微粉的方法，不过，要得到最终化合物微粉，还要将这些微粉进行加热处理。在热处理之后，微粉沉淀物是否还保持其组成的均匀性还需要相关的条件来进行保证。

3. 混合物共沉淀法

当沉淀产物为混合物时，称为混合物共沉淀。混合物共沉淀过程要比单一化合物沉淀的过程复杂得多。例如用 $ZrOCl_2 \cdot 8H_2O$ 和 Y_2O_3（化学纯）为原料来制备 ZrO_2-Y_2O_3 的纳米粒子，其过程如下：Y_2O_3 用盐酸溶解得到 YCl_3，然后将 $ZrOCl_2 \cdot 8H_2O$ 和 Y_2Cl_3 配制成一定浓度的混合溶液，在其中加 NH_4OH 后便有 $Zr(OH)_4$ 和 $Y(OH)_3$ 的沉淀粒子缓慢形成，反应化学式如下：

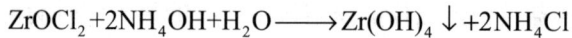

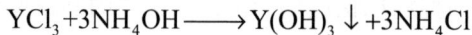

$$ZrOCl_2 + 2NH_4OH + H_2O \longrightarrow Zr(OH)_4 \downarrow + 2NH_4Cl$$

$$YCl_3 + 3NH_4OH \longrightarrow Y(OH)_3 \downarrow + 3NH_4Cl$$

得到的氢氧化物的共沉淀物经洗涤，然后脱水，最后经过煅烧可得到具有很好烧结活性的 ZrO_2（Y_2O_3）纳米微粒。在此过程中，通常溶液当中不同种类的阳离子不可能同时进行沉淀，各种离子沉淀的先后与溶液的 pH 密切相关。如由 Zr、Y、Mg、Ca 的氯化物溶入水形成溶液，随 pH 的逐渐增大，各种金属离子发生沉淀的 pH 范围不同。上述各种离子将分别进行沉淀，形成了水和多种氢氧化物微粒的混合沉淀物。为了获得均匀的沉淀，常用的做法是将含多种阳离子的盐溶液慢慢加到过量的沉淀剂中，并不停地搅拌，以使所有沉淀离子的浓度大大超过沉淀的平衡浓度，促使各组分尽量按比例同时沉淀出来，得到较均匀的沉淀物。由于组分之间的沉淀产生的浓度及沉淀速度差异客观存在，所以溶液的原始原子水平的均匀性较难得以全部保证。形成的沉淀物大多是氢氧化物或水合氧化物，但也可以因为不同的反应物形成的是草酸盐、碳酸盐等。

4. 化学计量化合物沉淀法

使溶液中离子按化学计量比来配制溶液，最终可获得化学计量化合物形式的沉淀物，这就是所谓化合物沉淀法。当沉淀物颗粒的元素之比等于产物化合物金属元素之比的时候，沉淀物可以达到原子尺度上的组分均匀性。采用化合物沉淀法可以对多种化合物进行操作，制得纳米颗粒。对于由二元或以上元素组成的化合物，当元素之比呈现简单的整数比时，可以保证生成化合物的均匀组合。而若再另有其他微量成分加入，则沉淀物组成的均匀性就难以控制。尽管如此，化合物沉淀法仍不失为一种制备组分均匀的纳米颗粒的较为理想的方法。

5. 直接沉淀法

直接沉淀法也是制备超细微粒广泛采用的一种方法，其原理是在金属盐溶液中加入沉淀剂，在一定条件下生成沉淀析出，沉淀经洗涤、热分解等处理工艺后得到纳米尺寸的产物。不同的沉淀剂可以得到不同的沉淀产物，常见的沉淀剂有 $NH_3 \cdot H_2O$、$NaOH$、Na_2CO_3、$(NH_4)_2CO_3$、$(NH_4)_2C_2O_4$ 等。

直接沉淀法操作简单易行，对设备技术要求不高，不易引入杂质，产品纯度很高，有良好的化学计量性，成本较低。缺点是洗涤原溶液中的阴离子较难，得到的粒子粒径分布较宽，分散性较差。

6. 均相沉淀法

均相沉淀法是利用特定的化学反应使溶液中的构晶离子由溶液中缓慢均匀地释放出来，通过控制溶液中沉淀剂浓度，保证溶液中的沉淀处于一种平衡状态，从而均匀地析出。加入的沉淀剂，一般不是立刻与被沉淀的组分发生反应，而是通过化学反应使沉淀剂在整个溶液中缓慢生成，这个过程有利于克服由外部向溶液中直接加入沉淀剂而造成沉淀剂的局部不均匀性，结果沉淀不能在整个溶液中均匀出现的缺点。对于氧化物纳米颗粒的制备，常用的沉淀剂是尿素，其水溶液在 70 ℃ 左右可发生分解反应而生成 NH_4OH，起到沉淀剂的作用，得到金属氢氧化物或碱式盐沉淀，尿素的分解反应如下。

$$(NH_2)_2CO + 3H_2O \longrightarrow 2NH_4OH + CO_2 \uparrow$$

在较缓慢的反应过程中生成的沉淀剂 NH_4OH 可以在金属盐的溶液中分布均匀，浓度低，最终能使得沉淀物均匀地生成。由于尿素的分解速度受加热温度和尿素浓度的控制，因此可以调整这两个因素使尿素分解速度降得很低。利用这种低的尿素分解速度的特性可制得单晶纳米微粒，用这种方法可制备多种盐的均匀沉淀，如锆盐颗粒以及球形 $Al(OH)_3$ 粒子。

7. 水解沉淀法

通过强迫水解方法也可以进行均匀沉淀。由于采用的原料是水解反应的对象即金属盐和水，那么反应的产物一般总是氢氧化物或水合物，所以只要能高度精制得金属盐，就很容易得到高纯度的纳米微粉。该法得到的产品颗粒均匀、致密，便于过滤洗涤，是目前工业化前景较好的一种方法。

有许多化合物可采用水解生成相应的沉淀物，达到制备纳米颗粒的目的。配制水溶液的原料是各类无机盐，如氯化物、硫酸盐、硝酸盐、铵盐等。利用氢氧化物、水合物，水解反应的对象是金属盐和水，也有采用金属醇盐。因此比较常用的是无机盐水解沉淀和醇盐水解沉淀两种方法。

通过配制无机盐的水合物实施无机盐水解沉淀，控制其水解条件，可能合成单分散性的球形或立方体等形状的纳米颗粒。这种方法十分适用于各类新材料的合成，具有广泛应用前景。例如可以通过对钛盐溶液的水解和沉淀，合成球状的单分散形态的 TiO_2 纳米颗粒；又例如水解并沉淀三价铁盐溶液，获得相应的氧化铁的纳米颗粒。

4.4.2 微乳液法

1943 年 Schulman 等往乳状液中滴加醇，首次制得了透明或半透明、均匀并长期稳定的微乳状液体系。1982 年，Boutonnet 等首先正式提出了在 W/O（油包水）微乳液的水核中制备 Pt、Pd、Rh、Ir 等金属团簇微粒，开拓了一种新的纳米微粒制备方法。

微乳液法是用两种互不相溶的溶剂在表面活性剂的作用下形成一种均匀的乳泡，剂量小的溶剂被包裹在剂量大的溶剂中形成一个微泡，其表面由表面活性剂组成，从微泡中生成的固相可使成核、生长、凝结、团聚等过程局限在一个微小的球形液滴内，从而形成球形颗粒，又避免了颗粒之间的进一步团聚。

1. 微乳液法特点

用该法制备纳米粒子的实验装置简单，能耗低，操作容易，具有以下明显的特点：

① 粒径分布较窄，粒径可以控制；

② 选择不同的表面活性剂修饰微粒子表面，可获得特殊性质的纳米微粒；

③ 粒子的表面包覆一层（或几层）表面活性剂，粒子间不易聚结，稳定性好；

④ 粒子表层类似于"活性膜"，该层基团可被相应的有机基团所取代，从而制得特殊的纳米功能材料；

⑤ 表面活性剂对纳米微粒表面的包覆改善了纳米材料的界面性质，显著地改善了其光学、催化及电流变等性质。

2. 微乳液的特征参数

微乳液通常是由表面活性剂、助表面活性剂、油和水所组成的透明的各向同性的热力学稳定体系。根据微乳液连续相的不同，可分为水包油型（O/W，正相型微乳液）、油包水型（W/O，反相型微乳液）和双连续型结构。常用的表面活性剂是二磺基琥珀酸钠，其特点是不需要助表面活性剂即可形成微乳液。此外，还有阴离子表面活性剂，如十二烷基磺酸钠、十二烷基苯磺酸钠；阳离子表面活性剂，如十六烷基三甲基溴化铵；以及非离子表面活性剂，如聚氧乙烯醚类 X 系列也可以形成微乳液。溶剂常用非极性溶剂，如烷烃或环烷烃等。

其中，反相微乳液中含有油包水的水核，此水核具有形状和大小可调节、水核内的反应物在碰撞中易发生反应等优点，能实现纳米粒子的有效合成、粒径的控制和单分散性，因而成为制备纳米金属及其化合物最为普遍采用的方法。

反相微乳液是由水相、油相、表面活性剂和助表面活性剂 4 部分构成的。若将表面活性剂和助表面活性剂溶解在非极性或极性很低的有机溶剂中，当表面活性剂超过一定量临界微胶束浓度时，表面活性剂开始形成油包水的聚集体，即反胶束，溶液能明显地增溶极性液体（如水、水溶液），此时反胶束内提供一个微小的水核作为纳米级空间反应器（简称为"微反应器"），从微乳液中析出固相，使成核、生长、聚结、团聚等过程局限在这个水核中，能避免颗粒之间进一步团聚。

3. 微乳液法的选择标准

适合于制备纳米微粒的微乳液应符合下列条件：

① 在一定组成范围内，结构比较稳定；

② 界面强度应较大；

③ 所用表面活性剂的亲水/疏水平衡常数（HLB 值）应在 3～6 范围内。

如表 4-1 列出了一些非离子型表面活性剂的 HLB 值，由表可见符合上述要求的有 Span-60、Span-80 等。

表 4-1　一些表面活性剂的 HLB 值

Span-60	Span-80	Span-65	Span-85	Tween-61	Tween-81
4.7	4.3	2.1	1.8	9.6	11.0

通常配制微乳液的步骤是先将一定量的表面活性剂、油和水混合，然后

慢慢将醇加入至刚出现澄清透明的微乳液为止。可以采用稀释法求出界面醇的含量，然后计算出颗粒的结构参数。在一定的 W（水与表面活性剂的摩尔数之比）范围内，"水池"半径 R_w 与 W 近似呈线性关系。如对 AOT（琥珀酸二辛酯磺酸钠，sodium Bis-(2-ethylhexyl)sulfosuccinate 微乳液 $R_w(A) = 1.5\ W$，根据 R_w 与 W 的关系，可根据某个 W 时的 R_w 值推算出另一 W 时的 R_w 值。

微乳颗粒界面强度对纳米微粒的形成过程及最后产物的质量均有很大影响，如果界面比较松散，颗粒之间的物质交换速率过大，则产物的大小分布不均匀。影响界面强度的因素主要有：含水量、界面醇的含量、醇的碳氢链长。

微乳液中，水通常以缔合水（或束缚水）和自由水两种形式存在（在某些体系中，少量水在表面活性剂极性头间以单分子态存在，且不与极性头发生任何作用）。前者使极性头排列紧密，而后者与之相反。随 W 的增大，缔合水逐渐饱和，自由水的比例增大，使得界面强度变小。醇作为助表面活性剂，存在于界面表面活性剂分子之间。通常醇的碳氢链比表面活性剂的碳氢链短，因此界面醇量增加时，表面活性剂碳氢链之间的空隙变大。颗粒碰撞时，界面也易相互交叉渗入，可见界面醇含量增加时，界面强度下降。一般而言，微乳液中总醇量增加时，界面醇量也增加，但界面醇与表面活性剂摩尔数之比值存在一最大值。超过此值后再增加醇，则醇主要进入连续相。如前所述，界面中醇的碳氢链较短，使表面活性剂分子间存在空隙，醇的碳氢链越短，界面空隙越大，界面强度越小；反之，醇的碳氢链长，越接近表面活性剂的碳氢链长，则界面空隙越小，界面强度越大。AOT 微乳液具有特殊的性质，在不含助表面活性剂时，与油、水一起即可形成微乳液，因此，该体系界面强度很大，但当醇引入时，界面强度明显下降。

4. 微乳液法制备纳米微粒

反相微乳液体系制备纳米粒子的方式主要有以下 3 种情况。

第一种情况，一种反应物的增溶在水核内，另一种反应物以水溶液的形式与前者混合，在相互碰撞的作用过程中，水相反应物穿过微乳液的界面膜进入水核内，与另一种反应物作用，产生晶核并扩大，产物粒子的最终粒径是由水核尺寸决定的。纳米微粒形成后，体系分为两相。微乳液相含有生成的粒子，进一步分离可得到预期的纳米微粒。许多氧化物或氢氧化物粒子的制备是基于这种反应机理。如用 NaOH 与微乳液中的 $FeCl_3$ 反应制备 Fe_2O_3 纳米粒子，得到分散的、圆球状的纳米 Fe_2O_3 胶体粒子，其直径在 3 nm 左右。

第二种情况，一种反应物在增溶的水核内，另一种为气体如 CO_2、NH_3、O_2，将气体溶入液相中，充分混合使两者发生反应制备纳米颗粒。如用超临界流体—反胶团方法在 AOT/丙烷/水体系中制备 $Al(OH)_3$ 胶体粒子，采用快速注入氨气的方法得到球形均匀分散的超微颗粒。

第三种情况，将 A 和 B 两种反应物分别增溶在完全相同的两份反相微乳液中，混合两份微乳液，由于水核的碰撞、结合与物质交换，引起化学反应，生成 AB 的沉淀颗粒。反应刚开始时，首先形成的是生成物的晶核，随后的沉淀附着在晶核上，使粒子不断扩大。因为水核半径是固定的，所以当粒子的尺寸接近水核的尺寸时，表面活性剂分子所形成的膜附着在粒子的表面，作为保护膜限制了沉淀的进一步增加，这样水核的尺寸控制了纳米微粒的最终粒径。由于所合成的粒子被限定在水核的内部，所以合成出来的粒子的尺寸和形状取决于水核的尺寸和形状。

4.4.3　溶胶—凝胶法

溶胶—凝胶法就是用含高化学活性组分的化合物作前驱体，在液相下将这些原料均匀混合，并进行水解、缩合化学反应，在溶液中形成稳定的透明溶胶体系，溶胶经陈化胶粒间缓慢聚合，形成三维网络结构的凝胶，凝胶网络间充满了失去流动性的溶剂，形成凝胶。凝胶经过干燥、烧结固化制备出分子乃至纳米亚结构的材料。

1. 溶胶—凝胶法的分类

溶胶—凝胶法按产生溶胶凝胶过程机制主要分成 3 种类型。

① 传统胶体型。通过控制溶液中金属离子的沉淀过程，使形成的颗粒不团聚成大颗粒而沉淀得到稳定均匀的溶胶，再经过蒸发得到凝胶。

② 无机聚合物型。通过可溶性聚合物在水中或有机相中的溶胶过程，使金属离子均匀分散到其凝胶中。常用的聚合物有聚乙烯醇、硬脂酸等。

③ 络合物型。通过络合剂将金属离子形成络合物，再经过溶胶—凝胶过程成络合物凝胶。

2. 溶胶—凝胶法的原理

溶胶—凝胶是具有液体特征的胶体体系。在溶胶中有粒径在 1～100 nm 的微小固体颗粒悬浮分散在液相中，并且不停地做布朗运动。凝胶是具有固体特征的胶体体系。被分散的胶体颗粒形成连续的网状骨架，骨架孔隙中充有液体或气体。凝胶中分散相的含量很低，一般仅为 1%～3%。溶胶与凝是两种相互关联的状态。溶胶经过陈化，胶粒间缓慢聚合（聚合过程），形成以前驱体为骨架的三维聚合物或者是颗粒空间网络，网络中充满失去流动性的溶剂，即凝胶；相反，凝胶在摇振、超声或其他能产生内应力的特定作用下，也能转化为溶胶。

溶胶—凝胶法是利用含有高化学活性的化合物（无机物或金属醇盐）作为前驱体，均匀溶解于合适的溶剂中形成金属化合物的溶液，在催化剂和添加剂的作用下发生水解、缩合反应，形成稳定、透明的溶胶，溶胶经陈化、缩聚形成凝胶，凝胶再经干燥、烧结制备出目标产物。

3. 溶胶—凝胶法制备纳米微粉的特点

溶胶—凝胶法与其他方法相比具有许多独特的优点：

① 由于溶胶—凝胶法中所用的原料首先被分散到溶剂中而形成低粘度的溶液，因此，就可以在很短的时间内获得分子水平的均匀性，在形成凝胶时，反应物之间很可能是在分子水平上被均匀地混合。

② 由于经过溶液反应步骤，那么就很容易均匀定量地掺入一些微量元素，实现分子水平上的均匀掺杂。

③ 与固相反应相比，化学反应较容易进行，而且仅需要较低的合成温度，一般认为溶胶—凝胶体系中组分的扩散在纳米范围内，而固相反应时组分扩散是在微米范围内，因此反应容易进行，温度较低。

④ 选择合适的条件可以制备各种新型材料。

溶胶—凝胶法制备纳米氧化物虽然有许多优点，且已有一些工业化生产，但仍存在工艺周期长、原材料利用不够充分以及产物易团聚的不足，因而缩短工艺周期、充分利用原材料降低成本和解决产物团聚等是今后需要研究解决的问题。

4. 溶胶—凝胶法制备纳米微粉的工艺流程

溶胶—凝胶法制备纳米微粉的工艺流程如下：

第一步，制取包含金属醇盐和水的均相溶液，以保证醇盐的水解反应在分子水平上进行。由于金属醇盐在水中的溶解度不大，一般选用醇作为溶剂，醇和水的加入应适量，习惯上以水/醇盐的摩尔比计量。催化剂对水解速度、缩聚速度、溶胶、凝胶在陈化过程中的结构演变都有重要影响，常用的酸性和碱性催化剂分别为盐酸和氨水，催化剂的加入量也常以催化剂/醇盐的摩尔比计量。为保证起始溶液的均匀性，在配制过程中需施加强烈搅拌。为防止反应过程中易挥发组分散失，造成组分变化，一般需加回流冷凝装置。

　　第二步，制备溶胶。制备溶胶有两种方法：聚合法和颗粒法，两者间的差别是加水量的多少。所谓聚合溶胶是在控制水解的条件下使水解产物及部分未水解的醇盐分子之间继续聚合而形成的，因此加水量很少，而粒子溶胶则是在加入大量水，使醇盐充分水解的条件下形成的。金属醇盐的水解反应和缩聚反应是均相溶液转变为溶胶的根本原因，控制醇盐的水解缩聚的条件如加水量、催化剂和溶液的 pH 以及水解温度等是制备高质量溶胶的前提。

　　第三步，将溶胶通过陈化得到湿凝胶。溶胶在敞口或密闭的容器中放置时，由于溶剂蒸发或缩聚反应继续进行而导致向凝胶的逐渐转变，大小粒子由于溶解度不同而造成平均粒径增加。在陈化过程中，胶体粒子逐渐聚集而形成网络结构，整个体系失去流动性。

　　第四步，除去残余水分、有机基团和有机溶剂使凝胶干燥。湿凝胶内包裹着大量的水和溶剂，在使凝胶干燥过程中伴随着体积的大幅收缩，因而很容易引起开裂。

　　第五步，对干凝胶进行热处理，除去物理吸附的水和机溶剂，以及化学吸附的羟基和烷基基团，得到纳米粉体。

4.4.4　水热法和溶剂热法

1. 水热法

　　水热法是 19 世纪中叶地质学家模拟自然界成矿作用而开始研究的。1900年后科学家们建立了水热合成理论，以后又开始转向功能材料的研究。目前用水热法已制备出百余种晶体。水热法又称热液法，属液相化学法的范畴。是指在密封的压力容器中，以水为溶剂，在高温高压的条件下进行的化学反应。

　　水热法以水作为反应介质，在这特殊的环境中使难溶或不溶的前驱物变得容易溶解，并使其完成反应和合成的程序，有的形成结晶。水热法提供了一个在常压条件卜尢法得到的特殊的物理化学环境，使前驱物在反应系统中得到充分的溶解，形成原子或分子生长基元，进行化合，最后成核结晶，反应过程中还可进行重结晶。按研究对象和目标的不同，水热法可分为水热晶体生长、水热合成、水热反应、水热处理、水热烧结等；按设备的差异，水热法又可分为普通永热法和特殊水热法。特殊水热法是指在水热条件反应体系上再添加其他作用力场，如直流电场、磁场、微波场等。高压容器是进行高温高压水热反应实验的基本设备，在材料的选择上，要求机械强度大、耐高温、耐腐蚀和易加工。

水热合成法是在液相中制备纳米颗粒的方法。将无机或有机化合的前驱物在 100 ℃～350 ℃和高气压环境下与水化合，通过对加速渗析反应和物理过程的控制，得到改进的无机物，再经过过滤、洗涤、干燥等过程，得到纯度高、粒径小的各类纳米颗粒。

水热合成法可以采用密闭静态和密闭动态两种不同的实验环境进行。密闭静态方法是将作为前驱物的金属盐溶液或其沉淀物放入密闭的高压反应釜内后加温，密闭动态方法的特点是在高压釜内加入磁性搅拌子，在静止状态下经过较长时间保温和内部搅拌，完成反应；密闭动态的方法是金属盐溶液或其沉淀物放入并密封后将高压釜置于电磁搅拌器上，启动搅拌。在搅拌下加温和保温，这种动态反应条件将大大加快反应和合成的速率，获得高质量的产物。

水热法中，水作为一种化学组分参加反应，它既是溶剂又是矿化剂同时还可作为压力传递介质。高温加压下水的性质将发生下列变化：蒸气压增大→密度减小→表面张力减小→黏度减小→离子积增大，这些变化都十分有利于化学反应的发生和完成。一般化学反应都可区分为离子反应和自由基反应两大类，水是离子反应的主要介质。以水为介质，在密闭加压条件下加热到水的沸点以上时，离子反应的速率自然就会增大，按阿伦尼乌斯（Arrhenius）方程式为：

$$\frac{\mathrm{d}\ln k}{\mathrm{d}T} = \frac{E}{RT^2} \tag{4-1}$$

反应速率常数 k 随温度的增加呈指数变化，因此常温下难溶或不溶的物质的反应，由于温度的变化也能诱发离子反应或促进反应，通过对参与反应的物理和化学等因素的控制，实现无机化合物的形成和改性，既可制备单组分纳米晶体，又可以制备双组分或多组分的特殊化合物纳米颗粒粉末。

采用水热法的好处是：一是制备温度相对较低；二是在封闭容器中进行，避免了组分挥发和杂质的混入。将水热法与溶胶—凝胶法、共沉淀法等其他湿化学方法相比，其主要区别在于温度和压力。水热法使用的温度范围在水的沸点和临界点（374 ℃）之间，但通常使用的是 130 ℃～250 ℃之间，相应的水蒸气压是 0.3～4 MPa。水热法与溶胶—凝胶法和共沉淀法相比，最突出的优点是一般不需高温烧结就可直接得到结晶粉末，省去了研磨及由此带来的杂质。水热法可以制备包括各类金属、氧化物和复合氧化物在内的数十种材料，颗粒尺寸可以达几十纳米，且一般具有结晶好、团聚少、纯度高、粒径分布窄以及多数情况下形貌可控等特点。

2. 溶剂热法

溶剂热法是在水热法的基础上发展起来的，指密闭体系如高压釜内，以有机物或非水溶媒为溶剂，在一定的温度和溶液的自生压力下，原始混合物进行反应的一种合成方法。它与水热反应的不同之处在于所使用的溶剂为有机物而不是水。水热法往往只适用于氧化物功能材料或少数一些对水不敏感的硫属化合物的制备与处理，涉及一些对水敏感（与水反应、水解、分解或不稳定）的化合物如Ⅲ-Ⅴ族和Ⅱ-Ⅵ族半导体、碳化物、氟化物、新型磷（砷）酸盐分子筛三维骨架结构材料的制备与处理就不适用，这也就促进了溶剂热法的产生和发展。

溶剂热法采用有机溶剂代替水作介质，类似水热法合成纳米微粉。用非水溶剂代替水，扩大了水热法技术的应用范围，同样能够在相对较低的温度和压力下制备出通常需在极端条件下才能制得的纳米颗粒材料。在溶剂热法常用的溶剂中，苯由于其稳定的共轭结构，是溶剂热合成的比较优良的溶剂；乙二胺也是一种可供选择的溶剂，其除作为溶剂外，还可作为配位剂或螯合剂，乙二胺由于氮的强螯合作用，能与离子优先生成稳定的配离子，配离子再缓慢地与反应物反应生成产物；另外具有还原性质的甲醇、乙醇等除用作溶剂外还可作为还原剂。在溶剂热法中其他常用的溶剂还有二乙胺、三乙胺、吡啶、甲苯、二甲苯、1，2-二甲氧基乙烷、苯酚、氨水、四氯化碳、甲酸等。

4.4.5　雾化水解法和喷雾热解法

1. 雾化水解法

将一种盐的超微粒子，由惰性气体载运送入含有金属醇盐的蒸气室，金属醇盐蒸气附着在超微粒的表面，与水蒸气反应分解后形成氢氧化物微粒，经焙烧后获得氧化物的超微颗粒。颗粒的尺寸大小首先取决于被送入的盐的微粒大小。用这种方法获得的微粒纯度高、分布窄、尺寸可控。

雾化水解装置有各种结构。如落下膜类型水解装置，会让注入的水形成水膜，连续地沿着恒温玻璃管的表面落下来。落下的水靠泵沿着上水馏和下水馏之间环流，铝醇盐以气溶胶的形式通过从入口进、再从出口出的过程被分解。

以下是一个制备氢氧化物纳米颗粒的实例。氢气作为运载体气体，其流速为 1 000 mL/min，装置内金属醇盐——氯化银核已被温度为 610 ℃的发生炉气化，装置的温度为 130 ℃，在此条件下铝醇盐的蒸气通过分散在载体气体中的氯化银核后冷却，生成以氯化银为核的铝的丁醇盐气溶胶。这种气溶胶由单分散液滴构成，让这种气溶胶与水蒸气反应来实现水解，成为单分散性氢氧化铝颗粒。水解之后所生成的固体颗粒尺寸要比其直接前驱体即液滴的尺寸小。

2. 喷雾热解法

采用喷雾热解法将含所需离子的溶液用高压喷成雾状，送入已按设定要求加热的反应室内，通过化学反应生成纳米颗粒。喷雾热解法制备纳米颗粒的主要过程有：溶液配制→喷雾→反应→收集 4 个基本环节。为保证反应进行，在送入的金属盐溶剂中添加可燃性物质，利用其燃烧热起到分解金属盐的作用。

根据热处理的方式不同，可以把喷雾热解法分为喷雾干燥、喷雾焙烧、喷雾燃烧和喷雾水解等几类情况。喷雾干燥是靠高压喷嘴将制成的溶液或微乳液喷成雾状物，进行微粒化的一种方法。将喷出的雾状液滴进行干燥并随即捕集，捕集后直接或经过热处理后，就能得到相应化合物的纳米颗粒。利用这种方法可以制得 Ni、Zn、Fe 的铁氧体超微颗粒。

喷雾燃烧的特点是将金属盐溶液用氧气雾化，在高温下充分燃烧，分解而制得相应的超微颗粒。喷雾水解法所用的是醇盐，经过喷雾制成相应的气溶胶，再让这些气溶胶与水蒸气反应进行水解，从而制成单分散性的颗粒，最后再将这些颗粒焙烧，即可得到相应物质的纳米颗粒。

喷雾热解法因为其原料制备过程是液相法，而其部分化学反应又是气相法，包括了气—液反应一系列的过程，集中了气、液法两者的优点。

这些优点表现为：制备过程简单，从配制溶液到颗粒形成，几乎可以一次完成；可以方便地制备多组分的复合纳米颗粒，颗粒分布均匀、颗粒形状好，一般呈理想的球状。

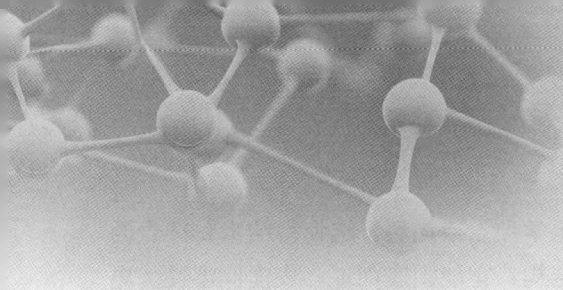

第5章 纳米颗粒的表面修饰改性

5.1 引 言

5.1.1 纳米颗粒表面修饰改性的必要性

纳米颗粒是一种具有特殊性质和广泛应用的新型材料。由于其半径很小，纳米颗粒具有高比表面积、高比表面能、高光活性、高催化活性等特征，以及纳米的体积效应和表面效应，以及特殊的电、磁、光等性质。然而，纳米颗粒巨大的表面和特殊的表面效应同时也导致了这种颗粒的化学性状很不稳定，如化学活性很高，具有很强的氧化性、吸附性，非常容易结集、团聚等。

为了解决纳米颗粒团聚的问题，可以对纳米粒子进行表面处理，以减少引力位能或增加排斥力位能。在实际应用中，通常需要对纳米粒子的表面进行修饰改性，以改变纳米粒子的表面态和微观结构，从而避免纳米粒子的团聚和结块，改善分散性、流变性以及光活性等，提高纳米材料所具有的各种纳米结构特性的表现和应用效果。

在对纳米颗粒进行表面处理时，可以将新鲜的纳米颗粒先进行表面氧化处理或表面改性处理后再进行存放，或者将颗粒在特殊气氛下或特殊的溶剂中贮存。另外，也可以将新鲜的纳米颗粒直接制成各类成品，如各类纳米薄膜、纳米陶瓷或纳米复合物等。

总之，针对纳米颗粒的团聚问题，需要采取有效的技术手段进行解决。通过对纳米粒子的表面进行修饰改性，以及采用保护措施进行贮存，可以有效地提高纳米材料的应用效果和使用寿命。

5.1.2 纳米颗粒表面修饰改性的目的

纳米颗粒的表面修饰改性是一种非常重要的技术，它可以根据实际应用的需求对颗粒的表面特性进行物理、化学加工或调整。这使得纳米粉体表面的物理和化学性质发生变化，如晶体结构、官能团表面能、表面润湿性、电性、表面吸附和反应特性等。通过表面修饰改性，不仅可以使纳米颗粒的物性得到改善，还可能赋予纳米颗粒新的功能。

纳米颗粒的表面修饰改性的目的主要包括以下几点。

（1）改善或改变纳米颗粒的分散性

纳米颗粒由于具有较高的表面能和团聚作用，往往不容易在溶剂中良好地分散。通过表面修饰，可以改变纳米颗粒的表面性质，增加其在水性或油性环境中的分散性，从而方便制备各种纳米复合材料或纳米功能材料。

（2）改善纳米颗粒的表面活性或相容性

纳米颗粒表面具有一定的活性，容易与其他物质发生相互作用。通过表面修饰，可以改变纳米颗粒的表面活性，使其更容易与其他物质相容，从而提高纳米复合材料或纳米功能材料的性能。

（3）改善纳米颗粒的耐光、耐紫外线、耐热、耐候等性能

纳米颗粒在实际应用中会面临各种环境因素（如光、紫外线、热、湿度等）的考验。通过表面修饰，可以增加纳米颗粒的耐光、耐紫外线、耐热、耐候等性能，从而提高其应用稳定性和使用寿命。

（4）使颗粒表面产生新的物理、化学和力学性能以及其他新的功能

通过表面修饰，可以在纳米颗粒表面引入新的官能团或物质，使其具有新的物理、化学和力学性能以及其他新的功能。例如，改变纳米颗粒的表面电荷性质可以调节其吸附和解吸附能力，从而用于催化、传感器等应用中。

5.1.3　纳米颗粒表面修饰改性的方法

纳米颗粒表面修饰改性的方法按其修饰改性基本原理可分为表面物理修饰改性和表面化学修饰改性两大类；按工艺则分为以下 5 类。

1. 表面整体包覆修饰改性

这种修饰改性方法是通过使用表面活性剂，使有机高分子化合物或聚合物、无机物等新物质覆盖或完全包覆于纳米颗粒体的表面。这种方法可以有效地保护纳米颗粒，防止其团聚，并提高其在不同环境中的稳定性。

2. 局部化学修饰改性

这种修饰改性方法是通过采用合适的化学试剂，利用化学反应赋予纳米颗粒表面部分新的功能基。这通常是在颗粒的特定部位进行化学修饰，以改

变其物理和化学性质。

3. 机械活化修饰改性

这种修饰改性方法是通过粉碎、研磨、摩擦等方法增强纳米颗粒的表面活性。这种方法可以使纳米颗粒的表面更加粗糙，增加比表面积，同时也能增强纳米颗粒与其他物质的相互作用。

4. 高能量表面修饰改性

这种修饰改性方法利用高能量射线（如电晕放电、紫外线、等离子束射线等）对纳米颗粒进行表面改性。这些高能量射线可以引发纳米颗粒表面的化学反应，产生新的官能团或改变纳米颗粒的化学状态。

5. 利用沉淀反应进行表面修饰改性

这是目前工业上常用的修饰改性方法之一。通过控制沉淀反应的条件，可以在纳米颗粒表面形成特定的包覆层或修饰层，改变纳米颗粒的物理和化学性质。

这些修饰改性方法可以根据实际应用需求进行选择和组合，以实现对纳米颗粒表面特性的精细化调控，拓宽纳米材料的应用领域。

对纳米颗粒的表面处理工艺直接关系到表面修饰改性的效果。纳米颗粒的表面改性处理既可在颗粒形成后进行，也可在颗粒形成的过程中进行，研究表明在颗粒形成的过程中进行表面处理，一般来说其修饰效果较好。随着新的表面修饰技术的发展，对纳米颗粒表面修饰的方法也在不断改进。

5.2　纳米颗粒的无机表面改性

无机表面改性是一种常见的纳米颗粒改性方法，它通常以纳米颗粒为反应的核物质，依靠物理作用、范德华力或氢键的表面吸附或沉积作用力，在核的表层沉积一层或多层新的无机物的纳米包覆薄膜。这种改性的目的通常包括提高纳米颗粒的稳定性、改变纳米颗粒的表面性质（如亲水性或疏水性）、增强纳米颗粒的特定功能（如光催化、电催化或磁性），或者制造具有特定结构或功能的纳米复合材料。无机表面改性常用的方法包括化学气相沉积（CVD）、物理气相沉积（PVD）、溶胶—凝胶法（Sol-Gel）、化学沉淀法等。这些方法可以根据具体需要和条件选择，以实现所需的纳米颗粒表面修饰和改性。

纳米颗粒的无机表面改性主要分为两类：金属表面改性和无机化合物表

面改性，下面将给予分别介绍。

5.2.1　金属表面改性

金属表面改性是通过采用化学、物理、机械等方法，在纳米颗粒的核的表面形成一层金属单质或合金包覆层，使得纳米颗粒兼具原有的物化性能和表面包覆金属层的物化性能。这种改性可以增强纳米颗粒的特定功能或者赋予纳米颗粒新的特性。一些常用的金属表面处理方法包括化学镀法、热分解—还原法、交换吸附热分解法等。这些方法各自具有特点和应用范围，可以根据实际需求选择合适的方法进行金属表面改性。

1. 化学镀法

化学镀法首先是配制含有要包覆的金属元素的化学镀液，然后向镀液中加入作为包覆核的纳米微粒，通过搅拌及其他手段使核颗粒充分分散并悬浮在镀液中。在将金属离子还原的同时，在纳米颗粒核的表面形成金属镀层，得到金属包覆颗粒。

这是一个关于用化学镀法制备 Cu 包覆 TiO_2 纳米颗粒形成金属/陶瓷纳米复合颗粒的实例。首先，通过将含有纳米二氧化钛的水性分散液加入氯化钯，使其活化。这是因为钯可以作为催化剂，促进铜在二氧化钛表面的沉积。其次，将活化后的纳米二氧化钛溶液加入到化学镀铜液中。在这个过程中，铜离子被还原为铜原子，并在纳米二氧化钛颗粒表面沉积，形成一层金属铜包覆层。经过一段时间的反应后，通过 XRD 衍射、俄歇电子能谱等测试手段分析可知，纳米二氧化钛表面完全被金属单质铜包覆，整体具有接近纯金属铜的优良导电特性。

这种 Cu/TiO_2 复合纳米颗粒具有降低原有铜质材料的密度、提高强度、硬度、耐磨性、高温力学性能等方面的性能。这是由于纳米二氧化钛和铜之间的协同效应，使得这种复合材料具有了优异的性能。

2. 热分解—还原法

热分解—还原法是一种常用的金属表面处理方法，它主要适用于对金属的硝酸盐、碳酸盐与碱式盐等易分解的化合物的表面处理。这个方法包括对核颗粒进行前期处理、预包覆和加热还原处理等步骤。在预包覆过程中，通常会在颗粒表面形成一个均匀的硝酸盐、碳酸盐或碱式盐的包覆层，然后使用还原气体对包覆层进行加热还原处理，以在颗粒表面形成一层金属镀层。

一个实例是通过在 Al_2O_3 颗粒表面均匀地包覆上一层镍盐前驱体，并经过热分解—还原后，得到了纳米晶 Ni 包覆的 Al_2O_3 复合粉体。这种复合粉体拥有纳米晶 Ni 和 Al_2O_3 的特性，形成了一种新型的陶瓷材料。

在热分解—还原法中，需要综合考虑还原温度、还原时间和气体流量等因素，这些因素都会影响最终金属镀层的结构和性能。此外，这个方法与其他工艺相比，具有金属的硝酸盐、碳酸盐与碱式盐易于分解、设备要求不高、工艺控制简单等优点。

然而，值得注意的是，尽管热分解—还原法具有这些优点，但它通常只适用于制备特定类型的金属纳米颗粒和复合材料，对于其他类型的材料可能并不适用。因此，在实际应用中，需要根据具体的材料类型和应用需求选择最合适的表面改性方法。

3. 交换吸附热分解法

通过交换吸附热分解法，可以有效地将金属微粒与核粒子进行交换吸附，并在高温下除去有机配体，最后得到表面包覆金属的复合粉体。

这个方法的优点是可以得到高度分散性的复合纳米颗粒，同时可以有效地控制金属镀层的结构和性能。此外，通过选择合适的金属微粒和核粒子，可以获得具有特定物理化学性能的复合纳米颗粒。

然而，这个方法也存在一些挑战和限制。首先，选择合适的金属微粒和核粒子是非常重要的，因为它们需要能够发生有效的交换吸附反应。其次，高温下除去有机配体需要保证不会破坏已经形成的金属镀层。最后，这个方法的成本可能较高，因为需要使用高温设备和高纯度的原材料。

总的来说，交换吸附热分解法是一种非常有前途的金属表面改性方法，可以用于制备高度分散、具有特定性能的复合纳米颗粒。但是，需要在实践中进一步解决一些技术和经济上的挑战。

5.2.2　无机化合物表面改性

无机化合物表面改性利用一些化合物不溶解于水的特性，采用均相沉淀、溶胶—凝胶、水热合成等方法，通过沉淀反应在纳米颗粒表面形成表面包覆，再经过其他的处理手段，使包覆物固定在颗粒表面，从而达到改善或改变纳米颗粒表面性质的目的。

以 SiC 表面沉积 $Al(OH)_3$ 为例，利用非均匀沉淀法在纳米 SiC 颗粒的表面均匀包覆一层 $Al(OH)_3$，改性后的 SiC 颗粒的表面性质被改变，其悬浮液表现出胶体特性，在水中的分散情况也得到改善。改性后的 SiC 纳米颗粒若被置于 1 000 ℃环境下，仍具有很强的抗氧化能力。下面将介绍一些常用的包覆和表面改性的方法。

1. 氧化硅（$SiO_2 \cdot nH_2O$）的包覆及表面改性

对纳米二氧化硅颗粒进行表面改性可降低纳米颗粒的光活性，改善纳米颗粒的单分散性和水分散性，能增加与有机硅类化合物的反应活性。二氧化硅包覆二氧化钛在含有纳米 TiO_2 颗粒的溶液中加入水溶性的硅酸盐（如硅酸钠、偏硅酸钠等）。这种水溶性的硅酸盐通过调节反应液的 pH，可转变为硅酸[$Si(OH)_4$]单分子，这种单分子以不同的速率进行聚合，逐步形成单体形式的具有很大活性的 $Si(OH)_4$ 和聚合度较低的硅酸聚合物，然后与 TiO_2 表面羟基结合，先在表面形成核点，逐渐形成以无定形 $SiO_2 \cdot nH_2O$ 形式存在的包覆膜，其反应过程如下。

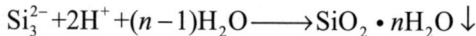

$$Si_3^{2-} + 2H^+ + (n-1)H_2O \longrightarrow SiO_2 \cdot nH_2O \downarrow$$

可以根据实际需要调整表面上形成的氧化硅膜的致密程度，得到不同特性的复合纳米颗粒。经改性的纳米颗粒在提高纳米 TiO_2 水分散性的同时，致密的硅膜可增加纳米 TiO_2 的化学、物理稳定性，而疏松的多孔海绵状的氧化硅膜可增加纳米 TiO_2 的比表面积，有利于纳米 TiO_2 催化性能的提高。

2. 氧化铝[Al_2O_3 或 $Al(OH)_3$]的包覆及表面改性

还是以二氧化钛为例用氧化铝进行包覆，其基本方法是在含有纳米 TiO_2 颗粒的溶液中加入水溶性的铝盐（如硫酸铝、偏铝酸钠和铝醇盐等）反应液。调节反应液的 pH，反应液中的铝盐随着 pH 的升高或降低，缓慢转变为 AlOOH 和 $Al(OH)_3$ 的胶体形式，在该反应过程中由于存在均相成核与异相成核的竞争，所以需要将铝化合物的浓度控制在低于均相成核条件下，然后 $Al(OH)_3$ 或 AlOOH 与 TiO_2 表面羟基结合，最终形成无定形的 $Al(OH)_3$ 包覆在纳米 TiO_2 表面的结果，其反应过程如下。

$$Al^{3+} + 3OH^- \longrightarrow Al(OH)_3$$
$$AlO^{2-} + H_2O + H^+ \longrightarrow Al(OH)_3$$

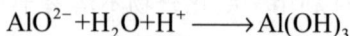

经包覆氧化铝表面改性后的纳米 TiO_2 复合颗粒能有效提高纳米 TiO_2 的稳定性和分散性，明显增强对紫外线屏蔽能力。

3. 多层复合包覆及表面改性

经包覆及表面改性后，纳米颗粒成为一个复合体，同时兼有内层核和外层壳纳米材料的特性，但有时为了获得更多的特性以适应不同的用途，常常需要对纳米粉体进行两次或多次包覆及表面处理。类似这样的无机复合包覆及表面处理常有：硅铝复合包覆及表面改性、硅锌复合包覆及表面改性和硅锆复合包覆及表面改性等。

根据包覆及表面改性的先后顺序不同，可得到不同表观性质的复合纳米颗粒。如铝、硅复合包覆及表面改性能改善光催化活性，同时又能增加亲水性和分散性；锌、硅复合包覆及表面改性能提高紫外线屏蔽性，也能同时增加亲水性；硅、锆复合包覆及表面改性能提高耐候性、耐磨性、表面硬度；铁、硅复合包覆及表面改性能改善光催化活性、调节色泽、提高分散性和耐候性等。

对 TiO_2 进行铝、锆复合包覆及表面改性处理，通过向分散有金红石型纳米 TiO_2 的水溶液中加入锆盐和铝盐，然后使用中和剂进行缓慢中和使其水解，可以在纳米 TiO_2 颗粒上逐一沉积起氧化锆水合物和氧化铝水合物。接着，通过适当的高温煅烧，这些水合氧化物会脱水并形成相应的氧化物，也就是氧化锆和氧化铝。煅烧后的产物经过气流粉碎后，可以得到粒度分布比较集中的三元复合纳米颗粒。这种制备方法可以用于制造更多层复合的纳米材料，通过重复添加不同的盐类和进行相应的处理，可以制备出具有多层次结构的纳米材料。这种制备方法的优点是可以得到高度分散且粒度分布集中的纳米颗粒，同时可以有效地控制各层的厚度、组成和结构，从而获得具有优异性能的复合纳米材料。此外，这种方法还可以用于制备其他类型的复合纳米材料，如碳化物、氮化物、硅化物等。

5.3　纳米颗粒的有机表面改性

有机物用于纳米颗粒的包覆及表面改性有着十分重要的地位，根据有机物在对纳米颗粒进行包覆的过程中与纳米颗粒之间有无化学反应，可以分为物理包覆及表面改性和化学包覆及表面改性两类。又可按有机物分子量的大小分为小分子有机物表面处理和高分子聚合物表面包覆两大类。下面将从有机物分子量大小进行分别介绍。

5.3.1　小分子有机物的包覆及表面改性

1. 表面活性剂物理包覆及表面改性

表面活性剂通过范德华力、氢键等分子间作用力吸附到纳米颗粒表面，形成一层有机包覆层，可以降低纳米颗粒的表面张力，阻止粒子间的团聚，达到均匀稳定分散的目的。

表面活性剂分子含有亲水性和亲油性两类性质完全不同的官能团，当无机纳米颗粒被分散在水溶液中，表面活性剂的非极性亲油基会吸附到颗粒表面，而极性亲水基团与水相溶，这就可以达到无机纳米粒子在水中分散的目的。在非极性的油性溶液中分散纳米颗粒时，表面活性剂的极性官能团被吸附到纳米颗粒表面，而非极性官能团则与油性介质相融合。

对于无机氧化物或氢氧化物［如 SiO_2、TiO_2、$Al(OH)_3$、$Mg(OH)_2$ 等］纳米颗粒，它们有特定的表面电位值，可以据此调整溶液的 pH，然后通过表面活性剂的吸附和包覆实现有机化的表面改性。这种改性方法可以在纳米颗粒表面形成一层稳定的有机包覆层，保护纳米颗粒免受环境因素的影响，并改善其在不同介质中的分散性和稳定性。

通过这种方法，我们可以有效地控制纳米颗粒的表面性质，达到优化材料性能、提高材料在工业应用中的稳定性和相容性等目的。

2. 偶联剂化学包覆及表面改性

偶联剂对纳米颗粒的包覆及改性在纳米颗粒表面发生化学偶联反应。偶联剂和纳米颗粒两组分之间除了范德华力、氢键或配位键相互作用外，还有离子键或共价键的结合。纳米颗粒表面经偶联剂处理后可与有机物形成很好的相容性。一般偶联剂分子必须兼备既能与无机物纳米颗粒表面或制备纳米颗粒的前驱物进行化学反应，又具有与有机物基体具有反应性或相容性的两种基团或有机官能团，如二氧乙酸酯钛酸酯、乙烯基三乙氧基硅烷等。由于用偶联剂改性操作较容易，偶联剂选择较多，故该方法在纳米复合材料中应用较多。常用的偶联剂有如下几种。

① 有机硅烷偶联剂，其结构通式为 $Y\text{-}(CH_2CH_2)_n\text{-}Si\text{-}X_3$，这里 n 一般为 2～3；Y 是有机官能团，如乙烯基、甲基丙烯酰基、环氧基、氨基、巯基等 X 是硅原子上结合的特性基团。一般根据 X 基团来对硅烷偶联剂进行分类，有水解硅烷、过氧化硅烷、多硫化硅烷等类型。有机硅烷偶联剂对于表面具有羟基的无机纳米颗粒最有效，这是目前应用最多、用量最大的偶联剂。

② 钛酸酯偶联剂对许多无机纳米颗粒具有良好的改性效果。钛酸酯偶联剂一般分为以下 6 类：单烷氧型、螯合型、季铵盐型、新烷氧型、配位型、环状杂原子型。

③ 铝酸酯偶联剂，这是一种新型的硅烷偶联剂。铝酸酯偶联剂对碳酸

钙粉末进行表面改性，改性后碳酸钙的吸湿性、吸油量降低，粒径变小，且易分散在有机介质中，热稳定温度大于 300 ℃。

除以上几类，常用的偶联剂还有硬脂酸类偶联剂、锆铝酸酯偶联剂、铝钛复合偶联剂、稀土偶联剂等类型。

3. 酯化反应包覆及表面改性

金属氧化物与醇的反应也是一种酯化反应，利用酯化反应对纳米颗粒进行包覆及表面改性可以使原来亲水疏油的纳米颗粒表面变成亲油疏水的纳米颗粒表面。采用酯化反应包覆及表面改性对纳米颗粒进行表面修饰的结果，可以通过对活化指数的测定，来表明纳米颗粒表面亲水或亲油特性转变的情况。对 TiO_2 进行改性，采用纳米二氧化钛颗粒与醇类的溶剂进行反应。反应的结果发现对纳米颗粒表面的亲油特性有改善，并且还提高了纳米颗粒在有机物中的分散性。酯化反应使用的酯类中伯醇最有效，仲醇次之，叔醇无效。酯化反应包覆及表面改性对原有颗粒的表面为弱酸性和中性的纳米粒子最有效，如 SiO_2、Fe_2O_3、TiO_2、Al_2O_3、ZnO 等。酯化反应的不足之处是酯基溶剂比较容易水解，且热稳定性差。

5.3.2　高分子聚合物包覆及表面改性

采用高分子聚合物对无机纳米颗粒进行包覆及表面改性，具有一些显著的优势。首先，高分子聚合物可以均匀地包覆在纳米颗粒表面，形成一层紧密的保护层。这种均匀的包覆可以增强纳米颗粒的稳定性，防止它们在介质中团聚或沉淀。其次，高分子聚合物对纳米颗粒的包覆效果通常较好，可以提供良好的防护作用。这种包覆不仅可以保护纳米颗粒免受环境因素的影响，还可以提高纳米颗粒的化学稳定性，使其能够在更广泛的应用领域中使用。最后，经过高分子聚合物包覆和表面改性后，纳米颗粒与聚合物相容性良好。这意味着纳米颗粒可以更好地融入聚合物基质中，实现更好的材料相容性和更高的性能。这种相容性也有助于提高纳米复合材料的机械性能、热稳定性和电性能等。此外，通过高分子聚合物的包覆和表面改性，可以实现对纳米颗粒的表面性质进行调控。通过选择适当的聚合物和反应条件，可以引入特定的官能团或反应活性基团，赋予纳米颗粒新的特性和功能。这种表面修饰有助于扩展纳米材料的应用范围，并为其在工业生产、科学研究等领域中的实际应用提供了更多的可能性。

综上所述，采用高分子聚合物对无机纳米颗粒进行包覆及表面改性是一种有效的纳米材料表面修饰方法。它可以改善纳米颗粒的表面性质，提高其稳定性和相容性，扩展其应用范围。这种技术对于纳米材料的研究和应用具有重要意义，值得进一步研究和推广。

根据该分子聚合物在对纳米颗粒进行包覆及改性的过程中两者之间有无化学反应，可将这类方法分为表面物理吸附法和表面化学接枝聚合改性法。

1. 表面物理吸附方法

高分子聚合物在氧化物表面上存在着物理吸附，由这种吸附实现对纳米颗粒的包覆及表面改性。这类物理吸附是范德华力、静电力、氢键、化学键等共同作用的结果。对于非电解质物质的聚合物，主要由氢键产生表面物理吸附。利用纳米粒子对高分子聚合物的物理吸附可以制备分散良好的纳米颗粒胶体体系。利用纳米粒子对高分子聚合物的物理吸附主要采用的是包括无皂乳液和微乳液聚合与反相微乳液在内的乳液聚合包覆法；对于高分子聚合物的电解质，可利用静电效应，通过分子自组装进行包覆。

（1）乳液聚合包覆法

乳液在聚合的过程中，其单体在水相中被引发后会形成低聚物自由基，当该自由基的链长增长到一定值时，水溶性开始变差，自由基自身卷曲成核，从水相中析出。这种卷曲成核的自由基可能被吸附到无机的纳米颗粒的表面，形成复合乳胶粒。为提高无机纳米颗粒与高分子聚合物的亲和性，可先用表面活性剂对无机纳米颗粒进行表面处理，使其表面形成有利于有机聚合物吸附的表层，然后再以其为种子进行乳液聚合，最后通过吸附形成复合纳米粒子。另外还有一些非常规的乳液聚合方法，以下做分别介绍。

一种称为无皂乳液聚合包覆法。这种无皂乳液的聚合在乳液聚合反应过程中完全不需加入乳化剂或仅加入微量乳化剂（小于临界胶束浓度 CMC）。由于无皂乳液体系的胶粒成核阶段较短，体系中的胶粒数目比常规体系少，因此产生的胶乳粒径分布比常规乳液聚合的要窄得多，粒子尺寸均匀，表面洁净。水溶性较大的单体的无皂乳液的聚合一般遵循均相成核机理，当活性链增长至临界链长时，便自身卷曲缠结，从水相中析出，吸附在无机粒子表面。水溶性较差的单体（如苯乙烯）的无皂乳液聚合则依据低聚物胶束成核机理，反应初期生成的低聚物吸附在无机纳米颗粒的表面，将无机粒子表面由原来的亲水性变为疏水性，使得单体有可能进入其中进行聚合反应，在无机粒子表面包覆上高分子聚合物。研究关于纳米碳酸钙参与的甲基丙烯酸甲酯的无皂乳液聚合，发现聚合后纳米碳酸钙粒子表面被 PMMA 所包覆，新形成颗粒的表面由亲水变为疏水，这样单体 MMA 更容易在碳酸钙表面聚集，经引发剂引发聚合而包覆在碳酸钙表面。

另一种称为微乳液聚合与反相微乳液包覆法。在常规乳液聚合中，粒子成核的主要场所在水相或者溶胀的单体胶束中，纳米颗粒能否成为包覆的核取决于单体的水溶性和表面活性剂的浓度。造成成核的机制比较复杂的原因是体系中除了生成包覆的粒子外，还有不含无机粒子的高分子有机聚合物粒子以及没有包覆聚合物的无机粒子。微乳液聚合是将纳米颗粒的粉体直接分散在油相中，这样能使所有的单体微滴（50～500 nm）中都包含有纳米颗粒，同时具有更快的反应速度。这个方法的关键是纳米颗粒在分散和聚合过程中能否稳定地存在单体液滴中。应用苯乙烯的微乳液的聚合可作为包覆纳米 TiO$_2$ 粒子的手段，首先将 TiO$_2$ 粒子加入苯乙烯和环己胺及特定的稳定剂的混合体系中，经过超声分散，其次通过微乳化进行聚合反应。调节体系中稳定剂含量可使苯乙烯的包覆率达到最大。

反相微乳液法是制备纳米颗粒复合材料的有效而简单的方法。这种方法以非极性介质为连续相，以溶有反应物的水为分散相，形成隔离的微细水池，或称水核。这些水核可看作微胶束反应器或称为纳米反应器。反应器的体积与体系中水和表面活性剂的浓度及种类有关，一般尺寸很小，形成的乳液透明。当反应形成的粒度小且均匀时，分散性好，反应条件容易控制。制备聚苯胺包覆形成纳米铁钴镍核—壳型复合微粒，采用两步连续反相微乳液法，可以原位制备金属微粒/聚苯胺纳米复合材料。第一步，利用无机化合物之间的氧化还原反应，在反相微乳液体系中形成纳米金属微粒；第二步，再利用苯胺盐酸盐所具有的水溶性，使苯胺进入水核，调节 pH，引发苯胺单体原位聚合。采用类似的两步反相微乳液法可以原位聚合制备纳米 SiO$_2$/PMMA 复合微粒。

（2）自组装法包覆聚合物层

一般来说，在溶液中有机高分子聚合物都携带电荷，它们对颗粒的稳定作用来自静电和空间位阻效应，在适当的条件下，高分子聚合物会引起颗粒的团聚，这会限制自组装技术在核—壳型有机高分子聚合物材料制备上的应用。然而，自组装技术的发展为纳米包覆材料的结构和应用的研究开拓了崭新的领域，近来的研究已经成功利用静电自组装技术，在胶体颗粒表面均匀地包覆单层或多层有机高分子聚合物。例如，把带有相反电荷的高分子加入到乳胶颗粒的分散体系中，通过静电吸引，有机高分子聚合物可吸附到乳胶颗粒表面完成包覆。这种方法最大的优点是可以加入和乳胶颗粒表面电荷相反的有机高分子电解质，通过静电作用实施包覆，循环往复地在乳胶颗粒表面包覆上多层有机高分子聚合物。这种技术简称为"LBL（1ayer-by-layer）"。

自组装法包覆聚合物层技术的优点如下。

① 有机高分子聚合物的包覆层的厚度可通过改变沉积层数量以及溶液条件来精确控制

这种精确控制使得我们能够更好地控制和优化材料的性质和性能。例如，通过精确控制包覆层的厚度，我们可以调整材料的表面性质、光学性质、电学性质等。

② 多层聚合物复合膜可通过选择大量不同的有机高分子聚合物进行组装

这种多样性可以带来丰富的材料组合和性质变化。通过选择不同的聚合物，我们可以实现材料的多功能性和适应性。例如，某些聚合物具有良好的生物相容性，而另一些聚合物则具有优秀的耐高温性能。

③ 不同尺寸、形状和成分的乳胶颗粒都可以作为核（模板）被包覆

这种灵活性使得我们能够利用自组装技术制造出具有各种特性的纳米材料。乳胶颗粒的多样性，再加上可以通过选择不同的聚合物进行包覆，使得我们可以轻松地制造出具有特定形状、尺寸和组成的纳米材料。

采用 LBL 技术将有机高分子聚合物沉积到纳米颗粒表面可以制备取得具有很好形态的复合物胶体粒子。

2. 表面化学接枝聚合包覆及表面改性

一般需包覆及表面改性的对象为无机纳米颗粒，其表面极性较大，多含有羟基，故必须在包覆实施前预先改变颗粒的表面基团极性，并在此颗粒表面接枝上可参与聚合反应的基团或可以起到引发作用的基团或能使聚合反应终止的基团，然后加入单体和引发剂进行聚合反应。按上述接枝的基团的不同，分为以下 4 种。

（1）预先接枝引发基团的聚合包覆及表面改性

利用原有无机纳米颗粒表面存在的大量的羟基，在此粒子的表面接枝上具有引发聚合反应作用的偶氮类和过氧化物类引发剂基团，分解生成的活性中心引发聚合反应。

根据纳米颗粒实际的应用场合，需要对表面的亲水/亲油特性进行相应的

选择性改性。将偶氮类引发剂预先接枝在纳米炭黑颗粒上，引发甲基丙烯酸甲酯（MMA）与甲基丙烯酸缩水甘油酯的共聚，再通过甲基丙烯酸缩水甘油酯上的环氧基团接枝聚乙烯亚胺。3.9%的聚乙烯亚胺的聚合包覆能使纳米粒子显示出双亲性。将偶氮基团接枝到纳米 SiO_2 颗粒的表面上可以引发共聚，形成支化共聚物，通过支化聚合物的亲水和疏水性调整纳米颗粒的亲水性。

已经相继发展了许多利用过氧化物来作为引发剂，如：特丁基过氧化氢（TBHP）、二异丙苯过氧化氢（DIBHP）等。这些引发剂能够引发甲基丙烯酸甲酯（MMA）、苯乙烯（St）及乙烯基咔唑（NVC）等乙烯基类单体在不同的纳米颗粒表面接枝聚合。例如用被 γ-氨丙基三乙氧基硅烷（APTES）处理过的 SiO_2 与叔丁基过氧化-2-甲基丙烯酰氧乙基碳酸酯（HEPO）发生加成反应引入过氧基团，然后对苯乙烯（St）以及 2-羟基甲基丙烯酸甲酯（HE-MA）和 N-乙烯基-2-吡咯烷酮（NVPD）进行接枝聚合，采用这种方法 SiO_2/PSt 的接枝率达到 120%，可获得具有合适的亲水/疏水特性的无机高分子聚合物复合纳米颗粒。

（2）预先偶联剂处理法

由于 SiO_2、TiO_2 等这类无机纳米颗粒的表面多带有羟基，可以与多种偶联剂反应。用有机硅烷偶联剂或钛酸酯偶联剂在无机纳米颗粒表面引入双键，能够起到降低纳米颗粒极性的作用。在无机粒子表面引入双键后，无机纳米颗粒表面的乙烯基与单体发生共聚合，进而可以在无机纳米颗粒的表面上再接枝上聚合物链。

将一种硅烷（MPTS）与 SiC 表面羟基进行接枝反应，可以先在纳米颗粒表面形成偶联剂单分子层，这样为接枝打好基础。然后再用乳液聚合方法在双键上引发甲基丙烯酸环氧丙酯的聚合，生成具有环氧基团的无机/聚合物复合纳米颗粒，这样形成的环氧树脂层使材料的耐摩擦性能得到明显提高。通过 MPTES 在改性的 TiO_2 颗粒的表面上接枝聚苯乙烯，优化后的反应条件可使获得的复合纳米颗粒中的聚苯乙烯占到相当的比例。

用 γ-氨丙基三乙氧基硅烷（APTES）先行对 SiO_2 表面进行处理，再将聚酰胺类树枝状高分子（PAMAM）接枝到纳米 SiO_2 颗粒的表面，这样改性后的产品在甲醇中的分散稳定性大为提高，被用作合成高效液相色谱的手性固定相。这类物质由于在其表面同时带有大量氨基，能够与环氧基团进行开环反应，故可在此基础上作进一步改性，将原来表面为亲水性的纳米复合颗粒作为核与三氯乙酰异氰酸酯反应，生成具有疏水性的功能化表面壳层，使其具有生物相容性和抗菌性。

在经 γ-氨丙基三乙氧基硅烷（APTES）改性处理过纳米 SiO_2 表面进行醇与二异氰酸酯的逐步聚合，生成的核—壳复合结构的纳米颗粒直径仅有 20～30 nm，并可被进一步进行功能化改性。聚己内酯是一种对生物安全并可降解的聚酯材料，通过己内酯在纳米颗粒上进行开环并接枝到纳米颗粒的表面，制备出的核—壳复合结构纳米颗粒可作为药物载体和显影剂。

（3）聚合物链接枝法

这种聚合物链接枝法通过无机粒子表面活性基团与增长链活性基团之间发生反应生成化学键，使增长链通过化学键接枝到无机纳米颗粒的表面上。将内端基为羧基的聚醚枝状分子接枝到经过硅烷偶联剂预处理，表面带有氨基的纳米二氧化硅颗粒表面，接下来的接枝过程涉及二环己基碳二酰亚胺（DCC）的催化酰胺化的反应。用类似的方法也可以实现聚芳酯树枝状分子对纳米 SiO_2 表面的接枝改性。

（4）原子转移自由基聚合法

原子转移自由基聚合法（ATRP）以过渡金属的络合物作为卤族原子的载体，以简单的有机卤化物作为引发剂，通过氧化还原反应，在纳米颗粒和包覆物的活性基团与休眠基团之间建立可逆动态平衡，实现对聚合反应的控制。这种方法可以大大抑制双基并终止反应，还可以在包覆的聚合物的终端通过引入不同的功能团，使纳米颗粒的表面实现功能化。通过表面引发原子转移自由基的聚合反应，将活性聚合转移到自组装单分子层的表面，可以实现纳米 SiO_2 颗粒的表面接枝聚合，进一步控制游离自由基浓度等工艺参数，可以实现聚合物接枝层的均匀稳定增长。利用 ATRP 法能够成功制备表面洁净，粒径仅为 15 nm 左右的磁性纳米颗粒复合微球。首先使 $MnFe_2O_4$ 颗粒与 3-氯丙酸产生酯化反应，由此将氯丙酸引到了纳米颗粒的表面，再用氯化亚铜与联吡啶处理该纳米颗粒，在此无机磁性颗粒的表面形成引发剂的自由基，再来引发苯乙烯聚合实现对颗粒的包覆，形成磁性纳米颗粒复合微球。

5.4 防止纳米颗粒团聚的表面处理

基于纳米尺寸的超微颗粒，颗粒比表面积大、表面能极高、颗粒表面会聚集大量的静电电荷，引起颗粒团聚，甚至结块的情况，以及未经表面处理的超微颗粒间存在较强的库仑力、范德华力的作用，空气中的水分又会产生"盐桥"，加速晶粒直径增长，会改变颗粒的结构和纳米特性，这给纳米颗粒的贮存和运输带来很大的困难，极大地限制了纳米材料的推广应用。在制备纳米颗粒粉体的过程中存在的最大问题就是颗粒的团聚。为了解决这个问题，目前已经探索了许多方法来控制纳米颗粒的团聚状态。以下是一些主要的方法。

5.4.1　慢氧化处理

慢氧化处理是一种有效的纳米颗粒表面修饰方法，其主要目的是在纳米颗粒表面形成一层氧化膜，以提高其化学稳定性和在空气中的贮存时间。这种方法对于一些容易氧化的纳米颗粒尤为重要，例如金属铁纳米颗粒。

慢氧化处理的过程包括将纯净的氧气用惰性气体稀释后充到贮存纳米颗粒的空间中，使纳米颗粒在氧气中慢慢完成氧化。这种处理方式可以有效控制纳米颗粒表面的氧化速率，避免其在空气中急剧氧化。

经过慢氧化处理的纳米颗粒，其表面形成一层氧化膜，可以提高颗粒的化学稳定性，使其能够在空气中贮存和应用。以 Fe 纳米颗粒为例，经过慢氧化处理后，即使在空气中存放一年，也不会进一步氧化，颗粒的饱和磁化强度也没有明显减小。

慢氧化处理不仅提高了纳米颗粒的稳定性，还有助于更好地控制纳米材料的性能。同时，它也为纳米材料的应用提供了更多可能性，特别是在需要长期保存纳米材料或对其稳定性要求较高的领域。

5.4.2　表面包覆与表面改性

化学包覆技术是一种常用的提高纳米颗粒稳定性的方法。对于各类金属纳米颗粒，通常使用的包覆材料是各类氧化物，如 Fe_2O_3、TiO_2、SiO_2 等。在富氧气氛下对 α-Fe 粒子进行氧化处理，可以形成 Fe_2O_3 包覆的 α-Fe 的复合结构纳米颗粒。

表面包覆也可以被用于纳米颗粒的表面改性。例如，作为 γ-Fe_2O_3 前驱体的超细铁黄，经过表面包覆硅处理后，可以有效地抑制其烧结进程，消除孔洞、有助于增大表面各向异性和提高磁粉分散性能和耐磨性。

另外，为了使 γ-Fe_2O_3 表面呈亲油性，提高颗粒分散性，可以将含硅的表面处理剂溶于丙酮，加入到 γ-Fe_2O_3 磁粉中，经球磨混合均匀再烘干，就可以达到目的。

5.4.3 防团聚剂

为了防止纳米颗粒聚结，通常需要采取防团聚技术，常见的添加剂包括抗静电剂、润滑剂、防潮剂、表面活性剂、偶联剂等。这些添加剂可以在纳米颗粒表面产生很强的吸附或化学亲和作用，使得防团聚添加剂附着在纳米颗粒表面或形成薄膜，从而将纳米颗粒相互之间进行隔离。

对于呈吸湿性的纳米颗粒，加入具有防潮作用的物质可以阻碍颗粒对水的吸附，使颗粒表面不能形成完整的水膜，消除颗粒间的"盐桥"，从而延缓或消除团聚。此外，表面改性也可以用来改善纳米颗粒的润湿性和分散性，常用的方法包括表面活性剂改性、包覆改性、机械化学改性等。

除了添加剂和表面改性，还可以通过控制纳米颗粒的制备和合成条件来降低团聚现象的发生。例如，采用软化学合成法可以避免使用有机溶剂和高温合成条件，从而降低纳米颗粒间的相互作用。此外，通过控制合成过程中的反应温度、反应时间、溶剂种类等参数，也可以影响纳米颗粒的形貌和粒度大小，从而降低团聚现象的发生。

总之，纳米颗粒的防团聚技术多种多样，可以根据具体的应用领域和需求选择合适的方法。对于添加剂防团聚技术，选择合适的添加剂和其配比是关键。对于表面改性技术，需要选择与纳米颗粒表面相匹配的改性剂和改性方法。对于合成条件的控制，需要结合具体的纳米材料制备方法来调整和优化。

5.4.4 溶剂贮存

一种有效防团聚的贮运方法是将纳米颗粒放到合适的溶剂中，用溶剂对纳米颗粒进行保护。该方法的主要步骤和要点如下。

1. 选择合适的溶剂

应选择对纳米颗粒表面具有良好浸润性的溶剂，这样可以有效地将纳米颗粒分散在溶剂中，避免颗粒之间的团聚。同时，溶剂应对纳米颗粒具有良好的化学稳定性，以避免在贮存过程中出现化学反应。

2. 控制分散剂的用量

分散剂可以有效地提高纳米颗粒在溶剂中的分散性。然而，过多的分散剂可能会对纳米颗粒的物理和化学性质产生负面影响。因此，需要控制分散剂的用量，以保证纳米颗粒的良好分散性，同时不损害其性质。

3. 保持贮存温度

在贮存过程中，温度的变化可能会影响纳米颗粒的物理和化学性质。因此，应保持贮存温度的恒定，以避免纳米颗粒的团聚和其他性质的变化。

4. 定期搅拌

定期搅拌可以有效地保持纳米颗粒在溶剂中的分散性，并防止纳米颗粒的团聚。同时，搅拌还可以促进纳米颗粒与溶剂之间的传质过程，从而更好地保护纳米颗粒的性质。

5. 封装和密封

在贮存过程中，应将纳米颗粒封装在密封容器中，以避免纳米颗粒与外界环境接触，从而防止纳米颗粒的氧化和团聚。

总之，将纳米颗粒放入合适的溶剂中进行贮存是一种有效的防团聚方法，具有很好的效果；有着方便可行、效率高等技术优势。常用的溶剂包括甲苯、丙酮和醇类等有机溶剂。在贮存过程中，需要控制分散剂的用量、保持贮存温度的恒定、定期搅拌以及封装和密封等措施，以保护纳米颗粒的性质并防止其团聚。

5.4.5　直接成材

直接成材是一种将新制备出来的超微颗粒不经取出就直接制成所希望的形状的方法，它可以解决许多贮运技术方面的难题，并可以开拓适合于超微颗粒特长的应用领域。为了制备纳米颗粒膜，人们采用了各种方法，其中气相沉积法是一种常用的方法。

在气相沉积法中，刚制备出的纳米颗粒被混合在气流中，然后通过一个非常细的喷嘴喷射到基片上，可以制得致密的纳米颗粒薄膜。这种气相沉积法可以看作是超微颗粒的新贮运方法之一。

在制备纳米颗粒膜时，需要注意以下四点。

（1）纳米颗粒的尺寸和分布

纳米颗粒的尺寸和分布对于膜的性能有很大的影响。因此，需要选择合适的制备方法和工艺参数，以获得具有均匀尺寸和分布的纳米颗粒。

（2）纳米颗粒的表面改性

为了提高纳米颗粒在膜中的分散性和稳定性，需要对纳米颗粒进行表面改性。常用的表面改性剂包括表面活性剂、聚合物等。

（3）基片的选择和处理

基片是承载纳米颗粒膜的载体，需要选择合适的基片并对其进行处理，以获得良好的附着力和稳定性。

（4）制膜工艺参数的控制

制膜工艺参数的控制对于膜的质量和性能有很大的影响。需要控制好温度、压力、气氛等参数，以获得致密、均匀的纳米颗粒膜。

总之，气相沉积法是一种常用的制备纳米颗粒膜的方法，通过对纳米颗粒的表面改性和选择合适的基片和处理方法等措施，可以制得性能良好的纳米颗粒膜。这种纳米颗粒膜在光学、电子、催化剂、传感器等领域具有广泛的应用前景。

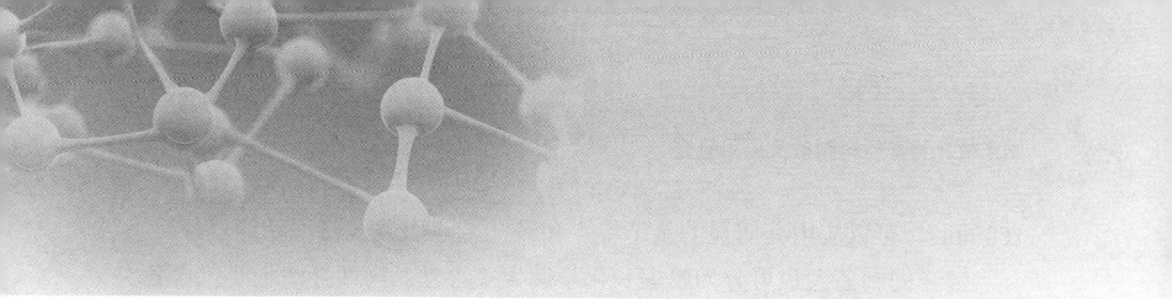

第 6 章　不同维度纳米材料的制备

6.1　引　言

6.1.1　一维纳米材料制备

现在，一维纳米材料可以依据其空心或实心，和形貌不一样分为纳米管、纳米棒或纳米线、纳米带及纳米同轴电缆等几类。

纳米管的主要代表就是碳纳米管，它可以看作由单层或者多层石墨依照必定的规则卷绕而成的无缝管状构造，其他的另有 Si、Se、Te、Bi、BN、WS_2、BCN、TiO_2、MoS_2 纳米管等。纳米棒通常为指长度较短、纵向形状较直的一维圆柱状（或其截面呈多角状）实心纳米材料，而纳米线是指长度较长，形貌表现为直的或曲折的一维实心纳米材料。不过，现在关于纳米棒和纳米线的定义和辨别不太明确。其主要代表有单质纳米线，如 Si 和 Ge 等；氧化物纳米线，如 SnO_2 和 ZnO 等；氮化物纳米线，如 GaN 和 Si_3N_4 等；硫化物纳米线，如 CdS 和 ZnS 等；三元化合物纳米线，如 $BaTiO_3$ 和 $PbTiO_3$ 等。纳米带与以上两种纳米构造存在较大差异，其截面不一样于纳米管或纳米线的靠近圆形，而是出现为四边形，其宽厚比分布范畴通常是几到十几。纳米带的典范代表为氧化物，如 ZnO、SnO_2 等。纳米同轴电缆是指径向在纳米标准的核/壳准一维构造，其代表产品有 C/BN/C、Si/SiO_2、SiC/SiO_2 等。

6.1.2　二维纳米材料制备

依照对纳米材料的定义，纳米薄膜是一种二维的纳米材料，其在厚度方面的尺寸在纳米量级或者薄膜具有纳米构造的特别性质。鉴于这类定义，对纳米薄膜可以分为两类：

① 含有纳米颗粒与原子团簇等基质的薄膜；

② 纳米尺寸厚度的薄膜，其厚度靠近电子自在程和德拜长度（约 10～

100 nm），可以应用其明显的量子特点和统计特点组装成新型功能器件。

薄膜的制备大致可分为物理和化学两大类办法。物理办法主要包含各类不一样加热方法的蒸发，直流、高频或射频溅射，离子束溅射，分子束外延等；化学办法则包含各类化学气相堆积、溶胶—凝胶法等。

6.1.3 三维纳米材料制备

三维纳米材料是指由尺寸为 1～100 nm 的纳米微粒为主体构成的块体材料。从晶相情况来看，纳米固体中的纳米微粒有三种方式：长程有序的晶态、只要取向有序的准晶态和短程有序的非晶态。以纳米颗粒为单位在三维空间可以聚积成纳米块体，经人工把持和加工，纳米微粒在三维空间作有序陈列，可以构成不一样维数的摆设系统。纳米固体依照小颗粒构造形态可分为纳米晶体材料（又称为纳米微晶材料）、纳米准晶材料和纳米非晶材料等。依照颗粒的材料属性和键的方式又可以把纳米材料划分为纳米金属材料、纳米离子晶体材料、纳米半导体材料和纳米陶瓷材料等。

纳米块体材料的制备办法主要有两类：一是首先制备出纳米颗粒，然后经过加压、烧结等进程制备出纳米块体材料；二是直接将通俗的非晶块体材料经过特别的工艺制备成具有纳米构造的纳米块体材料。

纳米块体材料制备的一个首要目的是要取得大尺寸的纳米晶体样品，期望此种界面干净致密，无微孔隙，晶粒娇小平均。材料科学家们陆续开展了多种有关纳米金属与化合物纳米材料的制备办法，主要有堆积法、非晶晶化法、高能研磨加压法和金属蒸发凝集—原位冷压成型法 4 种办法。

这些纳米块体材料的制备办法如按其界面构成进程可分为 3 大类：

① 外压力分解，如超细粉末冷压法，机械研磨法；

② 堆积分解，如各类物理和化学的办法；

③ 相变界面构成，如非晶晶化法。

针对不一样的用处，这几类办法各有其优缺陷。

6.2　一维纳米材料的制备

一维纳米材料的制备方法有很多，如蒸发法、电弧放电法、激光沉积法等。下面介绍几种具有代表性的方法。

6.2.1　气相法制备一维纳米材料

在合成一维无机纳米材料时，气相合成法是使用最多的方法。它的优势在于可以生长几乎任何一维无机纳米材料，操作比较简单易行。

1. 气相合成法

（1）气—液—固（VLS）生长机制

20 世纪 60 年代，Wagner 应用了 VLS 机制制备了 Si 单晶晶须。随后，在几十年中，经过这类普适性的办法制备出了大量的单质或化合物晶须。伴随着纳米材料的发展，人们经过控制催化剂的尺寸，制备了大量的纳米棒、纳米线、纳米管。VLS 发展机制一般要求必须有催化剂存在，在适合的温度下，催化剂能与生长材料的组元互熔构成液态的共熔物，生长材料的组元不时从气相中取得，当液态中溶质组元到达过饱和后，晶须将沿着固—液界面的一个择优标的目的析出，长成线状晶体。很明显，催化剂的尺寸将在很大水平上把握所生长晶须的尺寸。试验证实，这类生长机制可用来制备大量的单质、二元化合物乃至成分更繁杂的单晶，并且该办法生长的单晶根本上无位错，发展速度快。人们经过控制催化剂的尺寸制备出了大量的一维无机纳米材料。如 Fe、Au 催化分解了半导体纳米线 Si、Ge、Ⅱ～Ⅵ族和Ⅲ～Ⅴ族纳米线；Au、Ga 和 Sn 等催化分解了氧化物一维纳米材料等。

（2）气—固（VS）生长机制

除 VLS 机制外，别的一种 VS 机制也常常被人们用来制备一维无机纳米材料。在 VS 过程当中，首先是经过热蒸发、化学还原、气相反应产生气体，随后该气体被传输并堆积在基底上。这类生长晶须的方法常常被说明为以液固界面上微观缺点（位错、孪晶等）为形核中间生长出一维材料。在 VS 机制生长一维无机纳米材料的过程中，形貌的控制主要是经过控制过饱和度和温度来完成的。采取 VS 机制与碳热还原法合成了 Al_2O_3、ZnO、MgO、SnO_2 纳米线，采用氧化物作原料，应用简单的物埋蒸发法制备出了系列无机半导体氧化物纳米带。

（3）氧化物辅助生长方式

氧化物辅助生长方法与大部分的金属催化的 VLS 生长机理不同，在一维无机纳米材料的成核和发展过程当中，他们应用氧化物替代金属发展了大量的、高纯的一维无机纳米材料。如 GaAs、Ga_2O_3、Si、MgO、Ge_3N_4 等一维无机纳米材料，并认为生长硅纳米线时可以不用金属催化剂。在氧化物辅助生长过程当中经过热蒸发或激光烧蚀发生的气态 Si_xO（$x>1$）起着关键性作用。

2. 电弧放电法

电弧放电法制备一维纳米材料的道理与后面说明的用该办法制备纳米微粒的道理类似，所不一样的是一维纳米材料的生长需要适宜的催化剂。

电弧放电法是制备碳纳米管的一种早期方法，也是比较原始的制备方法之一。单壁碳纳米管最开始就是在用石墨电弧法制备富勒碳的过程中被发现的。石墨电弧放电法制备碳纳米管的道理是石墨电极在电弧发生的高温下蒸发，在阴极堆积出纳米管。传统的电弧法是在真空的反应容器内充以一定量的惰性气体，在放电过程当中，阳极石墨棒（较细）不断耗费，同时在阴极石墨电极（较粗大）上堆积出含有碳纳米管的结疤。

这种方法的优点是简单方便、速度快，但是产量不高，而且碳纳米管容易烧结成束，束中还存在很多非晶碳杂质。这是由于在高温下，碳纳米管容易被烧结在一起，同时由于反应气体和电极材料的影响，也可能形成非晶碳杂质。为了克服这些缺点，后来的研究者们开发出了许多改进的方法，比如氢电弧放电法。相比传统电弧法，氢电弧放电法具有更多的优点，比如可以克服反应物数量有限且均匀性差的缺点，有利于单壁碳纳米管的大批量制备；可以通过调整电极位置来利用其他区域的原料继续合成单壁碳纳米管；还可以制备不同种类的碳纳米管，以满足不同的应用需求。

电弧催化法是在电弧放电法的基础上发展起来的，在阳极中掺杂不同的金属催化剂（如 Co、Fe、Ni、Y 等），利用两极的弧光放电来制备碳纳米管。电弧催化法主要用来制备单壁碳纳米管。

在单壁碳纳米管被发现之初，电弧放电法制备出的产物中含有大量的无定形碳、金属催化剂颗粒等杂质，而碳管的含量很低。为了进一步提高单壁碳纳米管的产量和质量，采用半连续氢电弧放电法。

氢电弧放电方法是一种新型的制备单壁碳纳米管的方法，相比传统电弧法，具有以下特点。

可以克服传统电弧法中反应物数量有限且均匀性差的缺点，有利于单壁碳纳米管的大批量制备。在大直径阳极圆盘中填充混合均匀的反应物，可以使反应得到更充分的利用，并且可以保证制备出的单壁碳纳米管的质量和性能。

可以在电弧力的作用下形成一股等离子流，及时将单壁碳纳米管产物携带出高温反应区，避免了产物烧结。同时保持产物区内产物浓度较低，有利于单壁碳纳米管的连续生长。这种方法可以使单壁碳纳米管的制备过程更加可控，并且可以提高制备效率和产品质量。

可以通过调整电极位置来利用其他区域的原料继续合成单壁碳纳米管。这种方法可以使单壁碳纳米管的制备更加灵活，可以根据实际需要调整制备过程，以满足不同的需求。

此外，氢电弧放电方法还可以用于制备双壁、多壁碳纳米管。这种方法的原理与单壁碳纳米管的制备方法相似，只是在装置和工艺参数方面有所不同。通过控制装置和工艺参数，可以制备出不同种类的碳纳米管，以满足不同的应用需求。

该方法也用于制备其他一维纳米材料。

3. 激光烧蚀法

激光烧蚀法是一种制备纳米线的高效方法，其基本原理是利用高能量的激光照射靶材，使其蒸发并与其他反应气体（如氢气、氩气等）反应，生成纳米线。在反应过程中，激光的能量使靶材瞬间加热并蒸发成为等离子体，这些等离子体在激光的作用下具有一定的方向性，并在特定的位置沉积形成纳米线。

在激光烧蚀法中，纳米线的生长机制与常规的 VLS（气—液—固）生长机制不同。常规的 VLS 生长机制需要催化剂颗粒，而激光烧蚀法则没有这个需求。这使得激光烧蚀法在制备纳米线时具有更高的灵活性和便利性。

影响激光烧蚀法制备纳米线的因素有很多，主要包括激光的强度、生长腔内的气体压力、气流速度、生长时间和生长温度等。

① 激光强度：激光的强度会影响靶材的蒸发和等离子体的状态，从而影响纳米线的生长速率和形貌。

② 生长腔气体压力：腔体内的气体压力会影响等离子体的密度和热梯度，进而影响纳米线的生长速率和方向。

③ 气流速度：气流速度可以决定等离子体的流动速度，从而影响纳米线的沉积位置和生长速率。

④ 生长时间：生长时间会影响纳米线的尺寸和结晶度，时间过长可能会导致副产品增多。

⑤ 生长温度：生长温度主要影响材料的反应速率和纳米线的结晶度。高温可以减少生成纳米线时产生的缺陷，但同时也会增加副产品的产生。

在实际操作中，需要结合具体实验条件和纳米线的性质，对这些因素进行综合调控，以获得高质量的纳米线材料。同时，为了提高制备效率和稳定性，还需要对激光照射的参数、靶材的选择、反应气体的种类和流量等进行优化和控制。

激光蒸发法是一种有效的制备单壁碳纳米管的方法，其主要步骤是将含有催化剂（如镍、钴）的石墨靶置于高温炉中，并使用激光照射石墨靶，使其蒸发并与其他反应气体（如氩气）反应，生成单壁碳纳米管。这种方法的优点是可以在高温下实现石墨靶的快速蒸发，并且通过控制激光的能量和照射时间，可以控制纳米管的直径和长度。此外，使用氩气等离子体可以有效地将催化剂原子和石墨靶的碎片带走，从而减少催化剂的浪费和提高纳米管的纯度。但是这种方法的缺点是可能会产生金属富集的问题，这会降低单壁碳纳米管的产率。为了解决这个问题，M. Yudasaka 等人提出了一种双靶装置的方法，将纯过渡金属或其合金及纯石墨两个靶对向放置，并同时受激光照射。这样可以避免因石墨挥发而导致石墨靶表面金属富集的问题，提高了单壁碳纳米管的产率。此外，这种制备方法还可以通过控制实验参数，如激光的能量密度、照射时间、靶的材料和尺寸等，来实现对纳米管的直径、长度、纯度和产率的有效控制。在实验过程中，还可以采用各种检测方法，如光谱分析、X 射线衍射、电子显微镜等，来对制备的纳米管进行表征和分析。总之，激光蒸发法是一种非常有效的制备单壁碳纳米管的方法，具有广阔的应用前景和发展潜力。

4. 化学气相沉积法

化学气相沉积法（CVD）是一种常用的制备纳米材料的方法。在特定的气流条件下，通过加热前驱体粉末并使它们与反应气体发生气相反应，从而沉积得到一维纳米材料。化学气相沉淀法可用于制备多种一维纳米材料，如碳纳米管、ZnO 纳米线、GaP 纳米线、InN 纳米线、B_4C 纳米线等。

具体来说，这个过程包括以下步骤：① 将前驱体粉末放置在沉积装置中。② 在沉积装置中加热前驱体粉末，使它们升华或部分分解。③ 在沉积装置中引入反应气体，与升华或分解的前驱体粉末发生化学反应。④ 生成的纳米材料在沉积装置中沉积，最终得到一维纳米材料。

以化学气相沉积法制备 InN 纳米线为例。首先在 p-型（100）硅衬底上沉积 10 nm 厚的 Au 膜，将纯 In 箔片放于氧化铝反应舟内作为气态 In 源，然后将沉积了 Au 膜的硅衬底放置于氧化铝反应舟上，最后将氧化铝反应舟置于传统管式炉的中心，向炉内以 40 SCCM 的速率通入氨气作为 N 源，以 20SCCM 的速率通入氮气作为载气，制备温度为 500 ℃，保温 8 h，即可得到直径为 40～80 nm 的 InN 纳米线。

化学气相沉积法制备纳米材料具有沉积温度低、沉积速度快、基底材料选择范围广等优点。同时，该方法也存在一些局限性，例如制备过程中需要使用高温、高压等极端条件，可能会对环境造成一定的影响。

此外，化学气相沉积法制备纳米材料还受到前驱体粉末的性质、反应气体的种类和浓度、沉积温度和时间等因素的影响。因此，在实际操作过程中需要根据具体需要选择合适的工艺参数，并注意控制实验条件的一致性，以提高制备的纳米材料的性能和纯度。

6.2.2　液相法制备一维纳米材料

1. 水热法

水热法制备纳米线有很多报道，例如以 V_2O_5 和 Ag_2O 为原料，180 ℃水热反应 24 h，合成了直径 30～50 nm、长径比高达 1 000 的 $Ag_2V_4O_{11}$ 纳米线；而以 NH_4VO_3 和 $AgNO_3$ 为原料，180 ℃水热反应 12 h，则可得到直径 50 nm、长数十微米的 $AgVO_3$ 纳米线。

类似地，纳米棒也可以通过水热法制备。水热法合成纳米棒的优缺点与纳米线相似，但是纳米棒的长径比较小，更容易合成。目前合成最多的纳米棒是氧化物和硫化物。具体制备方法是以 $CuSO_4 \cdot 5H_2O$ 和 NaOH 作原料，保持 Cu^{2+} 和 OH^- 浓度比为 1:4，加入与 Cu^{2+} 等量的山梨醇作还原剂，在 180 ℃水热条件下，反应 20 h 后得到铜纳米棒。

2. 电化学法

电化学法是一种常用的制备纳米材料的方法，包括电化学沉积、电化学水解和电化学聚合。在制备纳米线的范畴里，不同方法的适用范围和特点如下：

（1）电化学沉积

此方法主要指在电化学反应过程中，金属阴极被还原形成沉积，从而制备金属纳米线。这种方式适合利用模板的纳米孔道制备金属纳米线。在反应过程中，金属离子在阴极表面被还原成金属原子并逐渐沉积在阴极表面形成纳米线。这个方法需要控制反应溶液的浓度、温度、电流密度和电解液的流速等参数，以确保制备出具有特定性质和形貌的金属纳米线。

（2）电化学水解

此方法是通过在电化学反应过程中使阴极区呈现碱性，促进金属盐水解形成沉积，从而制备金属氧化物纳米线。在反应过程中，金属离子在阴极表面被还原成金属原子，随后与阴极区的水分子发生反应形成金属氧化物纳米线。这个方法具有较高的产率，可用于大规模生产金属氧化物纳米线。

（3）电化学聚合

此方法主要用于制备导电高分子纳米线。在电化学反应过程中，高分子单体在阴极表面被还原成聚合物的纳米级粒子，并在阴极表面形成纳米线结构。这个方法具有反应条件温和、制备过程简单等优点，可用于制备具有特定导电性能和形貌特征的导电高分子纳米线。

总的来说，电化学法具有操作简单、成本低、产量高等优点，在制备纳米材料领域具有广泛的应用前景。

6.2.3 模板合成法制备一维纳米材料

1. 模板合成法概述

模板合成法是一种常用的制备纳米材料的方法，其基本原理是利用模板的纳米孔道或表面形貌，将纳米材料限制在模板的孔道或形貌中，并通过控制模板的尺寸和形貌来调控纳米材料的尺寸和形貌。模板合成法具有操作简单、成本低、产量高等优点，因此在纳米材料制备领域得到了广泛应用。

模板合成法制备纳米材料的过程可以分为以下几个步骤。

（1）模板的制备

模板是含有高密度的纳米柱形洞、厚度为几十至几百微米的膜，可以根据需要设计组装多种纳米结构的阵列。模板的制备方法有很多种，如光刻、电镀、化学刻蚀等。

（2）纳米材料的合成

将需要制备的纳米材料溶解在溶剂中，然后将溶液加入到模板中，使纳米材料填充在模板的孔道或形貌中。根据需要可以采用物理、化学等多种方法来促进纳米材料的合成。

（3）模板的去除

在纳米材料从模板中取出之前，需要先将模板去除。去除模板的方法有很多种，如化学腐蚀、热处理等。

（4）纳米材料的收集和表征

将制备好的纳米材料收集起来，并进行表征，如 X 射线衍射、透射电子显微镜、扫描电子显微镜等，以确定纳米材料的尺寸、形貌和组成等性质。

模板合成法制备纳米材料具有许多优点。由于模板具有限域能力，容易调控所制一维材料的尺寸及形状，可以制作多种所需结构的纳米材料。此外，模板合成法还具有高精度和高重复性的特点，可以批量生产高度一致性的纳米材料。

模板合成法在制备纳米结构材料科学上占有极其重要的地位，人们可以根据需要设计组装多种纳米结构的阵列，从而得到常规体系不具备的物性。例如，在生物医学领域中，纳米材料可以被用于药物输送、肿瘤治疗等方面，而模板合成法可以制备出高度一致性的药物载体和肿瘤治疗材料。

2. 模板合成法制备一维纳米材料应用举例

（1）模板合成法制备碳纳米管

自 Iijima 发现碳纳米管以来，碳纳米管在全球引起了广泛关注。主要制备方法有电弧法、激光法和裂解法等。这些方法所产生的碳纳米管易弯曲和成束，不规整，而模板合成法能避免这一缺陷。1996 年，W.Z.Li 等用溶胶—凝胶法将纳米铁颗粒植入多孔二氧化硅基体中，在 700 ℃下催化分解乙炔，获得垂直于基体方向生长、长约 50 mm 的碳纳米列阵。

R.Andrews 等以二甲苯为碳源，将摩尔分数为 6.5%的二茂铁催化剂前驱体溶于二甲苯溶液中，然后将其在约 675 ℃以下热解并沉积在石英基片上，所生长的碳管具有很好的定向性。该法的碳源转化率达 25%，可实现半连续制备，有望实现工业化生产。

（2）模板合成法制备 ZnSe 半导体纳米材料

将电化学方法与模板技术相结合，利用对 AAO 的填充和孔洞的空间限制，就可以制备纳米线和纳米管材料。可以通过金属的沉积量来控制材料的长度，通过 AAO 孔洞的大小来调节材料的直径。金属电沉积的量增多时，其纵横比（即长度与直径比）增加，反之则减小。由于纳米金属材料的某些性能主要取决于其纵横比，因此控制纳米线材料的纵横比显得尤其重要。通常认为：在控制纳米线生长速率方面，电沉积是一种有效的方法，已被广泛用来制备各种纳米线。

有研究表明纳米线可看作由一连串微小的球状纳米颗粒构成，通过在有序的孔中沉积多种金属离子以及改变孔中粒子的组装方式，由于纳米颗粒间的表面、界面及量子尺寸效应，可获得材料的一些新颖性能。目前基本的合成步骤分为三步：一是铝阳极氧化膜的制备及孔径的调节；二是金属或半导体在孔内电沉积；三是对氧化铝模板及阻挡层的径蚀，释放出有序的纳米线阵列，再经后序处理，获得所需纳米材料。基于第三步处理方法的不同，可以开发出各种纳米元器件。这些纳米元器件可被应用于不同领域，例如电子、光学、催化剂等。因此，通过电化学方法与模板技术相结合制备纳米材料，可以获得具有优异性能的纳米材料和纳米元器件，对于推动科学技术的发展具有重要意义。

曹胜男等采用减薄阻挡层的 AAO 模板为阴极，铂电极为阳极，在含有 0.2 mol/L Na_2SO_4、0.5 mol/L $ZnSO_4$、3 mmol/L H_2SeO_3 的水溶液中进行直流电沉积 ZnSe。[①]

6.3　二维纳米材料（纳米薄膜）的制备

二维纳米材料（纳米薄膜）的制备方法很多。下面着重介绍纳米薄膜材料的水热法、溶胶—凝胶法、真空蒸发法、溅射法等几种主要制备方法。

6.3.1　水热法制备薄膜

水热法制备薄膜的化学反应是在高压容器内的高温高压流体中进行的。一般以无机盐或氢氧化物水溶液为前驱物，以单晶硅、金属片、α-Al_2O_3、载玻片、塑料等为衬底，在低温（常低于 300 ℃）下对浸有衬底的前驱物溶液进行适当的水热处理，最终在衬底上形成稳定结晶相薄膜。

水热法制备薄膜分为普通水热法和特殊水热法，其中特殊水热法是指在普通水热反应体系上再外加其他作用场，如直流电场、磁场、微波场等。

1. 水热法制备 $BaTiO_3$ 薄膜

用沉积厚度为 0.5 μm Ti 的 Si（100）片为衬底，以 1.0 mol/L KOH、1.5 mol/L $Ba(OH)_2$ 溶液为反应介质，在 180 ℃水热条件下处理 24 h，得到结晶完好、单一钙钛矿相的 $BaTiO_3$ 薄膜。这里 $BaTiO_3$ 薄膜的生成机制与水热条件下陶瓷粉体的制备和单晶生产不同，生长过程包括以下几步：

① 沉积在基体上的钛金属溶解；

② 反应物的生成，若没有溶解的钛离子与强碱溶液中水解所得的氧离

---

① 曹胜男. 模板—直流电沉积制备一维 ZnSe 半导体纳米材料及光学性能研究 [D]. 云南大学, 2007.

子结合，钙钛矿型 $BaTiO_3$ 晶粒很难生成；

③ 反应产物运送到溶解面；

④ 反应物在表面上吸附；

⑤ 成核；

⑥ 晶粒的生长与聚结。

2. 水热法制备 TiO_2 薄膜

水热法合成 TiO_2 薄膜的报道很多，所选用的前驱物也大相径庭。

Chen Qiang Wang 等以 TiO_2-4 溶液为前驱物，填充度 70%，以 Si（100）为衬底，在加有 Telfon 衬的高压釜中进行沉积薄膜，水热条件为：在 60～100 ℃处理 6 h，100～200 ℃再处理 6 h，可以制备出锐钛矿型、致密、光滑、均一、厚度为 15 mm 的 TiO_2 薄膜。

黄晖等以硫酸钛、尿素水溶液为前驱物，采用水热法制备出了均匀、致密的锐钛矿型 TiO_2 薄膜，具有优异的可见光透过性和紫外吸收特性[1]。

朱燕峰等用厚度为 0.1 mm、纯度＞99.9%的钛箔为基体。钛箔经 $10\%HNO_3 + 1\%HF$ 溶液刻蚀 1 min 后，冲洗，再依次用丙酮、无水乙醇、去离子水超声波清洗。处理后的钛箔放入聚四氟乙烯反应釜中，加入 10 mol/L NaOH 溶液，于 150 ℃下水热反应一段时间，再自然冷却至室温，取出钛箔试样，用去离子水清洗，然后在 0.1 mol/L HNO_3 中浸泡 8 h。取出后再用去离子水清洗，最后于 450 ℃下煅烧 2 h，得到锐钛矿型的 TiO_2 纳米线薄膜[2]。

6.3.2　溶胶—凝胶法制备薄膜

1. 溶胶—凝胶法制备薄膜的步骤

溶胶—凝胶法制备薄膜的步骤如下：

（1）溶胶的制备

选择适当的金属无机盐或有机金属化合物，将其溶解在溶剂中。这个过程中，化合物和溶剂需要在低温下混合，这样才能保证化合物充分溶解。这个溶液是溶胶。

（2）衬底的准备

选择合适的衬底材料，并将其清洁，确保表面无杂质。

---

① 黄晖，宫华，罗宏杰等. 水热沉淀法制备 TiO_2 纳米粉体影响因素的研究. 中国陶瓷，2002，38（2）.

② 朱燕峰，杜荣归，李静. 水热法制备 TiO_2 纳米线薄膜的光生阴极保护性能［J］. 物理化学学报，2010（9）.

（3）浸入溶胶

将清洁过的衬底浸入溶胶中，保持一段时间，让溶胶能够充分吸附到衬底上。

（4）提拉或甩胶

以一定的速度将衬底从溶胶中提拉出来，或者将溶胶甩到衬底上。这个过程需要控制速度，确保溶胶能够均匀地覆盖衬底。

（5）胶化

让吸附在衬底上的溶胶在一定温度下进行胶化，形成凝胶。

（6）加热

经过一定时间的加热，凝胶中的纳米微粒会逐渐固定在衬底上，形成薄膜。

（7）膜的厚度控制

通过提拉或甩胶的次数来控制薄膜的厚度。一般来说，提拉或甩胶的次数越多，薄膜的厚度越大。

2. 溶胶—凝胶法制备纳米薄膜的优点

溶胶—凝胶法在制备纳米薄膜材料方面具有一些独特的优点，具体如下。

（1）设备简单，生产效率高

溶胶—凝胶法只需要简单的设备，比如烧杯、玻璃棒、热处理设备等。此外，由于溶胶可以在低温下进行液相合成，因此生产效率较高。

（2）溶液反应，均匀度高

溶胶—凝胶法是在溶液中进行的化学反应，可以保证各组分在整个体系中分布均匀，这种均匀性可以在分子或原子级别上达到。

（3）对衬底要求较低，可大面积制备

溶胶—凝胶法可以在各种形状、大小和材料的基底上制备薄膜，包括粉末材料的颗粒表面。这使得它特别适用于大规模生产。

（4）后处理温度低，有利于获得高质量的薄膜

由于溶胶—凝胶法的化学计量比准确，使得它在较低的温度下就能获得组成和结构均匀、晶粒细小的薄膜。这有助于降低成本，并适用于对热稳定性较差的基底。

（5）化学计量比准确，易于改性

在溶胶—凝胶法中，可以精确控制化学计量比，从而得到所需的薄膜成分和微观结构。此外，它还易于改性，可以通过调整配方和工艺参数来改变

薄膜的性能。

（6）对多组分薄膜，几种有机物互溶性好

对于多组分的薄膜，溶胶—凝胶法可以很好地处理各组分的互溶性问题，使得各组分在整个体系中分布更加均匀。

总的来说，溶胶—凝胶法是一种灵活、高效、大面积且化学计量准确地制备纳米薄膜材料的方法，适用于多种基底和材料体系，因此在科研和工业生产中得到了广泛应用。

3. 溶胶—凝胶工艺制备薄膜的方法

溶胶—凝胶工艺制备薄膜的方法主要有浸渍法、旋涂法和层流法 3 种。其中，浸渍法是让衬底直接浸入溶胶中，然后慢慢提起，让溶胶吸附在衬底上。此法操作简单，但薄膜的厚度可能不太均匀。旋涂法是将溶胶涂在旋转的衬底上，通过控制旋转速度和溶胶的黏度来控制薄膜的厚度。旋涂法可以制备出厚度均匀、结构完整的薄膜。层流法是通过让溶胶和溶剂在衬底上分层流动，使溶胶均匀分布在衬底上。层流法操作较复杂，但可以制备出厚度和结构都非常均匀的薄膜。在这三种方法中，浸渍法、旋涂法较为常用，可根据衬底材料的尺寸与形状以及对所制备薄膜的要求而选择不同的方法。

6.3.3　真空蒸发法制备薄膜

1. 真空蒸发法制备纳米薄膜的原理

真空蒸发法是在超高真空（10^{-5} Pa）或低压惰性气体气氛中（50～1 000 Pa），通过加热蒸发源，使待制备的金属合金或化合物气化、升华，然后冷凝形成纳米薄膜材料。

蒸镀法主要通过两种途径获得纳米结构薄膜：一是在非晶薄膜经过的过程中控制纳米结构的形成；二是在薄膜的成核生长过程中控制纳米结构薄膜的形成。

热源中的物料被蒸发后及被惰性气体冷凝的主要过程是：首先，在真空蒸发室内充入低压惰性气体，这样可以减少蒸发物与气体分子的碰撞，从而减少蒸发源加热蒸发时的热损失。接着，目标材料的原料在蒸发源上被加热蒸发，产生原子雾。这些原子雾与惰性气体原子相互碰撞，逐渐凝聚形成纳米尺寸的团簇。这些团簇在相对冷态的基板上沉积起来，形成薄膜。对于纳米合金膜的制备，可以通过同时蒸发两种或数种金属物质得到。也就是说，在蒸发源上同时加热两种或数种金属物质，使其蒸发并同时沉积在基板上，形成合金薄膜。此外，也可以将原本是合金的材料作为原料直接通过蒸发而得到纳米薄膜。纳米氧化物薄膜的制备则可以在蒸发过程中或制得团簇后，再放在真空室内通以纯氧使之氧化得到。由于蒸发条件的不同，可以形成不同厚度的纳米薄膜。这些薄膜的原子排列可以是晶态的，因此是一种薄膜晶体；也可能是无序的非晶态或是不连续的薄膜；还可能与相应的晶态和非晶态有所不同，从接近于非晶态到晶态之间过渡。因此，由于纳米薄膜的性质与化学成分相同的晶态和非晶态有明显的区别，使得纳米薄膜具有独特的物理和化学性质。

2. 真空蒸发法的特点

真空蒸发法的特点是可以有效地控制纳米薄膜的状态。在制备过程中，通过调节加热温度、压力和气氛等参数，可以实现对纳米薄膜的结构、成分和物理化学性质的控制。现已制备出几十种金属纳米薄膜（Au、Ag、Cu、Fe、Al、Pd、Mn、Co、Ni 等）和纳米金属氧化物薄膜（ZnO、MnO、NiO、TiO_2、MgO、Al_2O_3 等），具有广泛的应用前景。例如，金属纳米薄膜在电子、通信、传感、催化等领域有着广泛的应用；而纳米金属氧化物薄膜则具有优异的电学、光学、热学和化学性质，可被应用于能源、环保、生物医学等领域。

此外，真空蒸发法还具有其他一些优点，如制备的纳米薄膜纯度高、厚度均匀、表面平整、性能稳定等。这些优点使得真空蒸发法在制备纳米薄膜领域具有广泛的应用前景。

3. 真空蒸发法的类型

真空蒸发法按照加热蒸发源的不同，可分为以下几类。

（1）电阻加热法

这种加热方法是使用钨丝或石墨电阻作为加热体。电阻加热法的设备简单且成本较低，因此在实验室和生产线上都得到了广泛应用。

（2）等离子体加热法

等离子体加热法包括等离子体火焰喷射法、等离子体电弧作用下的熔池蒸发法、活性氢气氛作用下的活性等离子弧熔化法等。等离子体加热法可以使各种金属、碳化物、氧化物等材料稳定蒸发，从而制备出相应的纳米薄膜。

（3）高频感应加热法

这种方法是通过高频电流感应加热蒸发器中的原料进行蒸发。高频感应加热法的设备简单，适用于大规模生产，可以制备各种金属和合金薄膜。

（4）激光加热法

采用激光加热各类难熔物质，使其稳定蒸发。激光加热法的优点是可以在短时间内制备大面积的纳米薄膜，而且薄膜的成分和结构都比较均匀一致。

（5）电子束加热法

使用电子束来加热蒸发高熔点物质。电子束加热法的加热温度高，适用于制备高熔点材料的纳米薄膜。

（6）太阳能反应炉法

以溶液为前驱物，将太阳能聚焦到反应炉中进行加热蒸发。太阳能反应炉法的设备简单且环保，可以用于制备各种太阳能电池和光电器件。

6.3.4　溅射法制备薄膜

溅射装置的种类繁多，根据电极的不同可以分为二极、三极、四极、磁控溅射、直流溅射、射频溅射等。直流溅射系统一般只能应用于导电靶材的溅射，而射频溅射可以溅射任何一类靶材。二极溅射装置真空室中只有阴极和阳极，其中，靶材装在阴极上，接负高压（直流溅射）或接电容耦合端（射频溅射），阳极通常接地。二极溅射的工艺参数只有三个：工作压强、工作电压、工作电流。这三个参数是相关的，其中任意两个固定了，第三个就固定了，不可再调整。所以，传统的二极溅射工艺参数比较容易控制。

采用传统的溅射技术在溅射的过程中会产生大量的二次电子，二次电子在到达阳极后会撞击基片使其发热从而对薄膜的性能产生不利影响。为消除二次电子对溅射的不利影响，于 20 世纪 70 年代发展了一种新的溅射方式——磁控溅射。所谓的磁控溅射就是在“磁控管模式”下运行的二极溅射。在二极溅射靶面上建立一个垂直于电场的环形封闭磁场，电、磁正交场形成一个平行于靶面的电子捕集阱，来自靶面的二次电子落入正交场捕集阱中，按特定的轨道运动，使其到达阳极的行程加长，电离概率大为增加。因而和传统的二极溅射相比，磁控溅射可以在更低的工作气压下工作。另外，经过多次碰撞的二次电子能量已经耗尽到热电子发射的水平，所以二次电子轰击基片加热的问题就大为减轻。采用磁控溅射可以在低温材料上镀膜，这是传统的二极溅射所不能比拟的。按磁场形成的方式，磁控源有电磁型和永磁型两类。永磁型结构简单，成本比较低，但其场强比较弱，且场强一旦调整完毕后，在运行中无法任意调控。电磁型磁控溅射源正好可以弥补永磁型磁控溅射源的缺点，但电磁型磁控溅射源结构复杂、成本较高。

采用磁控溅射方法获得的薄膜材料可以与靶材成分相同，也可以获得和靶材完全不同的薄膜材料，这种溅射方法就是反应溅射。即在溅射的过程中引入一种放电气体与溅射出来的靶原子发生化学反应而形成新的物质，如在 O_2 中溅射纯金属获得该金属的氧化物；在 N_2 或 NH_3 中溅射获得相应的氮化物；在 C_2H_2 或 CH_4 中得到碳化物等。

在反应溅射系统中，薄膜中反应气体的含量随着反应气体分压的升高而升高。对于大多数薄膜体系来说，往往只能在很窄的反应气体分压范围内获得符合化学计量比要求的薄膜。当反应气体含量超过一定的范围后，反应气体和靶材发生反应，在靶面形成化合物，于是发生所谓的靶中毒。当发生靶中毒后，由于化合物的溅射速率仅仅是金属的 $10\% \sim 20\%$，所以溅射速率急剧下降。因此，在溅射的过程中，合适的反应气体含量对高速溅射符合化学计量比的化合物薄膜来说是十分重要的。即便是在不发生靶中毒的情况下，反应溅射的速率也要比溅射纯金属时慢许多。在不同的设备上采用反应溅射制备薄膜时沉积速率相差很大，一般来说，采用磁控反应溅射镀膜的速度多在 5 μm/h 以下。除了反应气体分压外，溅射室总的气压对反应溅射的影响也不容忽视。降低气体压力，可以使粒子在等离子体中的名义自由程更长，从而降低对溅射粒子和荷能惰性气体粒子的热化，增强薄膜表面的动能传输。另外，溅射气压还可以对薄膜的择优取向产生影响。对于面心立方结构的薄膜来说，薄膜的择优取向随着溅射气压的上升而逐渐由（111）向（200）转变。

基体偏压是反应溅射过程中一个重要的参数。在溅射过程中引入基体偏压会增强等离子体中荷能粒子对基片的轰击，可以对溅射薄膜的沉积速率、择优取向、成分、晶粒尺寸、微观应力和黏附性能产生显著影响。其物理本质可归纳为以下几点。

① 动量传递：基体偏压可以引起基体升温，使得基体原子发生位移，增加吸附在生长表面的原子移动性。这种动量传递效应使得化学反应速率加快，化学活性增强，从而改变薄膜的成分、密度和沉积速率。

② 溅射作用：基体偏压的引入可以改变薄膜成分，增大密度，降低沉积速率。这是因为在高基体偏压下，基体表面的原子获得较高的能量，更容易从基体表面溅射出来，从而影响薄膜的生长过程。

③ 碰撞损伤：基体偏压的存在可能导致基体表面的原子与等离子体中

的荷能粒子发生碰撞，产生晶体缺陷。这种碰撞损伤效应可能会导致薄膜质量下降，影响其物理性能。

④ 掺杂：基体偏压的引入还可以形成杂质原子掺杂。这是因为在高基体偏压下，等离子体中的杂质原子更容易被吸附在基体表面，从而改变薄膜的成分和化学活性。

⑤ 离化：基体偏压的另一个重要物理本质是改变等离子体的离化状态。高基体偏压下，等离子体中的荷能粒子获得较高的能量，更容易发生电离和激发，从而改变等离子体的动量、动能和化学活性。这种离化效应可以影响薄膜的生长速率和质量。

6.4　三维纳米材料（纳米固体）的制备

6.4.1　纳米陶瓷的制备

1. 纳米陶瓷及其制备概述

纳米陶瓷是指晶粒尺寸、气孔尺寸、缺陷尺寸、晶界宽度、第二相分布均在 100 nm 及以下的陶瓷材料。纳米陶瓷不仅具有一般先进陶瓷材料耐磨损、耐腐蚀、耐高温、强度高、不易老化等优良性质，还特别具有以下几个方面的优点：首先，纳米陶瓷的烧结温度低且烧结速率快，这在一定程度上降低了生产成本并提高了生产效率。其次，纳米陶瓷在保持原有断裂韧性的同时，强度得到了大幅提高，这使得纳米陶瓷在各种复杂环境下都有良好的耐用性和稳定性。最后，纳米陶瓷具有超塑性，这意味着在适当的条件下，它可以经历大范围的形变而不破裂，这一特性在许多工程应用中都极具价值。

高质量纳米陶瓷最关键的指标是材料是否高度致密，目前材料科学工作者已经摸索出了多项制备具有高致密度的纳米陶瓷的方法。

制备纳米陶瓷材料的原料通常采用纳米颗粒粉体，因此烧结过程是制备纳米陶瓷的关键步骤。在纳米粉体烧结成纳米陶瓷材料的过程中，既要充分致密化，又要保持晶粒的纳米尺寸，才能体现纳米陶瓷材料的许多优异特性。相比常规粉体，纳米粉体具有更强的颗粒吸附作用，更容易带入空气中的杂质，团聚现象也更严重，这些因素都增加了纳米烧结过程的难度和复杂性。此外，纳米粉体的堆积密度过低，这也使得烧结过程中更容易出现一些问题。

为了克服这些问题，通常需要采取一系列有效的措施来控制纳米粉体的烧结过程。例如，可以加入适量的烧结助剂来降低烧结温度，促进晶粒的生长和扩散；采用真空烧结以去除纳米粉体中的杂质和空气，从而减少烧结过程中产生的缺陷和杂质，提高陶瓷材料的纯度和致密度；超高压烧结可以增加粉体的堆积密度，促进晶粒的扩散和晶界的迁移，从而制备高度致密的纳米陶瓷材料；等离子体烧结和微波烧结等高温快速烧结技术也可以有效地增加陶瓷材料的致密度和强度，同时降低烧结温度和时间。此外，还需要对烧结后的纳米陶瓷材料进行相应的检测和表征，以确保其具有理想的致密度、晶粒尺寸、力学性能等。这些工作需要材料科学、物理学、化学等多学科领域的交叉合作和技术支持。

2. 纳米陶瓷的制备方法

（1）无压烧结

无压烧结是一种常用的制备纳米陶瓷材料的工艺，具有制备成本低、工艺简单、易于工业化生产等优点。其工艺过程是将无团聚的纳米粉在室温下经模压制成块状，然后在一定的温度下焙烧使其致密化。

在无压烧结过程中，颗粒粗化、素坯致密化、晶粒生长三个阶段的动力学过程对温度有不同的依赖关系，因此它们在不同的温度区间进行。通过控制烧结温度，可以获得致密化速率快、晶粒生长较慢的烧结制品。

然而，无压烧结也存在一些局限性。例如，烧结过程中可能会出现晶粒快速长大及大孔洞的形成，导致纳米陶瓷的优点丧失，不能实现致密化。此外，烧结制度的控制也是无压烧结中的一个关键问题。升温速率、保温时间及最高温度等参数都会影响纳米陶瓷材料的结构和性能。

为了解决这些局限性，可以通过以下措施来提高无压烧结制备纳米陶瓷材料的致密度和质量：

① 严格控制升温速率和最高温度。升温速率过快或最高温度过高可能导致晶粒快速生长和大孔洞的形成，因此需要选择适当的升温速率和最高温度。

② 添加烧结助剂。在纳米陶瓷材料中添加适量的烧结助剂可以降低烧结温度，促进晶粒生长和扩散，从而加速致密化过程。

③ 采用气氛控制。在无压烧结过程中，可以通过通入适量的气氛来控制烧结气氛，从而避免或减少纳米粉体的团聚现象，提高烧结体晶粒的细化程度和致密度。

④ 采用超高压烧结。在纳米粉体中施加超高的压力可以促进物质的迁移和重排，从而加速致密化过程。这种方法可以克服无压烧结中存在的许多问题，提高纳米陶瓷材料的性能和质量。

总之，无压烧结是一种制备纳米陶瓷材料的基本工艺，但在实际应用中需要注意控制烧结制度，选择适当的升温速率和最高温度，添加适量的烧结助剂和气氛控制等措施来提高纳米陶瓷材料的致密度和质量。

（2）热压烧结

热压烧结是指无团聚的粉体在一定压力下进行烧结。热压烧结是在对粉体加热进行烧结的同时施加一定的压力，使样品达到致密化的目的。这种方法使样品致密化主要依靠外加压力作用下物质的迁移来完成。热压烧结有真空热压烧结、气氛热压烧结、连续热压烧结等多种。

相比无压烧结，热压烧结具有一些优点和局限性。

优点方面：热压烧结可以在较低的温度下实现纳米陶瓷的致密化，这是因为外加压力可以促进物质的迁移和重排，从而降低烧结温度。此外，由于热压烧结过程中施加了一定的压力，可以避免或减少纳米粉体的团聚现象，从而得到具有较高致密度的纳米陶瓷材料。另外，热压烧结还可以有效地控制纳米陶瓷材料的晶粒大小和分布，从而优化其性能。

局限性方面：热压烧结需要使用较为复杂的设备和操作技术，这增加了制备成本和操作难度。另外，热压烧结过程中需要使用模具和加热系统，这可能会影响纳米陶瓷材料的制备质量和一致性。此外，热压烧结过程中需要控制压力和温度等参数，这需要一定的经验和技能。

因此，在实际应用中，需要根据具体的应用需求和制备条件来选择合适的烧结工艺。如果需要制备高致密度、高性能的纳米陶瓷材料，且对制备成本和操作难度没有过多的要求，那么热压烧结是一种较为理想的制备工艺。如果需要制备成本低、操作简便的纳米陶瓷材料，那么可以考虑使用无压烧结等其他工艺。

（3）微波烧结

微波烧结的原理是利用微波电磁场中的材料固有介质损耗来加热陶瓷材料，使其整体快速加热到烧结温度，从而实现致密化。由于微波加热利用了陶瓷本身的介电损耗发热，因此陶瓷既是发热体，又是被加热体。在整个制备装置中，只有被加工的陶瓷制品处于高温状态，其余部分均仍处于常温状态，这有利于保持清洁的反应环境。

相比传统烧结方法，微波烧结具有以下优点。

① 内部加热：微波加热是从材料内部开始，使得材料内部和外部同时加热，从而避免了传统加热方式中出现的热点和过热问题。

② 加热快速：微波加热可以在短时间内达到高温，使得烧结过程更加快速和高效。

③ 烧结快速：由于微波加热速度快，可以在短时间内实现材料的烧结致密化，从而缩短了烧结时间和降低了生产成本。

④ 材料组织细化：微波加热可以使得材料内部产生更多的晶格缺陷和微裂纹，这些缺陷和微裂纹可以有效地细化材料组织，提高材料的力学性能。

⑤ 材料性能改进：微波加热可以使得材料内部产生更多的晶格缺陷和微裂纹，这些缺陷和微裂纹可以有效地提高材料的力学性能和热稳定性。

⑥ 高效节能：微波加热可以有效地提高能源利用效率，同时由于加热时间短，可以降低能源消耗量，从而实现高效节能。

微波烧结工艺的关键是防止局部过热问题，保证烧结温度的均匀性。为了解决这个问题，可以采取以下措施。

① 改进微波电磁场的均匀性：通过调整微波发生器的位置和数量，以及采用适当的微波场分布器，可以使得微波电磁场分布更加均匀，从而避免局部过热问题。

② 改善材料的介电性能和导热性能：通过选用具有良好介电性能和导热性能的材料，可以使得材料在微波场中加热更加均匀，同时也可以提高材料的烧结质量和性能。

③ 采用保温材料保护烧结：在材料周围包裹保温材料，可以有效地减少热量散失和避免外界冷空气对材料的影响，从而保证烧结温度的均匀性和材料的烧结质量。

6.4.2 纳米金属与合金材料的制备

1. 惰性气体蒸发、原位加压制备法

纳米金属材料发展的历史较长，早在 20 世纪 80 年代初德国科学家 H.Gleiter 教授首次提出纳米晶体材料的概念，以后又陆续成功地制备了 Fe、Cu、Au、Ag、Mg、Sb、Pd 等纳米晶金属块体和 NiAl$_3$、NiAl、TiAl 等纳米合金材料。纳米结构材料中的纳米金属与合金材料是一种经过二次凝聚的晶体或非晶体，第一次凝聚通常是将气化的金属原子形成纳米颗粒，然后在保持新鲜表面的条件下，将纳米颗粒压在一起形成块状凝聚固体。为了防止氧化，上述过程一般都是在真空中进行的，这就给制备纳米金属和合金固溶体提出了很高的要求。

通过控制纳米金属材料的尺寸、结构和组成，可以获得具有优异性能的纳米金属固体。其中，惰性气体蒸发、原位加压法是比较成功的方法。

制备纳米金属固体的步骤一般包括制备纳米颗粒、颗粒收集、压制成块体三个阶段：

① 制备纳米颗粒：通过物理或化学方法制备纳米颗粒。这些方法包括蒸发金属、激光脉冲、化学还原等。这些方法可以获得尺寸小、粒度分布窄的纳米颗粒。

② 颗粒收集：将制备的纳米颗粒进行收集。这些纳米颗粒一般处于气态或液态状态。对于气态纳米颗粒，可以采用冷凝法、化学沉积法等方法将其收集到固体基体上。对于液态纳米颗粒，可以采用离心分离、沉降法等方法进行收集。

③ 压制成块体：将收集的纳米颗粒进行压制成块体。这一步可以采用超高压技术或常规的压制方法进行。超高压技术可以获得较高的密度和强度，但需要高成本的设备和复杂的工艺。常规压制方法则相对简单和经济，但可能无法获得高密度和强度的块体。

在制备纳米金属固体过程中，还需要考虑纳米颗粒的团聚、表面活性剂的作用、气氛控制等因素。这些因素会影响纳米金属固体的结构和性能。因此，制备过程中需要对这些因素进行精细的控制，以保证制备出的纳米金属固体具有优异性能。

图 6-1 是用惰性气体蒸发、原位加压法制备纳米金属和合金的装置示意图。按照制备纳米金属固体的三个步骤，这个装置的三个主要部分为：

① 一个用蒸发方法制备纳米颗粒的蒸发源系统；

② 有液氮冷却的纳米颗粒粉体的收集系统，包括纳米颗粒粉体的刮落和输运系统；

③ 纳米颗粒粉体的原位加压成型（烧结）系统。

其中，①和②与前面内容中所介绍的用惰性气体蒸发制备纳米金属颗粒的方法基本一样。这里仅介绍原位加压制备纳米结构块体的部分。由惰性气体蒸发制备的纳米金属或合金颗粒在真空中形成后，由用聚四氟乙烯材料做成的刮刀将其从冷阱上刮下，经漏斗直接落入低压压实装置，颗粒粉体在此装置中经轻度压实后由机械手将其送至高压原位加压、加热系统经热压制成块体。由于惰性气体蒸发冷凝形成的金属和合金纳米微粒几乎无硬团聚体存在，因此即使在室温下压制也能获得相对密度高于 0.9 的块体，最高相对密度可达 0.97。故此种制备方法的优点是纳米微粒具有清洁的表面，很少团聚成粗团聚体，块体纯度高，密度也较大。

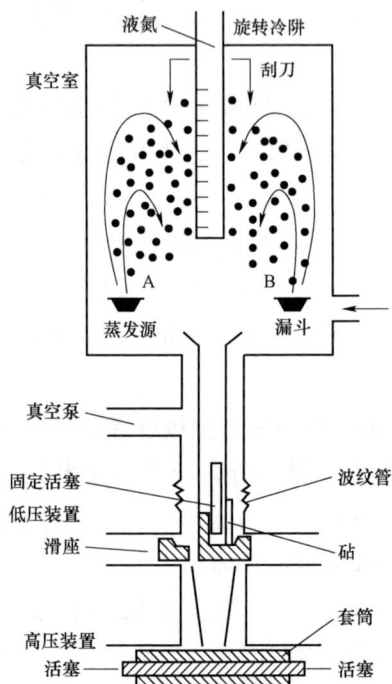

图 6-1　用惰性气体蒸发、原位加压法制备纳米金属和合金的装置示意图

　　近年来，在原有的技术和装置的基础上，通过改进使金属升华的热源及方式（如采用改性加热、等离子体法、磁控溅射法等）以及改良其他装备，可以大幅度提高超微粉体的产量。利用此法还进行了许多对纳米超饱和合金、纳米复合材料等的研究，目前该方法正向多副模具、超高压力、多组分、计量控制等方向发展。该方法的特点是适用范围广、微粉表面洁净，有助于纳米材料的理论研究。但是，本方法产量较低、工艺设备复杂、较难满足性能研究及应用的要求。

　　2. 高能研磨结合加压成块法

　　机械合金化法是美国 INCO 公司于 20 世纪 60 年代末发展起来的技术。

它是一种用来制备具有可控微结构的金属基或陶瓷基复合粉末的高能球磨技术。具体为：在干燥的球型装料机内，在高真空氩气保护下，通过机械研磨过程中高速运行的硬质钢球与研磨体之间相互碰撞，对粉末粒子反复进行熔结、断裂、再熔结的过程，使晶粒不断细化，达到纳米尺寸。将高能球磨获得的纳米粉体再采用热挤压、热等静压等技术加压制得块状纳米材料。研究表明，非晶、准晶、纳米晶、超导材料、稀土永磁合金、超塑性合金、金属间化合物、轻金属高比强合金均可以通过这一方法合成。

利用机械研磨技术可以获得大量具有纳米晶体结构的粉末材料，尽管还存在一些诸如污染和氧化问题，但由于该方法具有的一些独特优势，如工艺较为简单，且可以合成的纳米材料种类众多，尤其是能够合成一些金属化合物（如 Fe-Al、Fe-Cr-Al）和固溶体（如 Fe-Cu、Fe-Al）等其他方法难以制备的材料，并且这些材料具有独特性能，如纳米 Ti-Al 金属化合物可能具有良好的高温韧性。该法在国外已进入实用化阶段。如美国 INCO 公司使用的球磨机直径为 2 m、长为 3 m，每次可处理 1 000 kg 粉体。近年来，该法在我国也受到了广泛的重视。该方法存在的问题是研磨过程中易产生杂质、污染、氧化及应力，很难得到洁净的纳米晶体界面。

莫成刚等以纯度为 99.5%、粒度为 50 mm 的 Al 粉和粒度为 20nm 的 α-Al$_2$O$_3$ 粉末为原料，按照一定比例混合后置于搅拌式球磨机中，加入硬脂酸为球磨过程控制剂，在液氮环境下深冷球磨，球磨介质为不锈钢球，球料比为 30:1，球磨机主轴转速为 240 r/min，球磨时间 14 h。将深冷球磨后的纳米晶体粉末真空热压烧结成块体材料，热压温度为 520 ℃，压力 140 MPa，最后将块体材料于 450 ℃下热挤压，挤压比为 11:1，得到 Al-Al$_2$O$_3$ 纳米块体材料。

3. 非晶晶化法

非晶晶化法是近年来发展迅速的一种新型工艺，主要用于制备纳米晶体材料。这种工艺主要通过控制非晶态固体的晶化动力学过程，以获得纳米尺寸的晶粒。其制备过程通常包括两个主要步骤：非晶态固体的获得和晶化过程。

在非晶态固体的获得阶段，主要采用一些技术如熔体激冷、高速直流溅射、等离子流雾化、固态反应法等，以制备出非晶粉末、丝及条带等低维材料。其中，单辊或双辊旋淬法是最常用的方法。然而，这些方法制备的材料通常只是非晶粉末、丝及条带等低维材料，因此需要进一步采用热模压实、热挤压或高温高压烧结等方法合成块状样品。

在晶化阶段，主要采用等温退火方法，近年来还发展了分级退火、脉冲退火、激波诱导等方法。这些方法的主要目的是通过控制晶化的动力学过程，以获得纳米尺寸的晶粒。

目前，利用非晶晶化法已经制备出多种合金系列的纳米晶体，包括 Ni、Fe、Co、Pd 基等，也可以制备出金属间化合物和单质半导体纳米晶体。这种方法已经发展到实用阶段，显示出广阔的应用前景。

非晶晶化法具有如下特点：

① 成本低和产量大：非晶晶化法的制造成本相对较低，同时能够产出大量的产品。这一特性使其在经济上更具竞争力，有利于推动大规模工业化生产。

② 界面清洁致密：这种方法制备的材料具有界面清洁致密的特点，使得产品的质量更加稳定和可靠。这种特性对于材料在各种环境下的性能表现至关重要。

③ 样品中无微孔隙：非晶晶化法能够使样品中无微孔隙，这一特性对于材料的强度和其他性能有着积极的影响。

④ 晶粒度变化易控制：通过精确控制退火等工艺参数，可以比较容易地控制晶粒的大小和分布，这对于材料的各项性能有着直接的影响。

⑤ 有助于研究纳米晶的形成机理：非晶晶化法对于研究纳米晶的形成机理提供了很好的机会，这有助于我们更好地理解纳米材料的生长过程和性质。

⑥ 检验经典的形核长大理论：非晶晶化法可以用来检验经典的形核长大理论在快速凝固条件下的应用可能性，这对于我们理解和改进材料的制备过程具有重要的意义。

然而，非晶晶化法也存在一定的局限性。它依赖于非晶态固体的获得，只适用于非晶形成能力较强的合金系。这可能会限制其应用的广泛性，特别是在一些特定的材料制备过程中。

4. 高压、高温固相淬火法

高压、高温固相淬火法是将真空电弧炉熔炼的样品置入高压腔体内，加压至数兆帕后升温，通过高压抑制原子的长程扩散及晶体的生长速率，从而实现晶粒的纳米化，然后再在高温下固相淬火以保留高温、高压组织。胡壮麒等利用此法已获得晶粒尺寸为 10～20 nm 的 $Cu_{60}Ti_{40}$ 和 $Pd_{78}Cu_6Si_{16}$ 纳米晶合金样品，两种纳米晶合金样品尺寸分别为 $\phi 4\ \mathrm{mm} \times 3\ \mathrm{mm}$、$\phi 3\ \mathrm{mm} \times 3\ \mathrm{mm}$。[①]

高压、高温固相淬火法具有以下特点。

（1）工艺简便

这种方法虽然需要高压设备，但工艺相对简单，可以通过直接将样品置入高压腔体内进行加压和加热来实现纳米晶的制备。

（2）界面清洁

使用此法制备的纳米晶体界面清洁，无微孔隙，晶粒细小，样品质量较高。

（3）直接制备大块致密的纳米晶

通过高压淬火，该方法能够直接制备大块致密的纳米晶样品。这使得这种方法在制备实用材料方面具有很大的潜力。

（4）需要很高的压力

由于这种方法依赖于高压环境来抑制原子扩散和晶体生长，因此需要很高的压力。这可能会对设备的要求较高，也增加了制备的难度。

（5）大块尺寸获得困难

虽然此法可以制备大块的纳米晶，但要获得更大尺寸的样品可能比较困难。这可能受限于高压设备的容量和处理能力。

（6）应用研究局限

尽管这种方法在某些合金系中已经得到了应用，但目前在其他合金系中尚无相关应用研究的报道。这可能限制了该方法在某些材料制备方面的应用。

5. 大塑性变形法

大塑性变形法（或称重度变形法）是一种制备纳米块体材料的新型技术，它是通过在准静态压力作用下使材料自身发生严重的塑性变形来实现晶粒细化至亚微米级或纳米级。自 20 世纪 90 年代初，俄罗斯科学院 R.Z.Valiev 领导的研究小组发现采用纯剪切大变形方法可获得亚微米级晶粒尺寸的纯铜组织以来，大塑性变形法在纳米材料制备领域受到广泛关注。

大塑性变形法的特点在于其适用范围宽广，可以制造大体积试样，并且试样中无残留疏松。通过多重变形方法，可以制备出界面清洁的纳米材料，

---

① 李冬剑，丁炳哲，胡壮麒，等. 块状 Cu-Ti 纳米晶合金的直接形成——高压下从高温固相淬火 [J]. 科学通报，1994（19）.

这是未来制备块状纳米材料的一种很有希望的方法。

如果将大塑性变形法与其他制备技术如粉末冶金、过冷等相结合，有望制备出金属陶瓷复合纳米材料。这种材料的性能可能会优于单一材料，从而在许多领域具有广泛的应用前景。

粉末冶金和过冷技术是大塑性变形法常用的结合方法之一。粉末冶金法是以金属或非金属粉末为原料，通过压制、烧结和熔炼等工艺制备材料的过程。过冷技术则是通过控制冷却速度，使材料在低于其熔点的温度下保持固态，以便进行变形加工。

通过结合使用这些方法，可以获得具有优异性能的纳米结构材料。例如，金属陶瓷复合纳米材料具有高硬度、高耐磨性、高耐腐蚀性和高温稳定性等特点，可应用于制造高强度零件、耐磨部件和高温发动机零部件等。

总之，大塑性变形法作为一种制备纳米块体材料的新型技术，具有广阔的应用前景。通过与其他制备技术的结合，有望制备出更多具有优异性能的纳米结构材料，推动材料科学和工程领域的发展。

第7章 纳米复合材料的制备

7.1 引 言

7.1.1 纳米复合材料的概念

20 世纪 80 年代初，Roy 和 Komarneni 提出了"纳米复合材料"。纳米复合材料与单一相组成的纳米材料不同，它是一种新型的、由两种或两种以上的纳米级固体固相组成的复合材料。这种材料在至少一个方向上具有纳米级大小（1～100 nm）的复合结构，并且具有优异的物理、化学和机械性能。

7.1.2 根据纳米粒子的不同组合方式分类

根据纳米粒子的不同组合方式来划分，纳米复合材料大致包括三种类型。

第一种，0-0 复合，这种复合材料是由不同成分、不同相或者不同种类的纳米粒子直接复合而成的。这些纳米粒子可以是金属与金属、金属与陶瓷、金属与高分子、陶瓷与陶瓷、陶瓷和高分子等构成。这种复合方式可以充分利用各种纳米粒子的优点，同时避免其各自的缺点，从而获得更好的材料性能。

第二种，0-2 复合，这种复合材料是将纳米粒子分散到二维的薄膜材料中。这种 0-2 复合材料义可分为均匀分散和非均匀分散两大类。均匀分散是指纳米粒子在薄膜中均匀分布，人们可根据需要控制纳米粒子的粒径及粒间距；非均匀分散是指纳米粒子随机地分散在薄膜基体中。这种复合方式在制备过程中，纳米粒子的粒径大小、掺入的粒子的体积百分数和纳米微粒在基体膜中的分布是几个最重要的参数。它对于材料的物理和化学性能有很大的影响。

第三种，0-3 复合，这种复合材料是将纳米粒子分散到常规的三维固体中。例如，金属纳米粒子可以分散到另一种金属或合金中，或者放入常规的陶瓷材料或高分子中。同样，纳米陶瓷粒子（氧化物，氮化物）可以放入常规的金属、高分子及陶瓷中。这种复合方式可以改变原有材料的性能，例如增强韧性、硬度，或者产生新的功能特性。

7.1.3 按固相成分的分类

纳米复合材料按固相成分一般可分为：无机纳米复合材料、有机—无机纳米复合材料、聚合物—聚合物纳米复合材料。如图 7-1 所示为纳米复合材料的分类。

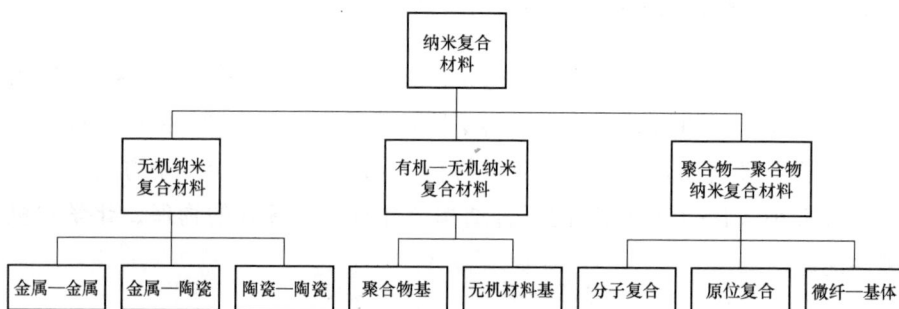

图 7-1 纳米复合材料的分类

7.2 无机纳米复合材料的制备

无机纳米复合材料是研究最早的纳米复合材料，其制备方法一般有高能球磨法、气相沉积法、溶胶—凝胶法、RF 溅射法等一些新的制备方法。

7.2.1 高能球磨法

高能球磨法是一种常用的制备纳米材料的方法，通过球磨机的转动或振动，使硬球对原料进行强烈的撞击、研磨和搅拌，将其粉碎为纳米级微粒。根据所提供的制备方法，可以成功地制备出金属—金属纳米复合材料、金属—陶瓷纳米复合材料和陶瓷—陶瓷纳米复合材料等。

在制备氧化物陶瓷纳米复合材料时，需要选用纯度超过 99.9% 的超细粉原材料，分散相的平均尺寸应小于 0.3 μm。同时，母体及分散相粉末用传统的球磨研磨技术在高纯介质中均匀混合。然后，将干燥后的粉末在 N_2 或 Ar 中进行烧结，烧结温度的选择需要保证母体与分散相不发生反应，同时得到致密的烧结体。

图 7-2 为氧化物基陶瓷纳米复合材料制备过程示意图。

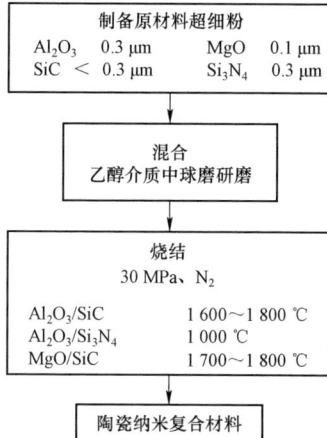

图 7-2　为氧化物基陶瓷纳米复合材料制备过程示意图

所得到的陶瓷纳米复合材料，室温强度和断裂韧性较单相陶瓷材料高 2～5 倍，高温硬度、强度和耐热冲击性能也得到显著改善。

7.2.2　化学气相沉积法

在制备纳米复合材料时，首先，需要将纳米材料与基体材料均匀混合。这个步骤可以通过使用球磨机、高速搅拌等机械手段实现，也可以使用化学反应直接合成。然后，通过化学气相沉积方法，将混合物沉积在基体上。这个过程通常需要在高温炉中进行，炉中的气氛可以是氢气、氮气、甲烷等，具体的选择取决于所需的纳米材料的化学组成。最后，经过二次热处理，使沉积在基体上的纳米材料与基体材料进一步反应，达到纳米复合材料的制备要求。热处理的温度和时间需要根据具体的制备要求进行控制，以保证得到具有优良性能的纳米复合材料。这种制备方法具有制备的纳米材料纯度高、均匀性好、附着力强等优点，因此在许多领域都有广泛的应用。但是，这种方法也需要控制好反应条件和参数，避免出现一些如基体材料的热膨胀不匹配、纳米材料的团聚等问题。

原则上表 7-1 已列的材料都可以采用此方法形成无机纳米复合材料。

表 7-1　可分散在玻璃中的纳米粒子

类　别	纳米粒子
金属元素	Al，Ag，Au，Cu，Si，Ge，Se，Te
硫化物	ZnS，CdS，Ag_2S，Bi_2S_3，Sb_2S_3，GeS，HgS
氧化物	CuO，Cu_2O，ZnO，SnO_2，MnO_2，MnO
磷化物	GaP，InP
卤化物	CuBr，CuCl
砷化物	AlA，GaAs，InAs
硒化物	ZnSe，CdSe，PbSe，In_2Se_3，Sb_2Se_3，SnSe，HgSe
锑化物	ZnSb，CdSb，Mg_3Sb_2，$CaSb_2$，GaSb，InSb
碲化物	ZnTe，CdTe，$PbTe_3$，Ii_2Te_3，CuTe，HgTe

7.2.3　溶胶—凝胶（Sol-Gel）法

1. 溶胶—凝胶法的特点

溶胶—凝胶法是一种常用于制备无机材料的方法。这种方法涉及到将金属醇盐或无机盐经过溶液、溶胶、凝胶等阶段，最后通过热处理形成固体化合物。以下是一些溶胶—凝胶法的关键特点：

（1）均一性好

溶胶—凝胶法制备的材料具有很高的均一性，这是因为它采用了分子级的混合，确保了原料的均匀分布和一致的化学反应。

（2）化学成分可选择掺杂

在溶胶—凝胶过程中，可以精确控制化学成分，这意味着可以按照需求对材料进行掺杂，以满足特定应用的需求。

（3）高纯度

由于溶胶—凝胶法制备的材料纯度高，因此这些材料往往具有更好的物理和化学性能。

（4）低温烧结

溶胶—凝胶技术可以降低烧结温度，这使得制备过程中可以节省能源，同时减少了对设备的高温要求。此外，较低的烧结温度可以减少材料的变形和收缩，有助于制备更精确的部件。

溶胶—凝胶法的应用广泛，从微电子、催化剂制备到生物医学领域都可以看到它的身影。然而，这种方法也有一些局限性，如生产成本较高，需要严格控制制备条件，某些有机物在高温下可能会发生燃烧或释放出有毒气体等。

2. 采用溶胶—凝胶法制备 $SnS \cdot SiO_2$ 纳米复合材料

我国的鲁圣国等采用溶胶—凝胶法两步水解工艺制备了 $SnS \cdot SiO_2$ 纳米复合材料[1]。具体方法是：

① 将正硅酸乙酯（TEOS）滴入水、乙醇的酸性溶液，调节 pH 为 1.0～2.0，并搅拌 1 h［所得为溶液（a）］。

② 将乙酸锌溶解在甲醇溶液中，并超声分散 5～10 min，乙酸锌在甲醇中溶解后，通过超声波的振动帮助它分散，形成均匀的溶液［所得溶液为（b）］。

③ 将上述溶液（b）倒入溶液（a）中，搅拌 30 min 后，然后倒入正在搅拌的水、乙醇的碱性溶液中，调节 pH 为 10.5～11.5。这一步是在进行金属离子和硅酸根离子的缩聚反应，生成凝胶玻璃的前驱体。

④ 搅拌 5～30 min 后，将含锌离子的溶液分别装在玻璃器皿中，在半封闭条件下静置 1～2 天，使之形成一种硬胶，然后在室温下干燥 5～10 天，形成干胶。

⑤ 干胶在 500～800 ℃温度下热处理数小时，得到多孔凝胶玻璃。热处理是为了去除凝胶玻璃中的有机物，并形成多孔结构。

⑥ 多孔玻璃在减压条件（10 kPa，室温）下与硫化氢气体反应得到硫化锌微晶。所得到的 ZnS 微晶尺寸为 2～6 nm，具有立方结构。

7.2.4　RF 溅射法

1. RF 溅射法制备无机纳米复合材料的步骤

RF 溅射法制备无机纳米复合材料是一种常用的制备方法。在此方法中，利用射频磁控溅射仪溅射靶材，从而制备出无机纳米复合材料。以下是基本的步骤：

（1）准备所需靶材

选择所需溅射元素或化合物，并将其制备成靶材。靶材的尺寸和材质会影响溅射的效果和纳米复合材料的性能。

---

① 鲁圣国，张良莹. ZnS-SiO₂ 纳米复合材料的结构和性能 [J]. 科学通报，1997，42（1）. 86

（2）准备反应气氛

在溅射过程中，需要控制气体的种类和压力，以确保反应气氛的稳定性。常用的气体有氧气、氩气、氮气等。

（3）安装靶材

将准备好的靶材安装到射频磁控溅射仪中，确保靶材与仪器的相对位置正确。

（4）启动射频磁控溅射仪

设定溅射参数，如射频功率、溅射时间、工作气压等。启动仪器，开始溅射过程。

（5）纳米复合材料的收集和表征

在溅射完成后，收集溅射产物并进行必要的表征，以确定纳米复合材料的结构和性能。

2. RF 溅射法制备无机纳米复合材料的优缺点

RF 溅射法制备无机纳米复合材料具有许多优点。首先，该方法可以有效地控制纳米复合材料的成分和结构。其次，该方法可以制备出具有高纯度和高结晶度的纳米复合材料。此外，RF 溅射法还可以在室温下进行制备，因此适用于对温度敏感的材料的制备。同时，该方法还可以在同一装置中同时溅射多个靶材，从而实现多元纳米复合材料的制备。

需要注意的是，RF 溅射法制备无机纳米复合材料也存在一些挑战。首先，需要优化溅射参数以保证制备出具有优良性能的纳米复合材料。其次，需要对制备过程中可能出现的问题进行深入了解，以便及时调整制备条件。此外，需要开发新的技术或设备以提高制备效率或制备更复杂的纳米结构。

7.3 有机—无机纳米复合材料的制备

有机—无机纳米复合材料是一个新兴并且富有活力的研究领域，这种材料有别于通常的聚合物—无机填料体系（图 7-3），并不是无机相与有机相的简单结合，而是由无机和有机相在纳米至亚微米范围内结合形成，两相界面间存在着较强或较弱化键（范德华力、氢键）。

这种材料结合了有机和无机相的特性，产生了许多独特的功能和性质。

（1）增强特性

有机和无机纳米粒子的结合可以显著提高材料的强度和韧性。这种增强效果来自两种材料在纳米级别上的相互补充和支持。

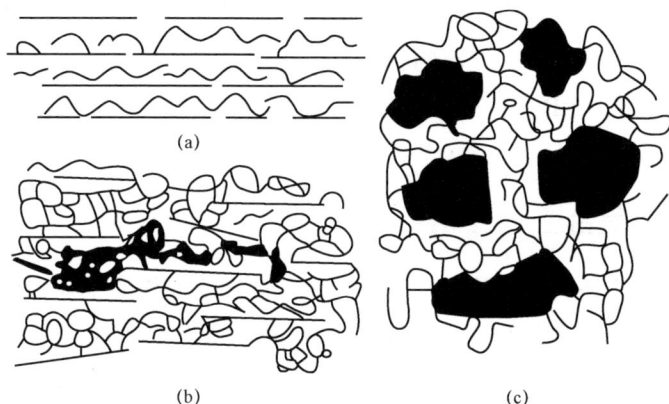

图 7-3　有机—无机纳米复合材料示意图
（a）、（b）纳米结构复合材料；（c）通常复合材料

（2）光学特性

有机—无机纳米复合材料可能具有独特的光学性质。例如，它们可能具有高透光性、光反射性、光吸收性或者发光等特性。

（3）电子特性

有机和无机材料在电子特性上的结合，可以带来导电性、半导体性能甚至是超导性能等新的特性。

（4）化学稳定性

有机—无机纳米复合材料通常比单一的有机或无机材料具有更好的化学稳定性。这是因为两种材料的化学性质互补，共同抵抗化学侵蚀。

（5）热稳定性

由于有机和无机材料的热稳定性通常不同，有机—无机纳米复合材料可以获得更好的热稳定性。

（6）生物相容性

如果有机相是生物可降解的，而无机相是生物兼容的，那么这种复合材料就可能具有良好的生物相容性，可用于生物医学领域。

（7）磁学特性

如果无机相是磁性的，那么有机—无机纳米复合材料可能就会具有磁学特性。

以上特性的应用前景广泛，例如在电子设备、光电设备、医疗设备、生物技术、环境科学等领域中都有可能得到广泛应用。此外，这些特性还有可能用于制造更高效、更耐用、更安全的产品。

有机—无机纳米复合材料的制备方法主要有：插层复合法、溶胶—凝胶法、辐射合成法、LB 膜技术、前驱体法、纳米微粒原位生成法和纳米粒子直接分散法等。

7.3.1 插层复合法

插层复合法是利用层状无机物（硅酸盐黏土等）作为主体，将有机高聚物作为客体插入主体的层间，从而制得有机—无机纳米复合材料。层状无机物主要有层状硅酸盐（黏土等），以及磷酸盐、过渡金属氧化物等。其结构特点是呈层状，每层结构紧密，但层间存在空隙，每层厚度和层间距离尺寸都在纳米级。以蒙脱土为例，蒙脱土属 2:1 型层状硅酸盐，每层的一个单位晶胞由两个硅氧四面体中间夹带一个铝氧八面体构成，硅氧四面体和铝氧八面体靠共用氧原子连接紧密堆积，使得每层具有高度有序的晶格排列，每层厚度约为 1 nm；每层表面因铝氧八面体上部分三价铝被二价镁同晶置换而具有负电荷，这些负电荷通过层间吸附阳离子来补偿，不同尺寸的阳离子可通过离子交换引入到层间，使层间尺寸在几纳米到十几纳米范围变化。

按有机高聚物插入层状无机物层间的方法，有机—无机插层型纳米复合材料的复合可分为：

（1）单体插入—原位聚合

这种方法是通过将单体插入到层状无机物层间，然后在插入体系中引发聚合反应，使单体在无机物层间原位聚合，形成有机高聚物层。

（2）有机高聚物溶液直接插入

这种方法是通过将有机高聚物溶解在适当的溶剂中，然后将该溶液直接插入到层状无机物层间，随后进行热处理或溶剂蒸发等处理，使有机高聚物固定在无机物层间。

（3）有机高聚物熔融直接插入

这种方法是通过将有机高聚物加热至熔融状态，然后将其直接插入到层状无机物层间，随后进行冷却或热压等处理，使有机高聚物固定在无机物层间。

插层复合方法示意图，如图 7-4 所示。

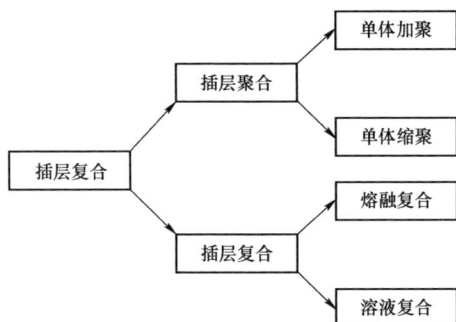

图 7-4　插层复合方法示意图

用 X 射线衍射、透射电镜（TEM）、原子力显微镜（AFM）等对制得的高聚物—无机物插层型纳米复合材料进行测试分析，发现得到的复合材料主要有两类结构。一类结构称为层间插入型，这种结构中，层状无机物结构仍然基本保持，高分子链插入进层状无机物的层间，高分子链常以单分子层插入（图 7-5）；另一类结构称为层状分散型（Delaminated hvbrids），即层状无机物层状分离，并均匀地分散到连续相的高聚物基体中（图 7-6），PA6/蒙脱土与 PI/蒙脱土体系就属这种结构。用 X 射线衍射法测试发现复合后无机物的衍射峰消失，表明高聚物与层状无机物已完全均匀混合。透射电镜照片也清楚地显示出层状无机物已层状分离，均匀地分散在高聚物基体中。分散得较好的层状无机物可以以单片层形态（厚 1 nm）分散在高聚物基体中。

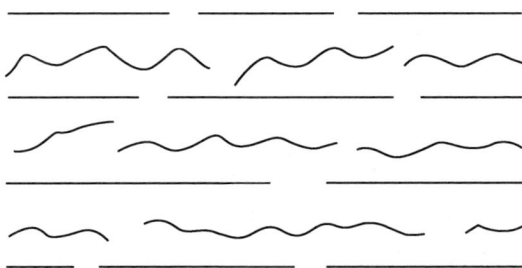

图 7-5　层间插入型高聚物—无机物插层纳米复合材料
（水平粗直线代表层状无机物各层，曲线代表插入层间的高分子）

1. 单体插入—原位聚合法

单体插入—原位聚合法是先将有机高聚物单体和层状无机物分别溶解到某一溶剂中，充分溶解（分散）后混合、搅拌，使单体进入无机物层间。然后在合适的条件下使有机高聚物的单体聚合。这个过程中，Blumstein 等人通过气相或液相吸附将丙烯腈和甲基丙烯腈嵌入到钠基和钙基蒙脱土的层间域，形成夹层聚合物—蒙脱土复合物。

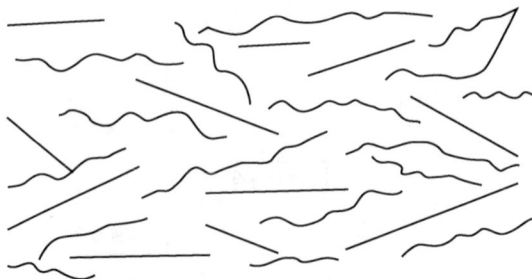

图 7-6　层状分散型高聚物—无机物插层纳米复合材料
（粗直线代表层状无机物各层，曲线代表高分子）

其他人也进行了类似的研究。例如，Kato 等将有机粘土矿物浸入到苯乙烯单体中，制备出丁苯乙烯-十八烷基三甲基蒙脱土层间化合物。Usuki 等研究了酰胺在不同氨基酸改性蒙脱土中的嵌入反应及其在层间域中的原位开环聚合反应。X 射线衍射和透射电镜分析表明，蒙脱土晶片均匀地分散到了聚己内酰胺中，形成一种聚合物—蒙脱土纳米复合材料。

中国科学院化学所对尼龙-6/蒙脱土体系进行了研究，并且首创了"一步法"复合方法。因为小分子的有机高聚物单体比有机高聚物大分子小得多，较易插入无机层间，所以这一方法适用范围较广。中国纺织科学研究院对PET（聚对苯二甲酸乙二醇酯）蒙脱土体系进行了研究，发现 PET/蒙脱土的合成工艺基本上与合成 PET 的技术路线相同，可以采用对苯二甲酸（PTA）和乙二醇（EG）的直接酯化路线，也可采用对苯二甲酸二甲酯（DMT）和乙二醇的酯交换路线，经有机离子交换处理的 Na 蒙脱土，选择适当时机加入聚合物反应体系参与缩聚反应，原则上在缩聚反应完成前的任一阶段加入，都能制备出 PET/蒙脱土纳米复合材料。

2. 高聚物溶液直接插入法

高聚物溶液直接插入法是将高聚物大分子和层状无机物一起加入某溶液中，搅拌使其分散在溶液中，并实现层间插入。这种方法的最大好处是简化了复合过程，而且制得的材料性能更稳定。

一些聚合物如 PEO（聚环氧乙烷）和其他水溶性聚合物如主链型季铵盐聚合物、聚乙烯吡咯烷酮、聚丙二醇和甲基纤维素等也可以嵌入到其他层状无机物如 V_2O_5、MoS_2、TiS_2、$FePS_3$ 等夹层中。

另外，章永化等合成了不同侧链季铵盐含量的甲基丙烯酸甲酯或苯丙烯的共聚物，在甲苯溶液中可使这类含侧链季铵盐的共聚物嵌入到蒙脱土夹层中制得有机—无机纳米复合材料。[①]

3. 高聚物熔融直接插入法

高聚物熔融直接插入法是将层状无机物和高聚物混合，再将混合物加热软化到软化点以上，实现高聚物插入层状无机物层间。这种方法的优点在于不需要合适的溶剂，许多有机—无机插层型体系无法找到合适的溶剂，使用这种方法就能方便地实现。

Vaia 等首次将烷基铵蒙脱土与聚苯乙烯粉末混合，并将它们压成球团，随后在高于聚苯乙烯玻璃化转变温度（90 ℃）下加热球团，从而制备出了二维纳米结构的聚苯乙烯。有机蒙脱石复合材料。他们还采用这种方法将 PEO 嵌入到黏土矿物的层间域，从而形成新的聚合物电解质纳米复合材料。

除了 PEO 和聚苯乙烯之外，人们还研究了聚酰胺、聚酯、聚醚、聚碳酸酯、磷腈聚合物和聚硅烷的直接熔融嵌入反应。

7.3.2　溶胶—凝胶法

溶胶—凝胶法除了制备氧化物、Ⅱ～Ⅵ族半导体纳米材料及无机纳米复合材料外，还可用来制备有机—无机纳米复合材料。根据合成路线的不同，下面从 5 个方面对其制备进行介绍。

1. 有机聚合物存在下形成无机相

有机—无机纳米复合材料最直接的合成路线就是将有机聚合物溶解于合适的共溶剂中，由此制备溶胶，进一步凝胶化形成无机相。如果条件控制得好，在凝胶的形成与干燥过程中，不发生相分离，即制得有机—无机纳米复合材料。在复合材料中，聚合物与无机网络间既可以是简单的包埋，也可以有化学键存在。

用此法进行材料的合成过程中，关键是选择共溶剂。常用的共溶剂有四氢呋喃、二甲氧基乙烷、甲酸、乙酸、乙酸甲酯、醇类（甲醇、乙醇、异丙醇等）、内酮、N,N-二甲基乙酰胺。N,N-二甲基甲酰胺等。问题的复杂性在于许多开始溶解的聚合物在反应的后一阶段会沉淀出来。尽管有溶解性的限制，对聚乙烯醇、聚乙烯乙酸酯、聚甲基丙烯酸甲酯、聚二甲基丙烯酰胺、双酚 A 碳酸酯等仍进行了详细的研究。Novak 等人已经找到一些可溶性聚合

---

① 章永化，龚克成. 可聚合性季铵盐蒙脱石嵌入复合物的制备 [J]. 硅酸盐通报，1998（1）.

物可以在缩合和干燥的过程中，保持均一地包埋于通过溶胶—凝胶过程得到的二氧化硅网络中。带有碱性官能团的聚合物如胺类和吡啶类，在酸的催化下，可以溶于形成凝胶前的溶胶—凝胶溶液中，聚（2-乙烯基吡啶）、聚（4-乙烯基吡啶）、聚丙烯腈在用有机酸作共溶剂的条件下可以溶解于硅酸乙酯或硅酸甲酯和水的溶液中，在合适的条件下，硅酸乙酯水解缩合制得了含有有机聚合物的光学透明的凝胶，并在室温下缓慢干燥，制得了有机聚合物均匀地包埋于三维二氧化硅网络中的透明性很好的复合材料。

复合材料的性质取决于聚合物分散的均一性、聚合物的质量分数、相对分子质量、溶胶—凝胶溶液的 pH 及水的含量。复合材料的模量随着无机组分含量的增加而提高，而增加酸的含量会降低模量，但是会提高断裂伸长率。小角 X 射线研究表明，在较低 pH 下合成的样品，低聚物分散得越均一，韧性越好。为了提高聚合物在无机相中分散的均匀性，采取在无机相与有机相间引入化学键的办法。

在无机相和有机相间引入化学键通常是采取在预先形成的含有三烷氧基硅烷基的聚合物存在下，进行溶胶—凝胶反应的方法。由于 C—Si 键对水解反应是惰性的，因此实验上不会改变烷氧化物从 Si 中心水解的速率，悬吊的硅烷基很容易组合到无机结构中。含有端基为三乙氧基硅烷基的聚四氢呋喃低聚物（–75 ℃）的复合物已有报道。材料性质受相对分子质量影响（$M_n = 650$，1 000，2 000），相对分子质量低，复合物的模量高。相对分子质量相当时，端基为硅烷基的低聚物同端基不是硅烷基的低聚物比较，当两相交联时，断裂伸长率由 77% 增加到 241%，杨氏模量由 15 MPa 增加到 220 MPa，极限强度由 10 MPa 增加到 45 MPa。增加有机相与无机相间的交联键的数目，对于强度影响不大，但可增大杨氏模量而减小断裂伸长率。

无机结构的调整对于有机—无机复合材料的性质具有深远的影响，已经制得无机相中含有混合氧化物 TiO_2-SiO_2 和 ZrO_2-SiO_2 的复合材料。在无机相中键合进二氧化钛组分，除可以提高材料的抗擦能力及硬度外，还可以提高聚四氢呋喃复合物的机械性能，同纯的二氧化硅复合物相比，加入 15% 二氧化钛使极限强度由 1 MPa 增加到 11 MPa，杨氏模量由 7 MPa 增加到 22 MPa，断裂伸长率也稍有提高。将二氧化钛含量增加到 30%，将使断裂伸长率由 136% 降到 60%，却使杨氏模量增加了 3 倍，由 22 MPa 增加到 70 MPa。

我国在采用此方法合成有机—无机复合材料方面也有报道，黄智华等在四氢呋喃溶液中制得了甲基丙烯酸甲酯和甲基丙烯酸（3-三甲氧基硅烷基）

丙酯的聚合物，再在此溶液中以正丁醇钛为前体进行溶液—凝胶反应，得到浅黄色透明的有机—无机复合材料。该复合材料通过甲基丙烯酸（3-三甲氧基硅烷基）丙酯（MSMA）在两相间引入共价键，使得聚合物相与无机网络的相溶性增强。含有 MSMA 的杂化材料是透明的，而不含 MSMA 的杂化材料则不透明。复合材料的热分解温度与玻璃化温度均高于纯的 PMMA 聚合物。漆宗能、陈艳等通过硅酸乙酯在聚酰胺酸的 N,N-二甲基乙酰胺溶液中进行溶胶—凝胶反应，制备出不同二氧化硅含量的聚酰亚胺—二氧化硅复合薄膜材料。二氯化硅质量分数低于 10% 的样品为透明浅黄色薄膜，高于 10% 的样品为不透明的棕黄色薄膜，与纯聚酰亚胺相比，复合材料具有更高的热稳定性和更高的模量，显著降低的线膨胀系数，拉伸强度和断裂伸长率随二氧化硅含量而变化，在 10% 和 30% 附近出现最大值。

采用上述方式合成有机—无机纳米复合材料，直接、简便。在两相间引入化学键可以提高两相的互溶性，使聚合物在无机相中分散得更均一，因而提高了材料的性能，但是只有很少的聚合物在三组分的溶胶—凝胶溶液中是可溶的，因此限制了这一方法的应用。

2. 无机溶胶与有机聚合物共混

这种方式首先是采用金属醇盐水解，再对水解产物进行胶溶而制成溶胶或者对通过无机盐而得到的溶液进行胶溶而得到溶胶，之后选择好共溶剂，使溶胶与聚合物在共溶剂中共混，最后再凝胶化制得复合物。

Suztlki 等用异丙醇铝同水在 80 ℃～90 ℃回流，再加入胶溶剂乙酸胶溶得到了澄清的溶胶，将 3% 的聚乙烯醇（PVA）水溶液同该溶胶以一定比例混合进行凝胶化反应，得到的凝胶在真空下干燥而得到了聚乙烯醇-Al_2O_3 复合物。该复合物均匀透明，随着 Al_2O_3 的含量由 0 增加到 100%，其在 490 nm 处的平均透过率为 85%，证明复合物中从 0，粒子的尺寸至少小于 500 nm。当 PVA 含量在 40%～50% 时，复合物是弹性的，容易对折，在 25 ℃ 的饱和水蒸气中可以拉长 5 倍，而且煅烧后的剩余物保持着原来的形状，随着 Al_2O_3 含量由 0 增加到 60%，杨氏模量由 4 312 MPa 上升到 12 250 MPa。这一方法有聚合物溶解性问题，粒子的尺寸较大，因此采用这一方式的不多。

3. 无机相存在下单体聚合

早在 1984 年，Schmidt 就用三乙氧基硅烷 R'Si(OR)$_3$ 作为反应前体（其中 R' 是可以聚合的有机官能团，如环氧官能团），通过光化学处理或热处理，使有机网络在已形成的无机网络中形成，从而得到有机—无机复合物。首先，

Schmidt 通过 3-缩水甘油丙基醚三甲氧基硅烷与 5%～20%（摩尔分数）的钛醇盐共缩合合成了 TiO_2-SiO_2 环氧化物复合材料。该复合材料具有优异的透明性、硬度和可润湿性，但也表现出了相对低的强度（拉伸强度约为 2～3 MPa）及脆性（弹性模量约为 3 000 MPa）。为了提高物质的机械性能，聚甲基丙烯酸甲酯通过甲基丙烯酸酯单体在已形成的无机网络中聚合而被引入到复合物中。有机相与无机相间的交联键通过具有三甲氧基硅烷基的甲基丙烯酸酯单体而引入。该复合物的拉伸强度比不含有 PMMA 的 TiO_2-SiO_2 复合物提高了 40%，弹性模量没什么变化。虽然强度和折射率稍有降低，但是增加的弹性却为加工和机械处理提供了方便。

在采用此方法合成复合材料方面，漆宗能、赵竹第等对苯乙烯—马来酸酐共聚物—聚硅氧烷纳米尺度复合材料进行了研究。他们将含有 γ-缩水甘油丙基醚三甲氧硅烷的水解物、苯乙烯、马来酸酐和少量引发剂的混合溶液在适当的条件下制成凝胶，再经热处理，得到浅黄色的有机—无机复合材料。该材料在 500～800 nm 的可见光范围内具有高达 80% 的透光度。复合材料的模量比不含无机组分的纯的苯乙烯—马来酸酐共聚物明显增大，玻璃化温度也从 130 ℃上升到 168 ℃。无机相约以 2 nn 尺寸均匀地分散于有机聚合物基体中，平均两个无机粒子之间的距离为 7.7 nm。无机相的引入增加了材料的模量和断裂强度，有机聚合物的分解温度由 330 ℃升至 430 ℃。唐有祺小组的张隽等分别在交联剂丙烯酸和烯丙基乙酰丙酮的存在下，以正丁醇钛为反应前体制成溶胶，再加入甲基丙烯酸甲酯单体，以过氧化苯甲酰为引发剂进行自由基聚合反应而得到了 PMMA-TiO_2 有机—无机复合材料。该复合材料是有色透明的，根据交联剂和二氧化钛含量的不同，颜色可以由黄色变到深红色，热稳定性与纯的聚甲基丙烯酸甲酯相比有明显提高，分解温度提高了50 ℃。而以烯丙基乙酰丙酮为交联剂的复合材料具有热致变色效应，在较高温度下是透明的橙红色或深红色，在较低温度下为不透明的黄色。这一方式比较繁琐，工作量较大。

4. 有机相与无机相同步形成互穿网络

为使溶解性不好的聚合物也能形成两相互溶的有机—无机纳米复合物，人们在方法上进行了改进，采用有机相与无机相同步形成互穿网络的方式，制得透明的含有在典型的溶胶—凝胶溶液中不溶的聚合物的有机—无机复合材料。

Novak 等发明了一种有趣的方法来形成有机—无机互穿网络。除了传统的自由基路线，他以溶液开环复分解聚合作为有机聚合的方法，该反应同溶胶—凝胶反应所限制的反应条件一致（如碱性或酸性的溶液性质）。复合物的合成是通过环烯烃单体的开环复分解聚合同金属醇盐的水解缩合同步进行来实现的。通过开环复分解聚合反应可以合成低玻璃化温度（从 $-100 \sim +250$ ℃）的聚合物，该反应是在各种 Ru^{3+} 或 Ru^{2+} 盐的催化下进行的。利用此方法，可使聚合物很均匀地分布于无机网络中，浓度可达到大约 60%，并且不发生宏观上的相分离。电子显微镜的研究显示，与预先形成的聚合物组合到无机相中而得到的复合物相比，形成有机—无机互穿网络的复合材料具有更好的均一性。在这一方法中，关键是要控制两个反应的反应速率匹配，否则将得不到均一的聚合物—无机复合网络。

这一方式的优点是制成的复合材料具有更好的均一性，且不溶性的有机聚合物也有可能参与到有机—无机复合网络中来；其困难之处在于很难找到反应条件一致的有机聚合和无机水解缩合这两个反应。

5. 合成不收缩的胶体

以上各种方法都存在一个共同的特点，就是在制凝胶的干燥过程中，由于无机溶胶形成中释放出的水和醇类等的蒸发而引起收缩，从而引进了相当大的应力，阻碍材料在某些方面的应用。

为了解决收缩的问题，Novak 等合成了一系列四烷基原硅酸酯的衍生物作为反应前体，这些衍生物中含有可聚合的烷氧基团。在溶胶—凝胶过程中，这些硅氧烷衍生物的水解缩合释放出 4 mol 可聚合的醇，在适当的催化剂存在下（自由基或开环复分解聚合），用理想配比量的水和相应的醇作为共溶剂，使溶液中所有的组分都参加反应，得到无机网络或有机聚合物。由于溶剂和释放出的醇都参与了聚合，因此避免了因挥发而造成的大规模的收缩。复合物的机械性能可以通过在两相间引入交联键来得到提高，无机组分的含量由四烷氧基硅烷前体的配比所决定，其含量在 10%~15% 内。采用这一方式的优点是复合物均匀而不收缩，缺点是反应前体必须特殊合成。

有机—无机纳米复合材料在许多领域中展示了出色的性能和巨大的应用潜力。这些包括但不限于非线性光学材料、可调固态激光器以及化学传感器等。随着科学技术的发展，相信这些应用领域将会不断扩展和深化。同时，有机—无机纳米复合材料的制备方法也在持续改进和完善中。不同的制备方法可以影响复合材料的微观结构和性能，因此研究并发展新的制备技术对于提高复合材料的性能和扩大其应用范围具有重要意义。

7.3.3 辐射合成法

辐射合成法是一种制备有机—无机纳米复合材料的有效方法。在此方法中，可以利用反相微乳液体系的特殊结构，以硫代硫酸钠为硫源，氯化镉和硫酸锌为金属阳离子源，在特定的微乳液体系中合成球形的硫化镉、硫化锌纳米晶，也可以用二硫化碳为硫源，乙酸铅为金属阳离子源，在同样的微乳液体系中合成球形的硫化铅纳米晶。

徐国财等将环氧丙烯酸酯、1,6-己二醇二丙烯酸酯、丙烯酸丁酯、光引发剂和纳米 SiO_2 等在高速研磨机上充分分散紫外光可固化体系,然后在紫外光固化机上固化成纳米复合材料,整个固化过程在 2 s 内完成。通过这种方法合成的 SiO_2 纳米复合材料的性能研究表明利用紫外光固化技术合成复合材料是可行的，而且这种方法具有以下特点。

① 材料性质：必将赋予紫外光固化材料高力学性能、特殊的光、电、磁等性能，以及两种组分协同效应下的综合性能。

② 聚合材料的选择：聚合材料的选择范围广泛，包括各种类型的聚合物，如环氧树脂型、聚氨酯型、聚酯型、聚醚型以及丙烯酸酯型等。

③ 纳米材料的选择：纳米材料的选择范围，包括金属氧化物、非金属氧化物、氮化物、金属微粒等成品化纳米材料及其相应的混合物。

④ 加工方法：可以快速加工成薄型定型材料，或者将纳米复合材料直接覆于其他基体上。

⑤ 分散问题：由于紫外光固化体系是有机稀溶液，所以不需要借助有机溶剂等其他间接方法，可以直接利用固液混合分散法以较细粒度较均匀地分散纳米材料。同时，通过纳米材料表面改性，可以进一步增加纳米材料的可分散性。

7.3.4 LB 膜技术

LB 膜利用分子间相互作用人为地建立起来的特殊分子体系，是分子水平上的有序组装体。LB 膜的制备原理简单地说就是利用具有疏水端和亲水端的两亲性分子在气—液（一般为水溶液）界面的定向性质，在侧向施加一定压力的条件下，形成分子的紧密定向排列的单分子膜。LB 膜技术可用于制备纳米微粒与超薄的有机膜形成的无机、有机层交替的复合材料。LB 膜技术可用于制备纳米微粒与超薄的有机膜形成的无机、有机层交替的复合材料。

一般主要采用以下两种方法：第一种方法利用含金属离子的 LB 膜，通过与 H₂S 等进行化学反应获得无机—有机交替膜结构比较有前途。文中提到，一般主要采用以下两种方法第一种，利用含金属离子的 LB 膜，通过与 H₂S 等进行化学反应获得无机—有机交替膜结构；第二种方法已制备的纳米粒子的 LB 组装。前者能制备的材料是比较有限的，无机相多为金属硫化物，而后者能制备的材料比较多。

目前已发展了几种对已生成的纳米粒子的 LB 组装技术，例如 Fendler 及其合作者利用两亲性分子花生酸镉的亲水端电负性的羧酸根吸附具有正电性的 Fe₃O₄ 纳米微粒制备出具有三明治结构的有序的组合体，二层花生酸镉夹一层 Fe₃O₄ 纳米粒子构成三明治结构的一个夹心层，每个夹心层平均为 8.9 nm，所用 Fe₃O₄ 纳米粒子的尺寸为 5 nm 左右；他们还开发了另一种在气—液界面生成纳米薄膜的技术，此纳米薄膜可与模板单层膜一起转移到固定载片上，制备了含 CdS 的薄膜。此外还有利用气—液界面实现无机纳米粒子与有机表面活性剂的单分子膜的组装，利用微乳液法制备甲基丙烯酸包覆的 Fe₃O₄ 纳米粒子，然后以二乙烯基苯为交联剂将包覆在 Fe₃O₄ 外的甲基丙烯酸聚合，通过控制聚合度得到具有明确两亲性的复合成膜材料。将这种复合成膜材料在水面铺展，用 LB 膜技术制备复合薄膜材料，这种材料具有良好的机械强度和光学非线性响应。

总之，用 LB 膜技术制备的复合材料既具有纳米微粒特有的量子尺寸效应，又具有 LB 膜的分子层次有序、膜厚可控、易于组装等优点，且通过改变 LB 膜的成膜材料、纳米粒子的种类及制备条件还可改变材料的光电特性，因此在微电子学、光电子学、非线性光学和传感器等领域有着十分广阔的应用前景。

7.3.5　纳米微粒原位生成法

目前，硫化物半导体纳米微粒与聚合物的复合多采用纳米微粒原位生成法，即无机相硫化物纳米微粒不是预先制备的，而是在反应中就地生成的，聚合物基质既可以是复合过程中合成的，也可以是预先制备的。

对于硫属半导体 ZnS、CdS、PbS 与聚合物的复合，已得到苯乙烯—甲基丙烯酸/CdS 或 PbS、PS-P2VP（苯乙烯与 2-乙烯基吡啶嵌段共聚物）/CdS、E-MMA（乙烯-15%甲基丙烯酸共聚物）/PbS 等体系。其制备方法包括金属离子在单体或含聚合物的溶剂中的分散，与 H_2S 反应生成相应金属硫化物，单体的聚合或溶剂挥发等几个步骤。以 E-MAA/PbS 复合为例，将离聚物 E-M 从与 Pb 的醋酸盐或乙酰丙酮化物研磨，在 160 ℃蒸去乙酸或乙酰丙酮，得到 Pb 部分中性化的 E-MAA。将含 Pb 的 E-MAA 膜暴露于 H_2S，常压下 25 ℃至少 2 h，得到 E-MAA 纳米 PbS 复合膜、E-MAA 是一个很好的基质，提供了良好的机械和光学特性，且赋予纳米尺寸的半导体微粒以很高的动力学稳定性。观察到离聚物中 PbS 从分子到块体的转变，随着粒径减小，带隙蓝移，最终接近 PbS 分子的第一个允许激发态（X→A）的转变能量。可见，以离聚物为基质制备稳定的硫化物纳米微粒而形成的半导体聚合物复合物代表了一类不同于分子和块体特性的新材料，它们具有良好的非线性光学性，为红外和微波应用提供了新材料。

作为有机相的聚合物也可以使用商品聚合物薄膜，全氟羧酸离子交换膜（商品名 Nafion）以其特有的纳米级孔径成为无机—有机纳米复合的理想选材。Nafion 与无机氧化物及硫化物复合的研究一直在进行。

对于氧化物复合，Mauritz 等研究了 SiO_2、SiO_2-TiO_2、SiO_2-Al_2O_3 与 Nation 的复合。以 SiO_2 与 Nation 复合的制备为例，先将 Nation 膜预处理，使其具有离子交换性能，再与四乙氧基硅烷（TEOS）、甲醇等作用，Sol-gel 反应在膜中进行，最终原位生成 Nafion-SiO_2 纳米复合材料。这里，Nation 膜对 SiO_2 纳米微粒的形成起到了模板的作用。应力—张力曲线表明非取向样品表现出比横向和纵向样品都高的强度。对于硫化物复合体系，制备方法与上述方法相似，所不同的是用 H_2S 与通过离子交换进入 Nation 膜的分散的金属离子反应生成硫化物微粒。研究表明 Nation-CdS 纳米复合材料可用于光催化反应，且该材料还可以再结合适当的催化剂。结合 Pt 便是一例，可构成：Nafion-CdS-Pt 体系，该薄膜可在 H_2S-S^{2-} 溶液中光催化产生 H_2。此纳米微粒与聚合物复合体系有如下优点。

第一，光活性系统是固定的，故对流动系统的催化很有效。

第二，膜系统可被移走以便对反应溶液作更精细的分析。

第三，半导体微粒可再生，且分散于 Nation 膜中的半导体微粒不絮凝或沉降，克服了溶剂分散的微粒体系不能应用于连续流动系统，微粒易絮凝或沉降等不足，且聚合物基质本身可通过离子交换特性浓缩溶液中的一些反应物，排斥其他的，起到一种控制作用。这种聚合物半导体纳米微粒复合薄膜光催化特性为太阳能的利用提供了一条途径。

7.3.6　纳米粒子直接分散法

纳米粒子直接分散法是首先合成出各种形态的纳米粒子，再通过各种方式与有机聚合物混合。所需纳米粒子的制备方法很多，总体上可以分为物理方法、化学方法。其中物理方法主要有物理粉碎法、蒸发冷凝法；化学方法包括化学气相沉积法、沉淀法、模板反应法、微乳液法、胶态化学法、水热合成法。一般来说，化学方法在微粒粒度、粒度分布及微粒表面控制方面有一定的优越性。

就分散的方式而言，也是多种多样的，典型的分散方法如下。

① 溶液共混：把基体树脂溶解于适当的溶剂中，然后加入纳米粒子，充分搅拌溶液使粒子在溶液中分散混合均匀，除去溶剂或使之聚集制得样品，例如，利用反相乳液法制得 Cds 半导体纳米微粒，用溶液共混法将其嵌入聚合物中制成具有发光特性的聚合物—半导体纳米材料。

② 乳液共混：与溶液共混方法相似，只是用乳液代替溶液。

③ 熔融共混：这一方法与通常的熔融共混基本相似。

④ 机械共混：有报道在三头研磨机中将纳米管与超高分子量聚乙烯粉研磨 2 h 制得功能纳米复合材料。

纳米粒子直接分散法的优点是纳米粒子与材料的合成分步进行，可控制纳米粒子的形态、尺寸。不足之处是由于纳米粒子很易团聚，共混时保证粒子的均匀分散有一定困难。因此通常在共混前要对纳米粒子表面进行处理，或在共混时加入分散剂，以使其在基体中以原生粒子的形态均匀分散，这是应用该法的关键。

纳米微粒直接分散法可用来制备无机聚合物纳米功能复合材料。如 SiO_2-聚吡咯复合材料的制备：制备含分散的 SiO_2 微粒（典型粒径 20 nm）的胶体，加入单体和作为氧化剂的 $(NH_4)_2S_2O_8$ 或 $FeCl_3$，电磁搅拌，一定温度下聚合，如图 7-7 所示。SiO_2 纳米微粒作为沉淀聚吡咯的高表面的胶体基质，而沉淀的聚吡咯又将 SiO_2 微粒胶粘在一起形成了纳米复合物。在含其他氧化物微粒如 SnO_2、ZrO_2、Y_2O_3、TiO_2 等体系，只有 SnO_2 实现了与聚吡咯的有效复合，这说明仅有高表面基质是不够的。与聚吡咯-SiO_2 相比，聚吡咯-SnO_2 具有更高的固态导电性。例如，尽管在较低的聚吡咯浓度［38%（质量）］下，聚吡咯-SnO_2 表现出比聚吡咯-SiO_2［聚吡咯浓度 61%～71%（质量）］稍高的导电性，这是由于 SnO_2 有比 SiO_2 相对较高的固有导电性的缘故，而且用导电性的 sb 掺杂 SnO_2 合成的聚吡咯-SiO_2 纳米复合体系导电率可高达 7 s·cm^{-1}。

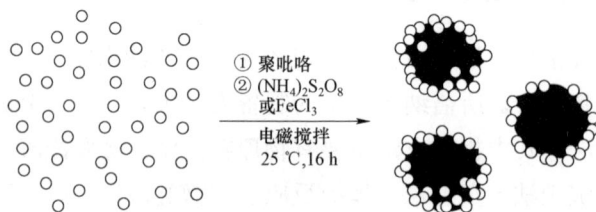

图 7-7　由起始的无机氧化物微粒形成聚吡咯—无机氧化物复合胶体示意图

　　采用上述方法，将单体换为吡咯和 1-(2-羧乙基)吡咯，以初始浓度 50:50 的吡咯，1-（2-羧乙基）吡咯进行共聚，合成了表面带有—COOH 亲水基团的表面官能化的聚吡咯-SiO_2 复合，及类似的—NH_2 表面官能化的聚吡咯-SiO_2 复合。通过控制条件可能获得窄分布、高分散的、小微粒的纳米复合材料。这类材料可用于生物医学，作为可见凝集免疫测定中高显色的"标记器"微粒及应用于某种军事伪装。

　　聚酰亚胺是一类具有很好热性质的聚合物材料，可用于微电子器件。Kenneth 等研究了聚酰亚胺-AlN 纳米复合材料的热行为。将制得的 AlN 纳米微粒与 N-甲基吡咯烷酮（NMP）混合形成悬浮液，室温下长时间搅拌，最终形成没有沉淀的稳定的溶液。所得 AlN/NMP 溶液加入到 4,4-氧联二苯二甲酸酐和 4,4-亚甲基二苯胺的 NMP 溶液中，室温纯 N_2 气流下不断搅拌，得到 AlN 在聚酰胺酸（PAA）中的均匀分散体系，一定条件下热固化后得到聚酰亚胺-AlN 复合材料，其中 AlN 平均粒径小于 10 nm。制备中 NMP 溶剂对 AlN 纳米微粒起到了稳定作用，阻止了团聚，如图 7-8 所示。无机纳米微粒 AlN 作为一种高热导性［理论值 320 W/（m·℃）］和低热延展性（$3.5×10^{-5}$ ℃$^{-7}$，低于 200 ℃）的陶瓷在纳米复合材料中起到如下作用：

　　① 增加硬度；

　　② 降低热延展性（$1.47×10^{-5}$ ℃$^{-1}$）；

　　③ 增加热导性［1.84 W/（m·℃）］。

　　可见复合后获得了高的热导性和较低的热延展性，优化了聚合物的性能，这证明无机纳米微粒与聚合物的复合可获得高性能的新材料。

　　有机—无机纳米复合材料是一个新兴的多学科交叉的研究领域，涉及无机、有机、材料、物理、生物等许多学科，如何能制备出适合需要的高性能、高功能的复合材料是研究的关键所在。目前已开发出插层复合法、溶胶—凝胶法、辐射合成法、LB 膜技术、纳米微粒原位生成法、纳米粒子直接分散法等多种较为温和而实用的合成方法。此外，还可以采用一些其他的制备方法，如气相沉积法、溅射法等。由于复合材料的性质优于单一组分，使用具有某种性能的无机、有机功能材料，采用恰当的方法将会获得性能更为优良的新材料。相信随着研究的不断深入和对机理了解的不断深化，有机—无机纳米复合材料领域必将有突破性的进展，根据实际需要人们将能设计并合成出更多性能优异的有机—无机纳米复合材料。

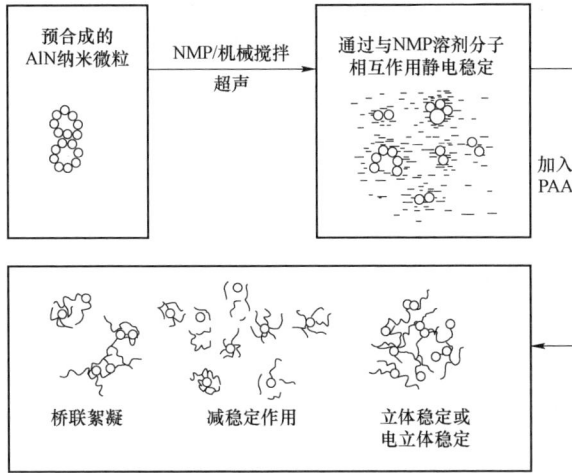

图 7-8　使 AlN 微粒稳定化的相互作用示意图

7.4　聚合物—聚合物纳米复合材料的制备

聚合物—聚合物纳米复合材料按合成方法的不同可分为三大类：原位复合材料、分子复合材料、聚合物微纤—聚合物复合材料。这三种方法实际上并无明显界限，都可用来制备聚合物—聚合物纳米复合材料。

7.4.1　原位复合材料的制备

原位复合制备聚合物—聚合物纳米复合材料是将热致性液晶聚合物与热塑性树脂进行熔融共混，用挤塑或注塑方法进行加工，加工过程中液晶微区沿外力方向取向形成微纤结构，在熔体冷却时微纤结构被固定下来。但微纤所引起的增强效果与估计值之间还有一定差距，还可以使刚性分子链溶解在柔性聚合物（或其单体中），并且均匀地分散在高分子基体中形成原位分子复合材料，这种方法又称为原位聚合法。这里要注意的是，根据纳米材料当前的定义，只有当形成的微纤直径小于 100 nm 时，该原位复合材料才能归属于纳米材料的范畴内。从目前发展情况来看，复位复合材料的发展前景不如原来估计的那样乐观，主要原因是微纤所起的增强效果有限。

7.4.2　分子复合材料的制备

20 世纪 70 年代，Helminek 和高柳素夫几乎同时提出了分子复合的概念。所谓分子复合是指用刚性高分子链式微纤作为增强剂，将其均匀地分散在柔性高分子基体中，分散程度接近分子水平，得到高模量、高强度的聚合物—聚合物复合材料。分子复合材料与传统的纤维增强复合材料不同，它是以少量的增强剂（刚性分子链）以分子分散的形式存在于基体中，这样以少量的用量就可以达到大量的纤维才能得到的增强效果，同时保持基体原有的冲击性能和加工性能，得到高强高模、加工性良好的新型复合材料。分子复合的微区尺寸较一般的纳米复合材料小，是更精细结构的纳米复合材料。为了最大限度地发挥复合效果，达到接近分子水平的分散程度，一般采用溶液共混共沉淀的方法制备分子复合材料。分子复合材料作为结构材料的应用和发展主要受到制备方法的限制，不仅需要适当的共溶剂，而且只有在溶液浓度小于临界浓度不发生相分离时，才能达到预期效果，因此分子复合的研究方向应着重在功能材料方面。

Helminek 等用聚苯并噻唑（PBT）作增强剂与聚苯并咪唑（ABPBI）基体复合成功地制备了模量为 62 GPa，并耐 550 ℃高温的超高性能分子复合材料，其综合性能超过铝合金，而密度仅为铝合金的一半，有希望作为航空航天材料。

Niwa 等以 PVC 为基体，用电化学合成法获得了 PPY-PVC 分子复合材料膜，其导电率在 $10^{-1} \sim 10 \ s \cdot cm^{-1}$ 之间。日本学者绪光将 10%的 2-苯基-4-羟基苯甲酸（PPHB）、对羟基苯甲酸（PHB）溶解于 SB、SIS 中，然后使之聚合，得到耐高温的分子复合材料，其强度、弹性模量显著提高。

近年来，在聚合物分子复合材料领域研究最活跃和最成功的课题组之一是美国阿克隆大学 Harris 和 Cheng 领导的课题组及德国汉保大学 Krichedorf 领导的课题组。Harris 等人合成了一系列的尼龙 6-聚酰亚胺—尼龙 6 三嵌段共聚物和尼龙 6-聚酰亚胺接枝共聚物。通过微观结构分析证明了真正的分子复合材料是可以实现的。Krichedorf 等人通过合成一系列不同结构的芳香族聚酯类液晶聚合物，将这些聚酯液晶聚合物与热塑性树脂（聚己内酯）共混，得到了具有独特形态结构的亲液性共混物，仅加入 2%～4%（质量）的硬段聚酯液晶，热塑性聚己内聚酯的模量和强度提高 1～2 倍。Lyotropic blend 的形成机理和稳定化正在进一步研究中，这将是获得分子复合材料的又一新方法。另外，邱显堂等用刚性聚对苯二甲酰对苯二胺（PPTA）作增强剂，以尼龙 6 柔性聚合物为基体合成了聚合物—聚合物分子复合材料。白宗武等用较低分子质量尼龙 6 作为基体树脂，以芳香族二醛和芳香族二胺原位缩聚形成刚性分子聚合物作为增强剂制备了分子复合材料，这种材料的模量比基体材料可提高 50%，拉伸强度也得到了提高。钱人元等将吡咯单体溶胀，扩散到柔性链聚合物基体中，以一定的引发剂使吡咯单体在基体中原位就地聚合，制成既具有一定的导电性，又提高了基体材料力学性能的原位复合材料。此外，Lindsey 等以微量交联的聚乙烯醇（PVA）作基体，用电化学法就地使吡咯单体聚合，形成增强微纤，得到 PPY-PVA 原位分子复合材料。

7.4.3　聚合物微纤—聚合物复合材料的制备

可以利用模板聚合，将纳米级尺寸微孔的聚合物浸入另一种单体和氧化剂中，使单体溶胀于纳米微孔中，用一定的引发剂或一定的聚合方法使单体在微孔中形成微纤或中空的纳米管，从而形成增强的纳米级聚合物微纤—聚合物复合材料。

早期，有文献报道将导电聚合物微纤嵌入无机物纳米孔道中合成聚苯胺微纤—硅铝酸盐功能纳米复合材料。它是采用模板聚合的方法在真空条件下使苯胺吸附于多孔的硅铝酸盐孔道中，再浸入氧化剂溶液中，苯胺在孔道中聚合形成微纤，如图 7-9 所示。基于同样的原理，关于聚合物纳米微纤—聚合物的合成目前已有文献报道。它利用模板聚合，将有纳米级尺寸微孔的某种聚合物薄膜浸入另一种单体和氧化剂溶液中，单体在微孔中聚合形成微纤或中空的纳米管。

纳米复合材料自问世以来，以其独特的结构和性能引起了人们越来越多的重视，许多科研工作者开始从事纳米复合材料微观结构的研究，试图建立纳米复合材料微观结构与性能的联系，但目前对纳米材料的研究仍不够深入，还需进一步加强。如何实现对纳米粒子的尺寸、形态及分布的控制，得到性能符合设计要求的纳米复合材料，是使纳米复合材料得到全面发展和应

用的关键。此外，纳米复合材料的制备方法还不够成熟，开发新的制备方法
将使纳米复合材料的潜力得以进一步地发挥，应用领域进一步扩大。因此，
为了使纳米复合材料得到全面发展和应用，需要加强对纳米材料的研究，并
开发新的制备方法。

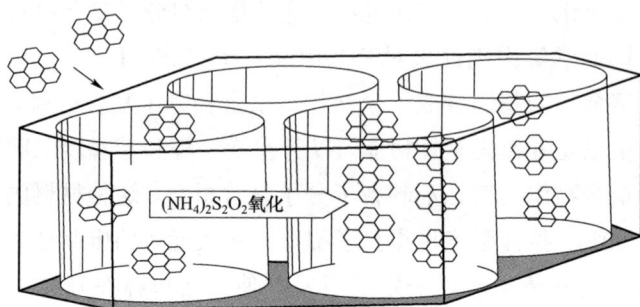

图 7-9　纳米孔道中形成聚苯胺反应原理示意图

第 8 章　纳米材料的应用研究

8.1　纳米材料在陶瓷领域的应用

纳米材料在解决陶瓷材料的脆性问题上具有显著的效果，这为提高纳米材料的可靠性、扩大纳米材料的应用开启了一条新的道路。

纳米陶瓷的优势在于其纳米级的晶粒和晶界。这种结构可以显著提高材料的强度、韧性和超塑性，进而对材料的电学、热学、磁学、光学等性能产生重要影响。这种纳米结构可以大幅度增加陶瓷材料的耐高温性能，从而显著提高其可靠性。

此外，纳米材料添加到陶瓷中可以起到显著的增强和增韧作用。例如，添加纳米氧化铝可以显著提高氧化铝陶瓷的强度和韧性。这种增强和增韧效果可以有效地解决陶瓷材料的脆性问题，使陶瓷材料在高温和高强度环境下保持稳定性，从而扩大了陶瓷材料的应用范围。

纳米材料和纳米陶瓷的研发和应用，不仅提高了材料的性能和可靠性，也为解决材料科学领域中的长期问题提供了新的思路和方法。同时，这为推动新材料科学的发展以及提升科学技术对人类生活的影响提供了重要的基础。

8.1.1　陶瓷概述

1. 陶瓷的组成和化学键结合状态

陶瓷是由多种金属氧化物、氮化物、碳化物、硼化物等化合物或其相互作用形成的复杂化合物所组成，这些化合物是陶瓷的主体结构。这些化合物中，有些是以离子键结合，如氧化物和硼化物；有些则是以共价键结合，如氮化物和碳化物。

陶瓷的化学成分和原子、分子间的结合状态是其区别于金属和有机材料的关键因素。金属材料主要由金属键构成，自由电子分布在原子之间，形成原子与原子的结合。有机材料则是由原子之间的共价键结合成分子，分子之间由较弱的范德华力连接。而陶瓷材料大多数是由周期表中电负性差别很大的元素之间形成的化合物，大部分以离子键结合，小部分以共价键、金属键结合。

2. 纳米陶瓷材料的制备和优点

陶瓷材料具有优良的力学性能、耐高温性能、电磁方面的性能及防腐蚀和耐环境的性能，但由于其韧性较低且难于加工，影响了其应用范围。而纳米陶瓷材料的制备可以有效地解决这些问题。纳米陶瓷材料的制备是通过将纳米颗粒压成块体后，利用颗粒之间的界面具有高能量进行烧结。由于烧结温度较低，制成的烧结体晶粒较小，因此特别适用于电子陶瓷制备，如利用纳米钛酸钡颗粒烧结可提高片式电容器和片式电感器的各种性能。

纳米功能陶瓷是一种具有某种特殊功能的复合材料，通过有效的分数、复合而使异质相纳米颗粒均匀、弥散地保留于陶瓷基质结构中而得到。这种材料具有优异的性能和应用，如可用于制造高密度、高精度、高可靠性的电子器件和光学器件等。此外，纳米功能陶瓷还可以用于制造高效、低成本的催化剂和传感器等。

3. 纳米陶瓷的定义、特性以及应用前景

纳米陶瓷是一种特殊的陶瓷材料，其平均晶粒尺寸小于 100 nm。这种材料属于三维的纳米块体材料，其晶粒尺寸、晶界宽度、第二相分布、缺陷尺寸等都是在纳米量级的水平。

纳米陶瓷具有一些独特的性能，如塑性强、硬度高、耐高温、耐腐蚀、耐磨等。这些特性使得纳米陶瓷在某些特定领域中具有广泛的应用前景。例如，纳米陶瓷的高磁化率、高矫顽力、低饱和磁矩、低磁耗以及光吸收效应等特性，为纳米材料开拓了新的应用领域，对于高技术和新材料的开发具有重要的意义。

8.1.2 纳米陶瓷的性能

1. 纳米陶瓷的力学性能

力学性能包括陶瓷的弹性、塑性变形与蠕变、陶瓷的强度与断裂等。研究表明：在陶瓷基体中引入纳米分散相进行复合，可以显著提高材料的力学性能。这种纳米复合对陶瓷力学性能的影响主要表现在以下几个方面。一是提高断裂强度。通过引入纳米分散相，可以增加陶瓷材料的内在"韧带"，使材料在承受外力时不易断裂。二是提高断裂韧性。这意味着材料在遇到裂纹时能够更好地"吸收"能量，而不会突然断裂。三是提高耐高温性能。纳米复合材料在高温下仍能保持良好的稳定性，这对于许多高要求的应用来说是非常重要的。此外，纳米复合还能提高材料的硬度、弹性模量、韦布尔模数，并对热膨胀系数、热导率、抗热震性产生影响。这意味着纳米复合材料在许多方面都有优异的性能，可以适应各种复杂的应用环境。

（1）室温力学性能

当陶瓷以纳米晶形式出现时，通常为脆性的陶瓷变成了可延展性的陶瓷，在室温下就能发生大的弹性形变，有时甚至可达到 100%。这表明纳米陶瓷在弹性形变方面有更大的可能性，可能是由于纳米级别的晶粒使得陶瓷的原子排列更加灵活，从而允许更大的弹性变形。其次，纳米功能陶瓷相对于普通陶瓷，其扩散蠕变率约增加了 10^{11} 倍。这主要归因于晶粒直径的减小以及扩散率的增强。晶粒直径的减小使得原子间的相互作用更加明显，扩散路径更短，扩散速率也就更快。此外，室温下，纳米功能陶瓷的硬度随 SiC 或 Si_3N_4 添加量的增加而增加。这是由于 SiC 和 Si_3N_4 的硬度比一般的氧化物陶瓷要高，因此当添加到陶瓷中时，可以增加整体的硬度。最后，纳米功能陶瓷的强度在开始时随二次分布相的加入量增加而增加，在某一个成分点达到最高强度，然后随着二次分布相的增加而降低。这说明二次分布相在增强陶瓷强度方面有一定的作用，但是当添加量超过一定限度后，过量的二次分布相可能会影响陶瓷的整体性能。

纳米功能陶瓷具有典型的晶中断裂面。换句话说，断裂不是沿晶界进行。断裂造成了断裂面上几乎所有晶粒的断裂。这与一般单相 Al_2O_3 陶瓷的断裂面有很大的不同。晶界断裂的比例随纳米功能陶瓷中 SiC 含量的增加而减小，由典型的穿晶断裂转变成典型的沿晶断裂。纳米功能陶瓷的断裂类型与分布在基质中 SiC 颗粒周围的应力场有关。这种高达 100 MPa 的热应力场是由于基质相与一次添加相所具有的不同热膨胀系数而产生的。在烧结后冷却过程中，分布在 Al_2O_3 基质中的 SiC 的收缩比 Al_2O_3 小。由于 SiC 的粒度很小而界面上又不存在容易变形的杂质相，这种热应力既不会产生微裂纹而消失，也不会被杂质相所容纳。可以推断，纳米功能陶瓷的断裂特性及力学性能的改进与纳米颗粒及周围的应力场有关。造成韧性增加的主要机理是纳米尺寸 SiC 颗粒在材料断裂过程中使裂纹的方向偏转。当然也不排除其他增韧机理。不同的材料有不同的增韧机理。例如以 MgO 为基质的复合材料与以 Al_2O_3

为基质的纳米复合材料有不同的增韧机理。

（2）高温力学性能

纳米功能陶瓷能使基体材料的强度和韧性提高 2～5 倍。氧化物及其纳米复相陶瓷的断裂强度与温度的关系表明引入一定量的纳米颗粒后，氧化物及其纳米复相陶瓷的断裂强度与温度的关系表明其强度与耐高温性能明显提高。特别是当 SiC/MgO 纳米功能陶瓷的温度到达 1 400 ℃附近时，其断裂强度仍能接近 600 MPa。这表明纳米功能陶瓷在高温下仍能保持良好的强度和耐高温性能，对于解决 1 600 ℃以上应用的高温结构材料方面具有重要意义。

聚甲基硅氮烷在高温下裂解后，可以制得 α-Si$_3$N$_4$ 微米晶与 α-SiC 纳米晶复合陶瓷材料。它具有良好的高温抗氧化性能，可在 1 600 ℃的高温使用（氮化硅材料的最高使用温度一般为 1 200 ℃～1 300 ℃）。最新研究进展是通过添加硼化物提高材料的热稳定性，利用生成 BN 的包裹作用稳定纳米氮化硅晶粒，将这种 Si/B/C/N 陶瓷的使用温度进一步提高到 2 000 ℃，这是目前国际上使用温度最高的纳米功能陶瓷。

2. 纳米功能陶瓷的热性能

纳米功能陶瓷的热性能包括熔点、热容、导热性、热膨胀及耐热冲击性能等。

首先，纳米功能陶瓷在低温下具有较小的热容，但在高温下热容较大，达到一定温度后，热容与温度无关。这种热容特性对于陶瓷在不同环境下的热反应和热行为具有重要意义。

其次，热容对气孔率非常敏感。当陶瓷材料中的气相越多时，其热容量就越小。这可能是因为气相的存在会阻碍陶瓷原子之间的热振动和热传递，从而降低整体的热容。

此外，纳米功能陶瓷还具有其他的热性能。例如，纳米功能陶瓷的熔点通常高于普通陶瓷。这是由于纳米材料的小尺寸效应使得原子间的结合能减小，因此需要更高的温度才能使其熔化。此外，纳米功能陶瓷的导热性也较差，这与其纳米级的结构和较低的原子间距有关。

最后，纳米功能陶瓷的热膨胀和耐热冲击性能也比普通陶瓷要优异。这可能是因为纳米材料的小尺寸效应使得原子间的热振动更强烈，因此具有更好的热适应性。此外，纳米功能陶瓷的微观结构也更加均匀和致密，因此具有更好的耐热冲击性能。

大多数纳米功能陶瓷在低温下热容小，高温下热容大，达到一定温度后热容与温度无关。热容对气孔率很敏感，气相越多，热容量越小。

3. 纳米功能陶瓷的化学稳定性能

陶瓷材料的耐腐蚀性能受其化学组成、晶体结构类型、孔隙、温度引起的材料变异以及腐蚀介质的性质等多种因素影响。

（1）化学组成

不同的化学组成会直接影响陶瓷材料的耐腐蚀性能。例如，含硅、铝、氧等元素的陶瓷材料通常具有良好的耐腐蚀性，因为这些元素可以在表面形成致密的氧化膜，从而阻止腐蚀介质进一步渗透。

（2）晶体结构类型

陶瓷材料的晶体结构类型也会影响其耐腐蚀性能。例如，氮化硅、碳化硅等共价键晶体结构类型的陶瓷材料具有较高的耐腐蚀性能，因为共价键的键能较高，不易被腐蚀介质破坏。

（3）孔隙

陶瓷材料中存在的孔隙也会影响其耐腐蚀性能。孔隙会为腐蚀介质渗透提供通道，同时也会减小材料的有效承载面积，从而降低材料的耐腐蚀性能。

（4）温度引起的材料变异

在高温环境下，陶瓷材料会发生结构相变、分解、熔化等物理化学变化，这些变化可能会改变材料的耐腐蚀性能。

（5）腐蚀介质的性质

腐蚀介质的性质（如酸碱度、氧化还原性、离子浓度等）也会影响陶瓷材料的耐腐蚀性能。一些腐蚀介质可能会与陶瓷材料发生化学反应，导致材料被腐蚀。

综上所述，为了提高陶瓷材料的耐腐蚀性能，可以根据上述影响因素采取相应的措施，例如调整化学组成、优化制备工艺以减小孔隙、选择合适的热处理温度以及选择合适的腐蚀介质等。

8.1.3　纳米陶瓷的增韧机理

1. 裂纹偏转

裂纹偏转增韧是裂纹非平面断裂效应的一种增韧方式。当纳米颗粒与基体间存在热膨胀系数差异时，残余热应力会导致瓷体中的扩展裂纹发生偏转，使得裂纹扩展路径延长，有利于材料韧性的提高。这种增韧方式主要是通过裂纹偏转方向与纳米颗粒和基体间热膨胀系数的相对大小有关来实现的。当基体的热膨胀系数较大时，裂纹向纳米颗粒扩展，如果纳米颗粒本身及其与基体间的结合强度足够大，纳米颗粒此时甚至可以对裂纹起到钉扎的作用。这种机制可以有效地吸收和分散裂纹的能量，从而避免了材料的脆性断裂，提高了材料的韧性。当基体的热膨胀系数较小时，扩展裂纹趋于沿切向绕过纳米颗粒。这种机制也可以有效地延长裂纹扩展路径，减缓裂纹的扩展速度，从而提高了材料的韧性。总的来说，裂纹偏转增韧是一种有效的材料增韧方式，可以通过优化纳米颗粒与基体间热膨胀系数的匹配关系以及提高纳米颗粒本身及其与基体间的结合强度来进一步提高材料的韧性。

当裂纹扩展到达晶须时，它会被迫沿晶须发生偏转，这意味着裂纹的前行路径变得更长。这种更长的路径会导致裂纹尖端的应力强度降低，因为裂纹需要更长的时间来扩展，所以它所承受的应力也会相应减少。裂纹偏转的角度越大，能量释放率就越低，这表明裂纹在偏转过程中释放的能量减少。这通常会导致材料的韧性提高，因为裂纹需要更少的能量才能扩展，从而减少了材料发生脆性断裂的可能性。因此，增韧效果会变得越好，断裂韧性也会相应提高。总之，裂纹在遇到晶须时发生偏转的现象可以提高材料的韧性，因为它可以使裂纹的前行路径更长，降低裂纹尖端的应力强度，并减少能量释放率。这些因素共同作用可以使材料的断裂韧性得到提高。

2. 裂纹桥联

裂纹桥联是一种裂纹尖端尾部效应，是发生在裂纹尖端后方由补强剂连接裂纹的两个表面并提供一个使两个裂纹面相互靠近的应力，即闭合应力，这样导致应力强度因子随裂纹扩展而增加。即裂纹扩展过程中遇上晶须时，裂纹有可能发生穿晶破坏，也有可能出现互锁现象，即裂纹绕过晶须并形成摩擦桥。在晶须复合陶瓷基材料和粗晶 Al_2O_3 陶瓷及 Si_3N_4 陶瓷中，由于晶须、Al_2O_3 粗颗粒和 β-Si_3N_4 长颗粒对裂纹表面的桥连作用，使材料表现出强烈的 R-曲线效应，由此导致材料韧性的显著改善。在纳米陶瓷中，首先，由于纳米颗粒的尺寸很小，它们只能在裂纹尖端的局部小区域内对裂纹起到桥连作用。这种桥连作用可以减缓裂纹的扩展速度，但不能明显提高 R-曲线上的韧性平台值。然而，纳米颗粒的这种桥连作用可以使 R-曲线在短的裂纹扩展长度上出现陡然上升的情况。这意味着当裂纹扩展长度较短时，纳米陶瓷的强度会得到显著提高。由于 R-曲线上某点处切线的斜率代表材料此时的强度，纳米复相陶瓷 R-曲线在短裂纹扩展长度上的陡然上升可以使其强度得到明显提高。

在脆性陶瓷基体中加入延性粒子能够明显提高材料的断裂韧性。首先，延性粒子通常指的是金属粒子。这些金属粒子可以提供额外的弹性应变，当裂纹扩展到这些粒子时，由于金属粒子和脆性基体的变形能力不同，裂纹会局部钝化。这意味着裂纹在遇到金属粒子时，其扩展方向和速度会受到影响，变得更为缓慢或者改变方向。此外，某些裂纹段被迫穿过金属粒子，形成了被拉长的金属颗粒桥联。这种桥联机制可以有效地吸收和分散裂纹的能量，避免材料的脆性断裂，从而提高了材料的韧性。总的来说，通过在脆性陶瓷基体中加入延性粒子，可以有效地提高材料的断裂韧性。这种增韧机制主要得益于金属粒子的弹性应变以及形成的金属颗粒桥联。

3. 晶粒拔出

晶粒拔出效应是指在材料中，当裂纹扩展遇到高强度晶须时，裂纹尖端附近的晶须与基体界面上会产生较大的剪切应力，这种应力容易导致晶须与界面的分离和断裂。这种情况下，晶须可以从基体中拔出，消耗外界载荷的能量，从而达到增韧的目的。同时，晶须从基体中拔出还会产生微裂纹，这些微裂纹可以吸收更多的能量。当晶须的取向与裂纹表面呈较大角度时，从基体传向晶须的力在二者界面上产生的剪切应力可能会达到基体的剪切屈服强度，但未必会达到晶须的剪切屈服强度。在这种情况下，晶须不会被剪断，而是会从基体中被拔出。在聚合物基复合材料中，使用长径比高的晶须增韧是一个有效的方式。晶须对增韧的主要贡献来源于裂纹扩展过程中晶须拔出所消耗的能量。这种机制不仅可以提高材料的韧性，还可以增强材料的耐久性和稳定性。总的来说，晶粒拔出效应是一种有效的材料增韧机制，可以通过晶须与基体的界面剪切应力来实现。这种机制不仅可以提高材料的韧性，还可以增强材料的耐久性和稳定性。

当晶须与基质的界面剪切应力很低，而晶须的长度较大（＞100 μm），强度较高时，拔出效应显著。随着界面剪切应力增大，界面摩擦力大，拔出效应降低，当界面剪切应力足够大时，作用在晶须上的剪切强度可能引起晶须断裂而无拔出效应。

4. 纳米颗粒增韧机理

纳米颗粒增韧的机理主要包括以下 4 个方面。

（1）组织的细微化作用

纳米颗粒的加入可以有效地抑制晶粒的成长和减轻异常晶粒的长大。这种细微化的组织结构可以增加材料的韧性，使材料在受到外力作用时不易发生脆性断裂。

（2）残余应力的产生

纳米颗粒的加入可以在材料中产生残余应力。这种残余应力可以使材料在受到外力作用时，首先在残余应力区域发生破坏，从而避免材料整体发生脆性断裂。

（3）控制弹性模量和热膨胀系数

通过控制纳米颗粒的弹性模量和热膨胀系数等物理性能，可以改善材料的强度和韧性。例如，当纳米颗粒的弹性模量低于基体材料的弹性模量时，可以增加材料的韧性；而当纳米颗粒的热膨胀系数与基体材料的热膨胀系数不匹配时，可以在材料中引入额外的残余应力，增加材料的韧性。

（4）晶内纳米粒子对材料的作用

纳米颗粒还可以在基体材料内部形成次界面，并同晶界纳米相一样具有钉扎位错的作用。这些次界面和钉扎位错可以有效地吸收和分散外力作用，避免材料发生脆性断裂。

综上所述，纳米颗粒增韧的机理涉及组织结构的细微化、残余应力的产生、弹性模量和热膨胀系数的控制以及晶内纳米粒子对材料的作用等多个方面。这些机制的综合作用可以使材料的强度和韧性得到有效提高。

5. 纳米陶瓷自增韧

自增韧是一种在陶瓷基体中引入第二相材料的新工艺，其特点是第二相材料不是预先单独制备的，而是在原料中加入可以生成第二相的原料，并通过控制生成条件和反应过程，直接通过高温化学反应或相变过程，在主晶相基体中生长出均匀分布的晶须、高长径比的棒状晶粒或晶片的增强体。这种工艺可以避免两相不相容、分布不均匀的问题，使强度和韧性都比外来第二相增韧的同种材料更高。

自增韧的本质是通过工艺因素的控制，使陶瓷晶粒在原位形成有较大长径比的形貌，从而起到类似于晶须的补强增韧作用。这种形貌可以有效地吸收裂纹扩展的能量，并通过引发微裂纹来进一步吸收能量，达到提高材料韧性的目的。此外，自增韧还可以通过控制第二相材料的种类和含量等因素来调节材料的力学性能，使其更加符合实际应用的要求。

8.1.4　纳米陶瓷的应用

纳米功能陶瓷是一种通过将陶瓷材料进行纳米尺度细化，以提高其韧性和其他力学性能的新型陶瓷材料。这种材料的出现，解决了传统陶瓷材料在高温、强腐蚀等苛刻环境下使用的脆性问题。通过纳米技术，可以将陶瓷材料分解成更小的微粒，这些微粒在高温下具有更高的活性和更好的化学稳定性。同时，纳米陶瓷具有更大的界面面积，可以更好地吸收和分散外部能量，从而提高了其韧性。与传统的固溶掺杂的氮化硅和相变增韧的氧化锆等陶瓷材料相比，纳米功能陶瓷具有更好的韧性和其他力学性能。这种材料的出现为解决高温、强腐蚀等苛刻环境下材料使用问题提供了一种新的解决方案，并为实现更广泛的材料应用提供了可能。

1. 纳米金属增韧陶瓷

纳米金属和高温合金相制成的纳米微粒在陶瓷材料中的应用可以显著提高材料的韧性和抗冲击力，同时保持原有的强度和硬度。这种应用的优势在于综合了金属和陶瓷的优点，为广泛的应用领域提供了可能性。纳米金属和高温合金相的加入可以改善陶瓷材料的力学性能。由于纳米微粒具有极高的表面能和活性，它们可以有效地改善陶瓷材料的烧结性能和致密化程度。此外，纳米微粒还可以在陶瓷基体中形成强化相，提高材料的强度、韧性和硬度。在高温环境下，纳米金属和高温合金相可以保持较高的力学性能，并且在陶瓷材料中起到一定的导热作用，降低材料的热应力。因此，纳米金属和高温合金相在高温陶瓷材料中的应用具有广阔的前景。使用 Fe、Ni、W、Ti、Mo、Cr 等金属材料进行增韧得到的复相氧化铝陶瓷材料，其机械性能尤其是断裂韧性有了很大的提高，例如，使用 Ni 颗粒增韧的 Al_2O_3 陶瓷其断裂韧性最高可达 12 MPa·$m^{1/2}$。

作为切削陶瓷材料的 SiC_w 陶瓷材料比其他同种材料制成的刀具具有更高的硬度、抗弯强度、断裂韧性、耐磨性和耐热性，因而具有更长的寿命。SiC_w 增强生物活性玻璃陶瓷材料，作为生物陶瓷材料，该复合材料的抗弯强度可达 460 MPa、断裂韧性达 413 MPa·$m^{1/2}$，其韦布尔模数高达 2 417，成为可靠性最高的生物陶瓷复合材料。磷酸钙系生物陶瓷晶须同其他增强材料相比，不仅不影响材料的增强效果，而且由于良好的生物相容性，可广泛应用于生物陶瓷材料中。利用羟基磷灰石晶须的生物活性也可制得生物复合材料。

2. 自增韧化纳米稀土陶瓷

裂纹偏转和晶粒拔出确实是自增韧陶瓷的主要增韧机制。在陶瓷材料中加入纳米粒子可以有效地吸收裂纹扩展的能量，并通过引发微裂纹来进一步吸收能量，达到提高材料韧性的目的。同时，纳米陶瓷材料还具有更高的界面面积和更好的化学稳定性，这些优点使得纳米功能陶瓷成为高温实用器件的理想材料。然而，纳米粉体在高温烧结固化时容易失去原有纳米晶粒材料的特性，这是需要解决的问题。一种解决途径是在制造及固化材料致密化过程中新生成纳米结构。通过采用固溶分相原理，将微米材料经特殊处理，可以形成原位生长的纳米功能陶瓷。这种制备方法可以制备出具有优异力学性能的原位自增韧纳米稀土陶瓷材料。这些材料兼有韧性、高硬度、高强度以及高热导性的特点，对于制成大型高温实用器件具有重要的意义。

目前，自增韧在陶瓷复合材料中的应用很广泛，包括 Si_3N_4、Sialon、Al-Zr-C、Ti-B-B、SiC、Al_2O_3、$ZrB_2/ZrC_{0.6}/Zr$ 材料和玻璃陶瓷等。近年来，研究最多的是 Si_3N_4 和 Sialon。自韧 Si_3N_4 陶瓷在 1 350 ℃时高温韧性是 12.2～14.7 MPa・$m^{1/2}$，而纳米微粉增强的 $SiCNnp/Si_3N_4$ 复相陶瓷的高温强度和断裂韧性分别达到 701 MPa 和 11.5 MPa・$m^{1/2}$，强度保留率达到 90%。运用科技手段可以制成各种透明陶瓷，它像蓝宝石一样硬、玻璃一样透明，耐 2 000 ℃的高温，耐腐蚀，而且力学性能好。可制成各种防弹陶瓷、导弹整流罩等。

3. 高韧性复相纳米陶瓷

当纳米陶瓷粒子弥散到基体晶粒或晶粒边界时，力学性能就有明显改善。例如体积比为 5%的 SEC 纳米粒子弥散到 Al_2O_3 基体中，其室温断裂强度增加 3 倍，而且这种高强度可保持到 1 200 ℃。纳米功能陶瓷还具有好的蠕变阻抗，其蠕变断裂行为也与单相陶瓷不同。几种氧化物和氮化物的力学性质都能靠加入的纳米 SiC 粒子的弥散而获得改善。目前，这类纳米功能陶瓷力学性能提高的机理正在进行深入研究。

又如，ZrO_2 陶瓷由于应力诱发介稳四方到单斜的马氏体相变，使材料基体得以增韧和强化，因而 ZrO_2 陶瓷具有较高的强度和韧性。ZrO_2 陶瓷在使用过程中，在应力的作用下，不断发生 $t-ZrO_2→m-ZrO_2$ 的转变，因相变发生的体积膨胀，诱发了微裂纹。虽然少量的微裂纹对强度的影响并不明显，但随着相变的继续，微裂纹增多，此时微裂纹已成为对强度产生危害的缺陷。在 ZrO_2 陶瓷中添加一定量高弹性模量和高硬度的 Al_2O_3 可抑制微裂纹的生长及串接，对基体强度有益。同时，将 Al_2O_3 加入到 ZrO_2 中，也可降低原料成本。

Al_2O_3/Fe_2O_3 复相多孔陶瓷材料具有较高的透气性能、耐腐蚀、耐高温。

在制造塑料、橡胶、低熔点合金的透气性成型模具以及过滤、吸音、隔热防护涂层、梯度功能材料等方面有着广阔的应用前景。但是由于该材料质脆、强度偏低，所以至今尚未在工业中得到广泛的应用。穆柏椿等人在 Al_2O_3/Fe_2O_3 复相多孔陶瓷材料配方的基础上采用加入适量的不锈钢纤维以及对铁粉进行化学镀镍的复合强化的办法，研制出具有较高强度、较高韧性的 Al_2O_3/Fe_2O_3 复相多孔陶瓷材料，取得了显著的强韧化效果。

连续纤维增韧陶瓷基复合材料（CMC）可以从根本上克服陶瓷脆性，是陶瓷基复合材料发展的主流方向。连续纤维增韧碳化硅陶瓷基复合材料主要包括碳纤维和碳化硅纤维增韧碳化硅（C/SiC、SiC/SiC）两种。其密度分别为难熔金属和高温合金的 1/10 和 1/4，比 C/C 具有更好的抗氧化性、抗烧蚀性和力学性能，覆盖的使用温度和寿命范围宽，因而应用领域广。

CMC-SiC 在 700 ℃～1 650 ℃范围内可以工作数百至上千小时，适用于航空发动机、核能和燃气轮机及高速刹车；在 1 650～2 200 ℃范围内可以工作数小时至数十小时，适用于液体火箭发动机、冲压发动机和空天飞行器热防护系统等；在 2 200 ℃～2 800 ℃范围内可以工作数十秒，适用于固体火箭发动机。

CMC-SiC 在高推重比航空发动机内主要用于喷管和燃烧室，可将工作温度提高 300 ℃～500 ℃，推力提高 30%～100%，结构减重 50%～70%，是发展高推重比（12～15，15～20）航空发动机的关键热结构材料之一。

CMC-SiC 在高比冲液体火箭发动机内主要用于推力室和喷管，可显著减重，提高推力室压力和寿命，同时减少冷却剂量，实现轨道动能拦截系统的小型化和轻量化。

CMC-SiC 在推力可控固体火箭发动机内主要用于气流通道的喉栓和喉阀，可以解决新一代推力可控固体轨控发动机喉道零烧蚀的难题，提高动能拦截系统的变轨能力和机动性。CMC-SiC 在亚燃冲压发动机内主要用于亚燃冲压发动机的燃烧室和喷管喉衬，可以解决这些构件抗氧化烧蚀的难题，提高发动机的工作寿命，证飞行器的长航程。

CMC-SiC 在高超声速飞行器上主要用于大面积热防护系统，比金属 TPS 减重 50%，可减少发射准备程序，减少维护，提高使用寿命和降低成本。

CMC-SiC 在工业燃气涡轮发电机上主要用于燃烧室内衬和第一级覆环，可提高工作温度以减少甚至取消冷却空气量，从而提高燃烧效率，减少尾气排放，提高输出功率。

CMC-SiC 在核聚变反应堆内主要用于与核聚变反应直接接触的第一壁构件，可以解决材料在高温辐照环境的损伤问题，是目前各种核聚变反应堆方案的首选第一壁材料。

与 C/C 刹车材料相比，CMC-SiC 作为高速刹车系统用材料具有周期短、成本低、强度高、动静摩擦系数分配合理等显著优点。主要用于新一代战斗机刹车系统，也可用于高速列车、赛车和跑车。

作为空间超轻结构反射镜用材料，CMC-SiC 是一种空间超轻结构反射镜用材料，主要用于反射镜框架和镜面衬底。CMC-SiC 具有许多优良的性能，这些性能使其成为太空反射镜材料的理想选择。① 重量小：CMC-SiC 的密度比传统的金属材料低得多，这意味着使用 CMC-SiC 制造的反射镜框架和镜面更轻。对于需要将大型结构送入太空的应用来说，这是一个关键优点，因为轻量级材料可以减少发射成本和难度。② 强度高：CMC-SiC 具有很高的强度和刚度，这使得它能够有效地支撑和承受反射镜的各种负载条件。③ 膨胀系数小：CMC-SiC 的膨胀系数远低于许多其他材料，包括金属。这意味着在极端温度条件下，如太空中的高温和低温环境，CMC-SiC 可以保持其尺寸稳定性，这对于保持反射镜的精度和性能至关重要。④ 抗环境辐射：在太空环境中，辐射是一个主要的问题。但是，CMC-SiC 具有抵抗辐射的性能，可以长时间保持其结构和性能，从而使得反射镜可以在太空环境中稳定工作。大型太空反射镜结构轻量化和尺寸稳定性的难题是一个复杂的问题，而 CMC-SiC 作为一种优秀的材料，可以解决这些问题。通过使用 CMC-SiC，我们可以制造出更轻、更耐用、更稳定的太空反射镜，这对于未来的太空探索和科学应用具有重要意义。

8.2 纳米材料在新能源领域的应用

由于尺度小、比表面大等特点，将纳米材料作为新能源电极材料不仅可以增强材料的活性，还能提高材料的倍率性能，提高其功率密度。由于纳米材料尺度小，离子所需扩散路径短，大大降低了离子在固态粒子中的平均扩散时间。传输路径更短，存储时间降低，在大电流下充放电成为可能；更大的比表面降低了实际电流密度，减少了对电极材料的破坏，有利于循环性能的保持，因此纳米材料可以表现出很好的倍率性能。同时，纳米材料还可以提高电极材料结构的稳定性，并形成新的储能机理。

8.2.1　锂离子电池

1. 锂离子电池概述

锂离子电池是一种二次电池（充电电池），主要依靠锂离子在正极和负极之间移动来工作。在充放电过程中，Li^+在两个电极之间往返嵌入和脱嵌：充电时，Li^+从正极脱嵌，经过电解质嵌入负极，负极处于富锂状态；放电时则相反。锂离子电池因具有高电压、大容量、长循环寿命和安全性好等特点，使之在便携式电子设备乃至电动汽车等多领域展示出潜在的应用前景。开发锂离子电池的关键之一是寻找合适的电极材料，使电池具有足够高的锂嵌入量和很好的锂脱嵌可逆性，以保证电池的高电压、大容量和长循环寿命的要求。

2. 锂离子电池的应用范围

近年来，锂离子电池广泛应用于水力、火力、风力和太阳能电站等储能电源系统，以及电动工具、电动自行车、电动摩托车、电动汽车、军事装备、航空航天等多个领域[①]。

3. 锂离子电池的优缺点

锂离子电池确实存在一些缺点：

（1）内部阻抗高

锂离子电池的内部阻抗相对较高，这可能导致电池内部的热量和电压损失较大。这是由于锂离子电池的电解液是有机溶剂，其电导率相对较低。为了降低内部阻抗，一些研究正在寻找新的电解质材料，以提高锂离子电池的电导率和性能。

（2）工作电压变化大

锂离子电池的工作电压变化较大，这可能导致电池在放电过程中电压快速下降，影响电池的性能。虽然这对于电池的剩余电量检测有一定帮助，但对于电池的实际应用可能会带来一些问题。

（3）电极材料成本高

目前，用于制造锂离子电池的电极材料成本相对较高，这可能会限制锂离子电池在一些应用领域中的普及。研究者正在寻找更便宜、更易获得的电极材料，如过渡金属氧化物、合金等。

---

① 吴宇平，袁翔云，董超，等. 锂离子电池——应用与实践 [M]. 2 版. 北京：化学工业出版社，2011.

（4）装配要求严格

锂离子电池的装配过程需要在低湿度的条件下完成，这增加了生产难度和成本。此外，由于锂离子电池的结构比较复杂，需要特殊的保护电路来确保电池的安全使用。

（5）安全隐患

锂离子电池使用有机电解液，如果电池受到物理损伤或滥用，有机电解液可能会发生化学反应，产生气体并释放出大量热量，这可能会引发安全问题。因此，锂离子电池在使用过程中需要采取一些安全措施，如使用安全外壳、限制电池充放电电流等。

尽管锂离子电池存在一些缺点，但它的能量密度高、自放电率低以及寿命长等特点使得它成为目前应用最广泛的电池类型之一。随着技术的不断进步和研究者的不断努力，相信这些问题会逐渐得到解决，使锂离子电池更加安全、高效、廉价。

8.2.2　太阳能电池

太阳能电池技术可以划分为三代，即第一代的硅基电池技术、第二代的薄膜电池技术和第三代的光伏电池技术。其中，以硅片为基础的第一代太阳能电池，其技术发展已经成熟，但单晶硅纯度要求在99.999%，生产成本太高。第二代薄膜电池技术制备工艺简单，所需材料较少，且易于实现大面积电池的生产，可有效降低成本。第三代太阳能电池技术具有薄膜化、转换效率高、原料丰富且无毒等优点，但是目前还处在简单的试验研究阶段，尚未实用化。

1. 硅基电池

硅本身是地球表面的第二丰富的材料，且价格比较便宜，因此成为光伏行业里应用最多的一种材料，第一个半导体太阳能电池采用的是单晶硅材料，第一个商业化的光伏应用采用的也是硅材料。大多数硅基电池都是依靠晶体的 PN 结工作的，典型的商业化硅基电池模块的效率为14%～17%。对硅材料来说，影响效率的主要复合机制是背面复合、耗尽层复合、前后表面接触复合、接触电阻损耗、串联电阻损失和反射损失等。另外，由于硅本身是间接带隙材料，吸收效率比较低；通常单晶硅的厚度至少为 125 μm 才会吸收 90%以上的高于禁带宽度的太阳光；而厚度为 0.9 μm 的直接带隙砷化镓就可以达到相同的效果。除此之外，生产单晶硅需要单晶生长、晶元切片等工艺，成本相对较高，因此使用多晶硅材料可以降低其成本。但多晶硅存在高密度的复合中心和一些杂质缺陷，因此效率要比单晶硅低。

2. 薄膜电池

与硅基电池相比，薄膜电池由于采用在低成本支撑物上沉积非常薄的直接带隙材料，在降低成本的同时，极大地提高了电池效率。与无机薄膜太阳能电池（包括非晶硅薄膜电池、多晶硅薄膜电池、碲化镉以及铜铟硒薄膜电池等）相比，利用聚合物或染料等有机材料制作的薄膜电池成本更低，具有非常大的商业吸引力。其中，基于染料敏化介孔 TiO_2 薄膜电池由于在低成本条件下表现出高于 10%的能量转化效率而一直备受关注，这是一种混合有机—非有机的设计，其中的多孔纳米晶体 TiO_2 用作电子导体，与界面附近含有有机光吸收染料的电解质相连。电荷转移出现在界面上，同样，空穴在电极中运输。目前聚合物薄膜电池的主要问题是电池的寿命和封装问题。

3. 光伏电池

第三代光伏电池技术相比传统的光伏电池技术具有更高的效率和更低的成本，这些优点使得第三代光伏电池技术在光伏领域有着广阔的应用前景。在第三代光伏电池技术中，主要有以下几种降低每瓦成本的技术和材料。

（1）多重能量阈值技术

通过综合考虑多重能量阈值，可以降低电池的制造成本，同时提高电池的效率。

（2）低成本的制备方法

采用低成本的制备方法，如化学气相沉积、喷墨打印、溶胶凝胶等，可以降低电池的生产成本。

（3）丰富无毒的原材料

使用丰富无毒的原材料，如硅、锗等，可以降低电池的制造成本，同时提高电池的稳定性。

（4）叠层太阳能电池

叠层太阳能电池是目前发展最好的第三代光伏电池技术之一，通过聚光系统、降低成本、优化薄膜设计、增加效率等方面的改进可以降低每瓦成本。然而该技术的稳定性较差。

（5）钙钛矿太阳能电池

钙钛矿太阳能电池是光伏器件领域中的后起之秀，自 2009 年被发现以来，凭借成本低、柔性好及可大面积印刷等优点，受到了人们的广泛关注。

钙钛矿太阳能电池正是基于 PN 结的光生电势现象，当太阳光照射在半导体 PN 结上时，会激发形成空穴—电子对（激子）。由光照产生的激子首先被分离成为电子和空穴，然后分别向阴极和阳极输运。带负电的自由电子经过电子传输层进入玻璃基底，接着经外电路到达金属电极。带正电的空穴则扩散到空穴传输层，最终也到达金属电极。在此处，空穴与电子复合，电流形成一个回路，完成电能的运输。

虽然第三代光伏电池技术具有很多优点，但是目前还处于实验室研究阶段，由于技术不成熟、工作稳定性欠佳等问题还未达到实用要求。因此，对于降低每瓦成本和提高电池稳定性等方面还需要进一步的研究和改进。

8.3 纳米材料在磁性材料领域的应用

8.3.1 纳米磁性材料概述

纳米磁性材料是指由磁性元素（如铁、镍、钴、铬、锰、钆）及其化合物组成的纳米级材料。这些纳米颗粒具有超顺磁性，因为它们的尺寸在纳米级别，这使得它们在许多应用中具有巨大的潜力。

纳米磁性材料可以结合各种功能分子，如酶、抗体、细胞、DNA 或 RNA 等，在生物医学领域有广泛的应用，如癌症治疗、诊断和成像。它们还可以用于高密度存储介质、燃料电池、太阳能电池和电解水制氢等领域。

这些纳米颗粒可以选择性地附着在功能分子上，并允许在外部磁场下从电磁体或永磁体运输到目标位置。为了防止聚集并最大限度地减少颗粒与系统环境的相互作用，通常会对纳米磁性材料进行表面涂层，常见的涂层材料包括表面活性剂、二氧化硅、有机硅或磷酸衍生物等。

总的来说，纳米磁性材料具有许多独特的应用，为各个领域带来新的研究和发展机会。

8.3.2 纳米磁性材料的应用

纳米磁性材料根据其结构特征可以分为纳米颗粒型、纳米微晶型和磁微电子结构材料三大类。

1. 纳米颗粒型

纳米颗粒型磁性材料是指由单分散的纳米颗粒组成的磁性材料，主要应用于下列方面。

（1）磁存储介质材料

近年来随着信息量飞速增加，要求记录介质材料高性能化，特别是记录高密度化。高记录密度的记录介质材料与超微粒有密切的关系。若以超微粒作记录单元，可使记录密度大大提高。纳米磁性微粒由于尺寸小，具有单磁畴结构，矫顽力很高的特性，用它制作磁记录材料可以提高信噪比，改善图像质量。

（2）纳米磁记录介质

如合金磁粉的尺寸在 80 nm，钡铁氧体磁粉的尺寸在 40 nm，今后进一步提高密度向"量子磁盘"化发展，利用磁纳米线的存储特性，记录密度达 400 Gbit/in^2，相当于每平方英寸可存储 30 万部西游记小说。

（3）磁性液体

它是由超顺磁性的纳米微粒包覆了表面活性剂，然后弥漫在基液中而构成。利用磁性液体可以被磁场控制的特性，用环状永磁体在旋转轴密封部件产生一环状的磁场分布，从而可将磁性液体约束在磁场之中而形成磁性液体的"O"，且没有磨损，可以做到长寿命的动态密封。这也是磁性液体较早、较广泛的应用之一。此外，在电子计算机中为防止尘埃进入硬盘中损坏磁头与磁盘，在转轴处也已普遍采用磁性液体的防尘密封。磁性液体还有其他许多用途，如仪器仪表中的阻尼器、无声快速的磁印刷、磁性液体发电机、医疗中的造影剂等。

（4）纳米磁性药物

磁性治疗技术在国内外的研究领域在拓宽，如治疗癌症，用纳米的金属性磁粉液体注射进人体病变的部位，并用磁体固定在病灶的细胞附近，再用微波辐射金属加热法升到一定的温度，能有效地杀死癌细胞。另外，还可以用磁粉包裹药物，用磁体固定在病灶附近，这样能加强药物治疗作用。

2. 纳米微晶型

纳米微晶型磁性材料是指由纳米微晶组成的磁性材料。这些微晶的尺寸在 10～100 nm 之间，具有优异的磁学性能，如高剩磁比、高磁能积和低损耗等。纳米微晶型磁性材料的应用如下。

（1）纳米微晶稀土永磁材料

稀土钕铁硼磁体的发展突飞猛进，磁体磁性能也在不断提高，目前烧结钕铁硼磁体的磁能积达到 50 MGOe，接近理论值 64 MGOe，并已进入规模生产。为进一步改善磁性能，目前已经用速凝薄片合金的生产工艺，一般的快淬磁粉晶粒尺寸为 20～50 nm，如作为黏结钕铁硼永磁原材料的快淬磁粉。为克服钕铁硼磁体低的居里温度，易氧化和比铁氧体高的成本价格等缺点，目前正在探索新型的稀土永磁材料，如钐铁氮、钕铁氮等化合物。另外，开发研制复合稀土永磁材料，将软磁相与永磁相在纳米尺寸内进行复合，就可获得高饱和磁化强度和高矫顽力的新型永磁材料。

（2）纳米微晶稀土软磁材料

在 1988 年，首先发现在铁基非晶的基体中加入少量的铜和稀土，经适当温度晶化退火后，获得一种性能优异的具有超细晶粒（直径约 10 nm）软磁合金，后被称为纳米晶软磁合金。纳米晶磁性材料可开发成各种各样的磁性器，应用于电力电子技术领域，用作电流互感器、开关电源变压器、滤波器、漏电保护器、互感器及传感器等，可取得令人满意的经济效益。

3. 磁微电子结构材料

磁微电子结构材料是指由磁性薄膜、多层膜和超薄膜组成的微电子结构材料。这些材料的尺寸在 10～100 nm 之间，具有高集成度、高速读写速度和高可靠性等优点，其应用如下。

（1）巨磁电阻材料

将纳米晶的金属软磁颗粒弥散镶嵌在高电阻非磁性材料中，构成两相组织的纳米颗粒薄膜，这种薄膜最大特点是电阻率高，称为巨磁电阻效应材料，在 100 MHz 以上的超高频段显示出优良的软磁特性。由于巨磁电阻效应大，可使器件小型化、廉价，可做成各种传感器件，例如，测量位移、角度，数控机床、汽车测速，旋转编码器，微弱磁场探测器（SQU IDS）等。

（2）磁性薄膜变压器

个人电脑和手机的小型化，必须采用高频开关电源，并且工作频率越来越高，逐步提高到 1～2 MHz 或更高。要想使高频开关电源进一步向轻薄小方向发展，立体的三维结构铁芯已经不能满足要求，只有向低维的平面结构发展，才能使高度更薄、长度更短、体积更小。对于 10～25 W 小功率开关电源，将采用印刷铁芯和磁性薄膜铁芯。几个微米厚的磁性薄膜，基本上不形成三维立体结构，而是二维平面结构，其物理特性也与原来的立体结构不同，可以获得前所未有的高性能和综合性能。

（3）磁光存储器

当前只读和一次刻录式的光盘已经广泛应用，但是可重复写、擦的光盘还没有产业化生产。最具有发展前途的是磁性材料介质的磁光存储器，其可以像磁盘一样反复多次地重复记录。目前大量使用的软磁盘，由于材料介质和记录磁头的局限性，其存储密度已经达到极限；另外其已经不能满足信息技术的发展要求，无法在一张盘上存储更多的图像和数据。采用磁光盘存储，就能在一张盘上记录数千兆字节到数十千兆字节的容量，并且能反复地擦写使用。

8.4　纳米材料在光催化领域的应用

光催化反应是利用光能进行物质转化的一种方式，是光和物质之间相互作用的多种方式之一，是物质在光和催化剂同时作用下所进行的化学反应。纳米材料在光催化领域的应用主要为纳米半导体金属氧化物。纳米半导体金属氧化物具有大的比表面积，这意味着它们可以提供更多的反应位点，增加反应物质的接触面积，从而有效地促进化学反应的进行。这类材料对反应物吸附能力强，可以迅速吸附并活化反应物质，加速化学反应的速率和提高反应效率。纳米半导体金属氧化物光催化反应过程中，光生载流子优先吸附反应物并与之进行反应，从而有效地避免了其他物质的干扰，提高了光催化反应的选择性。纳米半导体金属氧化物材料具有较高的表面能和低的熔点，这使得它们在较低的温度下即可与反应物进行反应，从而避免了高温条件下可能引起的副反应和能源消耗等问题。因此，纳米半导体金属氧化物作为一种新型的光催化剂，在光催化反应领域具有广泛的应用前景。

常用的纳米半导体金属氧化物催化剂有 TiO_2、ZnO、CdS、WO_3、SnO_2 等。在众多的光催化剂之中，TiO_2 以其催化性能优良、化学性能稳定、安全无毒副作用、使用寿命长等优点而被广泛使用。使用发光半导体来进行污染处理的方法，已被成功地应用于各种化合物，例如，烷烃、脂肪醇、脂肪羧酸、酚醛、芳香族羧酸、染料、PCB 类、简单芳香族及卤代烃等，还有表面活性剂和农药。同时在含水的溶液中对于重金属（即 Pt^{4+}、Au^{3+}、Rh^{3+}、Cr^{6+}）的再还原沉淀，也有重要作用。在很多情况下对有机化合物的完全矿化也起作用。

8.4.1　半导体纳米粒子的光催化原理

半导体的能带结构通常是由一个充满电子的低能价带和一个空的高能导带构成，价带和导带之间的区域称为禁带，区域的大小称为禁带宽度。半导体的禁带宽度一般为 0.2～3.0 eV，是一个不连续区域。半导体的光催化特性就是由它的特殊能带结构所决定的。当用能量等于或大于半导体带隙能的光波辐射半导体光催化剂时，处于价带上的电子（e⁻）就会被激发到导带上并在电场作用下迁移到粒子表面，于是在价带上形成了空穴（h⁺），从而产生了具有高度活性的空穴—电子对。高活性的光生空穴具有很强的氧化能力，可以将吸附在半导体表面的 OH 和 H_2O 进行氧化，生成具有强氧化性的—OH 自由基来氧化降解有机污染物。同时，空穴本身也可夺取吸附在半导体表面的有机物中的电子，使原本不吸收光的物质被直接氧化分解。这两种氧化方式可能单独起作用也可能同时起作用，对于不同的物质两种氧化方式参与作用的程度有所不同。

8.4.2 半导体纳米粒子的应用方法

纳米半导体比常规半导体催化活性高很多，原因在于：由于量子尺寸效应，使半导体粉体的导带和价带间的能隙变宽。导带电位变得更负，粒子具有更强的氧化和还原能力。况且，纳米半导体粒子的粒径小，光生载流子比常规材料的光生载流子更容易通过扩散迁移到表面，形成表面态对载流子的捕捉，促进氧化和还原反应。半导体纳米粒子光催化效应在环保、水质处理、有机降解、失效农药降解等许多方面有重要的应用。

1. 半导体纳米粒子光催化剂在抗菌方面的应用

随着纳米 TiO_2 光催化剂的抗菌性能不断被人们开发和利用，抗菌陶瓷、抗菌塑料、抗菌涂料、抗菌纤维和抗菌日用品等也相继出现。

（1）抗菌陶瓷

日本 TOTO 公司已经将涂覆有 TiO_2 纳米膜的抗菌瓷砖和卫生陶瓷商品化生产，用于医院、食品加工等场所。为了充分利用室内的太阳光和弱光，人们又积极开发了不受光源条件限制的抗菌陶瓷。刘平制备的表面镀有纳米 TiO_2 薄膜的自清洁陶瓷，在无光照条件下，15 min 内对金黄色葡萄球菌的灭菌率超过 80%。[①]钱泓制备的 TiO_2 抗菌陶瓷，在普通荧光灯下，对金黄色葡萄球菌的灭菌率可达到 85%。

（2）抗菌塑料

纳米 TiO_2 粉末与树脂高分子材料掺混可以制备成抗菌塑料，在净化环境

---

① 张健，吴全兴. 纳米二氧化钛的研究进展 [J]. 稀有金属快报，2005（24）：3.

方面具有广泛的应用前景。徐瑞芬制备的纳米 TiO_2 抗菌塑料具有长效广谱的抗菌性能，在反应 24 h 后对大肠杆菌、金黄色葡萄球菌和枯草芽孢杆菌黑色变种的杀菌率均可达到 97% 以上。另外，抗菌塑料可吹制成薄膜用于食品包装，能起到保鲜杀菌的作用。丁新更用掺杂银离子的纳米二氧化钛与聚乙烯母粒掺混制备的抗菌塑料，吹制成薄膜用于牛奶包装，在冷藏条件下，可保存 10 天。

（3）抗菌涂料

将纳米 TiO_2 粉末添加于普通涂料中可制备成抗菌涂料，是值得大力推广的一种绿色环保材料。徐瑞芬自制的纳米 TiO_2 抗菌涂料，杀菌作用彻底持久，而且不受光源条件限制。在室内自然光、日光灯甚至黑暗处微光条件下，也能起到较强的杀菌效果，在 2 h 后对大肠杆菌、金黄色葡萄球菌、枯草芽孢的杀菌率均可达到 90% 以上。

（4）抗菌玻璃

纳米 TiO_2 薄膜负载于玻璃（如日用玻璃器皿、平板装饰玻璃等）表面，可制成具有杀菌功能的玻璃制品，可广泛应用于医院、宾馆等大型公共场所。雷阁盈制备的 TiO_2 微晶膜玻璃具有杀菌广谱高效的特点，在自然光照射 30 min 后对大肠杆菌、金黄色葡萄球菌和白色念珠菌的杀菌率均达到 90% 以上。

（5）抗菌不锈钢

纳米 TiO_2 薄膜涂覆于不锈钢表面可制备成具有杀菌性能的不锈钢，在食品工业、医疗卫生乃至一般家庭都有广泛的应用前景。汪铭制备了涂覆有 Ag^+/TiO_2 薄膜的抗菌不锈钢，与普通不锈钢相比，耐蚀性优良，耐磨性得到提高，其他指标基本相同。对大肠杆菌的杀菌实验发现，其抗菌性能随着膜层中含银量的增加而提高，当含银量大于 2%（质量分数）时，不锈钢的抗菌率可达到 90% 以上。

2. 半导体纳米粒子光催化剂在净化空气方面的应用

一般的建筑材料、装饰材料及家庭所用的化学品等会释放出种类繁多的挥发性有机和无机化合物，如苯、甲醛、丙酮、氨、二氧化氮、硫化氢等。此外，还有烟雾粉尘、霉变异味、油烟等。随着汽车数量的增加，尾气中氮氧化物的排放日益增加。如果将 TiO_2 作为功能粉体材料，复合到涂料中，研制成无污染、无毒害的纳米 TiO_2 光催化绿色复合材料，在室内空气净化领域发挥了重要作用。纳米 TiO_2 光催化绿色复合涂料在达到有效净化室内空气的作用的同时，苯、甲醛、氨气等有害物质被氧化还原后生成二氧化碳和水。据了解，喷涂 1 000 m² 纳米 TiO_2 光催化绿色复合涂料，相当于 70 棵白桦树的空气净化能力。

（1）TiO_2 光催化氧化处理有机污染物与无机污染物

对水体质量影响较大的有害有机物有烃类、醛类、醇类、酮类、酚类、卤代物、多环芳烃、多氯联苯、多氯二噁英、合成农药、染料和杂环化合物等。有机污染物本身有一定的生物积累性、毒性和致癌、致畸、致突变的"三致"作用，一些有机物对人的生殖功能产生不可逆的影响，是人类的隐形杀手。TiO_2 能有效地将废水中的有机物降解为 H_2O、CO_2、PO_4^{3-}、SO_4^{2-}、NO_3^- 和卤素离子等无机小分子，达到完全无机化的目的。

无机水体污染物来源于采矿、金属冶炼、化工、机械加工等行业，常见的有汞、镉、铬、铅等重金属离子和 CN^- 以及溶解在水中的有害气体如 H_2S、SO_2、NO_2、NO 等，水中 CN^- 的含量达 0.3～0.5 mg/L 时，就可导致鱼类死亡。人一次误服 0.1 g KCN 或 NaCN 就会死亡。如发生在日本的水俣病、痛病就是由水中的汞、镉离子引起的。高浓度的铬会损伤中枢神经，有致癌作用。

许多无机物在 TiO_2 表面也具有光化学活性。利用 TiO_2 催化剂的强氧化还原能力，可以将污水中的汞、铬、铅以及氧化物等降解为无机物。

（2）半导体氧化物光催化裂解水制氢

自 20 世纪 60 年代末日本科学家 Fujishima 和 Honda 发现光照 n 型半导体 TiO_2 电极导致水的分解从而产生氢气的现象，揭示了利用太阳能分解水制氢。随着由电极电解水演变为多相光催化分解水，以及除 TiO_2 以外许多新型光催化剂的相继发现和光催化效率的相应提高，光催化分解水制氢近年来受到了世界各国政府和学者的热切关注。

（3）制备金属催化剂和回收贵金属

半导体光催化除了用于治理重金属污染外，基于其还原能力还可以用于以下方面。光催化是制备各种负载型金属催化剂的一种新型的方法。工业上可利用光催化使金属离子沉积，以实现贵金属的提取。Sclafani 等发现，300 K 左右时银在 TiO_2 粉体上析出速率与温度变化无关，但依赖于银离子的初始浓度。增加光照强度后，单位时间内 TiO_2 吸收的光子数增加，银的析出明显加快。光催化提取贵金属的突出优点在于它使用于常规方法无能为力的极稀溶液，能用较简便的方法使贵金属富集在催化剂的表面，然后再用其他方法将其收集起来加以利用。由于各种金属的氧化—还原电位不高，当溶液中同时存在多种金属离子时，它们将选择性地顺序析出，若条件控制得当，光催化甚至还可以用于混合离子的分离。

（4）利用纳米光催化合成有机物和无机物

光催化不仅可以分解破坏有机物，在适当条件下还能用来合成一些有机物。Tada 及其合作者首次报道了金红石型的 TiO_2 微粒光催化剂使纯 1,3,5,6-四甲基环四氧硅烷开环聚合，在催化剂表面形成了聚甲基氧硅烷（PMS）。TiO_2 光催化还适用于苯乙烯的聚合，在非水溶剂中主要生成聚苯乙烯，若采用水溶液并曝气则生成苯乙酮。以纳米 ZnO 胶体做光引发剂很容易使甲基烯酸甲酯聚合，反应过程中空穴被溶剂俘获，电子起引发作用。

CO_2 在水中可被光催化还原成甲酸、甲醛、甲醇及痕量甲烷。Pd、Rh、Pt 或 Au 在 TiO_2 上沉积会大大加快甲烷的生成，其中，Pd/TiO_2 复合催化剂进行光催化得到的甲烷量是单纯用 TiO_2 得到的 35 倍。

利用半导体光催化不但可以合成高聚物，还可以将膜产物包覆在催化剂上，对某些半导体进行表面改性。

8.5　纳米材料在光学领域的应用

材料的发光性质，包括光致发光、电致发光和阴极射线发光这三种主要类型。光致发光是指材料依赖光源进行照射，从而获得能量，产生激发导致发光的现象。这个过程主要包括三个阶段：吸收、能量传递和光发射。紫外辐射、可见光及红外辐射都可以引起光致发光。电致发光则是通过加在两电极的电压产生电场，被电场激发的电子碰击发光中心，导致电子的跃迁、变化、复合并最终导致发光。阴极射线发光是一种通过电子枪发射的电子束与发光材料结合而使材料发光的光电现象，这是一种表征纳米结构光学性质的有效手段。

另外，纳米材料的荧光性能、纳米微粒强烈的反射红外线的功能、纳米微粒对紫外线很强的吸收能力等光学性质，使得纳米材料可以制作高效光热、光电转换材料，可高效地将太阳能转化为热能、电能；此外，又可作为红外敏感元件、红外隐身材料等；对纳米材料进行表面修饰后，纳米材料具有较大的非线性光学吸收，等等。利用纳米微粒的这些光学特性制成的各种光学材料与器件在日常生活和高技术领域得到广泛的应用。下面以光吸收材料为例，简要介绍纳米材料的一些光学应用。

8.5.1　紫外吸收

量子尺寸效应使纳米光学材料对某种波长的光吸收具有蓝移现象，纳米微粒粉体对各种波长光的吸收带有宽化现象，纳米微粒的紫外吸收材料就是利用了这两个特性。通常的纳米微粒紫外吸收材料是将纳米微粒分散到树脂中制成膜，这种膜对紫外的吸收能力与纳米粒子的尺寸和树脂中纳米粒子的掺加量及组分有关。比如，Fe_2O_3 纳米微粒的聚固醇树脂膜对 600 nm 以下的光有良好的吸收特性，可用作半导体器件的紫外线过滤器；300～400 nm 的 TiO_2 纳米粒子的树脂膜对 400 nm 波长以下的紫外线有极强的吸收特性，吸收率达到 90%以上；纳米 Al_2O_3 粉体对 250 nm 以下的紫外线有很强的吸收特性。在防晒油、化妆品中加入纳米 TiO_2、ZnO 和 Al_2O_3 等颗粒，对大气中的紫外线进行强吸收，可减少进入人体的紫外线；在塑料表面上涂一层含有纳米微粒的透明涂层可以防止塑料老化；在汽车、舰船表面上涂一层含有纳米微粒的油漆，可以防止油漆脱落等。

8.5.2　光吸收过滤器和调制器

过滤器主要分为窄带过滤器、截止过滤器等，这些过滤器可以在一定波长范围内对光进行控制，因此在光通信等领域有着广泛的应用前景。随着纳米材料的诞生，设计高效光过滤器有了新的机遇。纳米材料尺寸小，可以把光过滤器的尺寸缩小，更重要的是可以利用纳米材料的尺寸效应，在同一种类材料上实现波段可调的光过滤器。用于光过滤器的材料有 TiO_2/SiO_2 和 TiO_2/Ta_2O_3 等多层膜，这些材料可以通过模板孔洞内金属纳米粒子的含量，以及柱形孔洞内纳米颗粒形成的纳米棒的纵横比来控制组装体系吸收边或吸收带的位置，实现光过滤的人工调制。比如，在 Ag/SiO_2 介孔材料中，随着银纳米粒子的含量从 0.35%增加到 3.5%，体系吸收边由紫外线移到红光范围，颜色从黑色向黄红色变化。

8.5.3　红外吸收

纳米粒子对红外线和电磁波的吸收率比常规材料大得多。这使得红外探测器和高科技雷达得到的反射信号强度降低，很难发现被探测目标，从而起到了隐身作用。这种特性在军事领域具有重要的应用价值，例如在战争中，如果不对这个波段的红外线进行屏蔽，很容易被非常灵敏的中红外探测器所发现，尤其是在夜间，人身安全将受到威胁。

纳米 Al_2O_3、TiO_2、SiO_2 和 Fe_2O_3 的复合材料对中红外具有很强的吸收特性。将此类纳米微粒填充到纤维中，不但有对人体红外线的强吸收作用，还可以增加保暖作用，减轻衣服的质量。

8.5.4　微波隐身

隐身材料在航空航天与军事领域具有广阔的应用前景。随着光电、通信、计算机和传感器等高新技术及其综合应用的迅猛发展，大大促进了信息获取的实时性及其深度和广度，世界各国防御体系的探测、跟踪、攻击能力越来越强，陆、海、空各军兵种军事目标的生存力，突防能力日益受到严重威胁。要提高目标的生存能力，就要采取各种伪装方法，运用多种新材料新技术，降低目标被发现的可能性和时效性。为此，近年来各国在军事研究中都加大了隐身技术的研究力度，新的隐身机理和一批新型隐身材料不断取得进展。在诸多隐身技术中，涂料隐身以其施工方便、成本低廉、性能优越等特点而一直是各国隐身技术研究的重点。自 20 世纪 90 年代初以来，纳米材料和纳米技术的兴起和发展，给隐身涂料带来了突破性进展，已成为当前隐身技术领域研究的热点之一。

纳米涂料一般都是由纳米材料与有机涂料复合而成的，更科学地讲应称作纳米复合涂料，最近已有无机纳米材料与有机高分子树脂复合的纳米涂料，它是通过精细控制无机纳米粒子使其均匀分散在高聚物基体中的性能更加优异的新型涂料。纳米涂料必须满足以下两个条件：一是其中至少有一相的尺寸在 $1 \sim 100$ nm 之间；二是纳米相的存在使涂料性能得到显著提高或有新功能。广义地讲纳米涂料还包括：金属纳米涂层材料和无机纳米涂层材料，金属纳米涂层材料主要是指材料中含有纳米晶相，无机纳米涂层材料则是由纳米粒子之间的熔融、烧结复合而成。通常所说的纳米涂料均为有机纳米复合涂料。目前，用于涂料的纳米粒子主要有三类：一是金属氧化物如 TiO_2，SiO_2，ZnO，Al_2O_3，Fe_2O_3 等；二是纳米金属粉末如纳米 Al，Tl，Cr，Nd，Mo 等；三是无机盐类如 $CaCO_3$。

利用纳米粒子的表面效应、小尺寸效应、量子尺寸效应、宏观量子隧道效应等特殊性质，可以制备紫外屏蔽涂料、吸波涂料、导电涂料、隔热涂料等，从而为提高涂料的性能和赋予涂料新的功能开辟了一条新的途径。

当这种涂料用于隐身目的时，就成为纳米隐身涂料。因此，纳米隐身涂料就是通过筛选，应用特定组成的纳米材料与有机涂料复合，使涂覆目标能够对可见光、雷达、红外等现代探测仪器有隐身作用的纳米涂料。

雷达和红外隐身技术是隐身领域中研究的重点。传统的隐身涂料往往以特定的波段为对象，有些兼顾型隐身涂料则往往牺牲主要隐身方向的优越性能，或降低装备的战斗能力。以研究较多而且比较成熟的铁氧体类吸波复合材料为例，其对雷达波有相当的吸收率，但吸收频带窄、相对密度大对飞行器隐身不利。相比而言，纳米材料与有机涂料结合后，有如下特点：

① 机械性能提高。纳米材料与有机涂料结合后，可以显著提高涂料的机械性能，如粘接性、耐磨性等，从而减少了对其他助剂和填料的需求。

② 高频带吸波性能。纳米材料与有机涂料结合后，具有高效的宽频带吸波性能，可以覆盖电磁波、微波、红外等波段，这对于一些需要屏蔽电磁波的设备或应用非常重要。

③ 增强防腐能力。纳米材料与有机涂料结合后，能够增强基体的腐蚀防护能力，对于防止基体腐蚀、提高设备或结构的使用寿命具有重要意义。

④ 耐候性良好。纳米材料与有机涂料结合后，具有较好的耐候性，能够抵抗大气和紫外线的侵害，从而保证了涂料的长效性和稳定性。

⑤ 涂装性能优良。纳米材料与有机涂料结合后，喷涂性能得到大为改善，这有助于提高涂料施工的效率和效果，使得涂料的覆盖更均匀、更完整。

隐身涂料是固定覆盖在武器系统结构上的隐身材料，按其功能可分为雷达隐身涂料、红外隐身涂料、可见光隐身涂料、激光隐身涂料、声纳隐身涂料和多功能隐身涂料等；按涂料隐身原理又可分为吸波隐身涂料和透波隐身涂料，其目的都是最大限度地减少或消除雷达、红外等对目标的探测特征。目前技术较成熟的隐身涂料有：铁氧体系列吸波涂料、石墨、陶瓷型隐形涂料、视黄基席夫碱盐隐身涂料、铁球状吸波涂料、含有放射性同位素的涂料和半导体涂料等。

8.6 纳米材料在纺织印染领域的应用

8.6.1 纺织用纳米材料的种类

在现阶段的纺织应用中，无机纳米材料是主要的纳米材料类型。这是因为无机材料和无机复合材料具有多重特性，而将其制成纳米粉体后，这些特性无法用常规的概念和理论来描述。然而，将这些纳米材料添加到纤维中，却可以表现出令人难以置信的特性。从 20 世纪 70 年代开始，这些新型的功能超微无机材料逐渐发展起来。到了 20 世纪 80 年代中后期，这些材料开始应用于功能化纤维的制造。进入 20 世纪 90 年代中期，纳米材料开始得到广泛开发和应用。至今，各种不同的功能化纤维制品已经在国内外市场上出现。功能纤维所用的纳米无机材料种类如表 8-1 所示。

表 8-1　功能纤维所用的纳米无机材料种类

功能纤维	添加纳米无机材料
高吸湿纤维	碳酸钙
变色纤维	锆镍氧化物、络合物
超悬垂纤维	碳化钨、钨
抗静电纤维	三氧化钛锡、氧化锡、炭黑
磁性纤维	氧化铁、铁氧体、铁锆镍稀土化合物
抗紫外线纤维	二氧化钛、氧化锌、氧化铝、氧化硅等
导电纤维	炭黑、碘化铜、氧化锡、氧化钛、氧化锌、硫化铜
抗菌纤维	银·沸石、银锆、银锌、银铜沸石、氧化锌、二氧化钛
荧光纤维	铝酸锶、铝酸钙
远红外纤维	碳化锆、氧化锆、氧化铝、氧化镁、氧化铬、三氧化钛锡

8.6.2　纺织用纳米材料的技术要求

1. 细度

超细颗粒是一个比较笼统的概念，不同的产品性能取决于颗粒细度的范围。细度是衡量功能性添加剂的一个重要指标，粒度若不够细，极易造成化纤制造的过程中喷丝板堵塞，从而影响生产工艺，同时，还会引起纤维强度下降而无法牵伸。如细且纤维直径在 5 μm 左右时，添加剂颗粒直径为 50 nm，基本上对纤维强度影响不大；若颗粒直径变为 500 nm，则纤维断面有大约 10%被颗粒所占，纤维强度必然会下降，甚至出现断丝。实际上，目前的化纤超细添加剂不属于纳米材料，但纳米材料是超细新材料发展的最终方向。我国功能性纳米添加剂的细度要求在 30～80 nm 之间。

2. 表面处理

功能性纳米添加剂的表面处理是一个重要的工序，不能分离。这是因为添加剂大多数是金属氧化物和非金属氧化物，它们的弹性模量、硬度等都远大于高分子材料。因此，进行适当的表面处理就像在金属、非金属氧化物和高分子材料中间增加了一个缓冲层，增加了添加剂在纤维中的浸润性。这样可以对纤维起到一定的增强作用。表面处理一般在添加剂生产过程中进行，并且根据不同种类的纤维，如涤纶、腈纶、丙纶等，采用不同的添加剂。例如，有些厂家在进行生产时会加入一些表面超分散剂来进行表面处理。在湿法生产中，表面处理后有利于提高颗粒在母液中的分散性，从而在管道输送时不会产生二次凝聚。功能性纳米添加剂的表面处理往往是由纳米添加剂生产厂家和化纤生产厂自行相互配合商定的。

3. 水分

水分是添加剂粉体的基本要求之一。对于粉体来说，细度是一个重要的因素。一般来说，粉体越细，其表面积就越大，也就更容易吸潮并结块。此外，如果添加剂的水分含量过高，可能会在生产过程中对切片或母粒的性能造成负面影响，甚至可能导致性能降解。对于水分含量的要求，参照化纤切片的要求，不得大于 0.5%。这是为了保持添加剂的稳定性和有效性，避免因水分过多而引起的副作用。一些厂家在使用添加剂时，为了确保水分含量不超过这个标准，甚至会专门进行烘干处理。这样做可以去除添加剂中的多余水分，避免可能的问题。

8.6.3　纳米材料的添加方法

纳米材料的量子尺寸效应和表面效应使其具有一些独特的光学特性，能对紫外和红外线有强烈的反射特性，可以添加到材料中提高其抗紫外、耐老化和耐热老化以及隔热保温的性能。纳米材料的小尺寸效应和宏观量子隧道效应可以显著提高材料的强度、弹性、耐磨性、光稳定性和热稳定性。

在纳米材料与纺织材料的结合方面，主要有两种方法：一种方法是将纳米材料作为填料添加到纺织纤维中，通过特定的工艺如造粒、熔融纺丝、卷绕拉伸等制成纳米复合纤维。另一种方法是通过将纳米微粒添加到织物整理剂或涂料中，然后对织物进行后整理，将纳米材料结合到纺织品上。

8.6.4　纳米材料在纺织行业的开发应用

纳米材料在纺织行业中的应用主要以无机纳米材料为主。这些纳米材料具有多重特性，包括抗紫外线、抗菌除臭、远红外线反射、凉爽、拒水防污、导电、阻燃等,这些特性使得纳米材料在纺织新产品中有广泛的开发和应用。纳米材料在纺织行业中的应用途径主要有三种:多种粉体复配、多种纤维添加、多种功能复合。通过这些途径,纳米材料可以被有效地引入到纺织品中,并实现其相应的功能。纳米材料的应用有助于提高纺织品的各种性能,如抗紫外线、抗菌除臭、远红外线反射、凉爽、拒水防污、导电、阻燃等。这为未来纳米材料在纺织行业的应用提供了坚实的基础。

1. 纳米银处理棉/羊毛等天然纤维及其制品

纳米银作为一种正在深入研究并迅速发展的新型纳米材料,以其广谱持久的抗菌、抗电磁辐射、导电及吸收部分紫外线等功能,在纺织业中拥有广阔的应用前景。

在抗菌方面,纳米银具有非常显著的抗菌效果。由于其纳米级别的尺寸效应,使得纳米银具有更强的渗透性和扩散性,能够更有效地破坏细菌和病毒的细胞膜,从而达到抗菌的目的。与传统的抗菌剂相比,纳米银具有更强的抗菌性能和更长的抗菌持久性,因此能够更好地保护纺织品和皮肤等免受细菌和病毒的侵害。

在抗电磁辐射方面,纳米银也具有非常重要的作用。由于其金属特性,纳米银可以吸收和反射电磁辐射,对于减少电子产品的电磁辐射对人体的影响具有非常积极的作用。因此,在纺织品中添加纳米银可以有效地减少电子产品对人体的电磁辐射危害。

此外,纳米银还具有导电和吸收部分紫外线等功能。在纺织品中添加纳米银可以增加纺织品的导电性能,使其具有更好的防静电性能和更舒适的穿着体验。同时,纳米银还可以吸收部分紫外线,从而减少紫外线对人体皮肤的伤害。

2. 纳米氧化锌处理毛(绒)纤维

纳米氧化锌微粉具有优越的抗菌、消毒、除臭功能。其颗粒大小在 1～100 nm 之间,这使得它成为一种具有高度活性的材料,能够有效地对抗微生物和细菌的生长。通过制成功能性助剂,纳米氧化锌可以吸附到天然纤维上,从而获得性能良好的抗菌织物。这种织物能抑制以汗和污物为营养源的微生物繁殖,防止微生物释放出的恶臭,从而保持织物的卫生状态。此外,还可以采用涂层整理法将纳米材料在纤维表面形成柔软的功能性涂层。这种涂层可以使整理后的产品性能均匀、持久,从而提高织物的质量和寿命。

纳米氧化锌粒子具有很强的化学活性和吸附性,使之通过乳化分散,均匀地附着于毛纤维表层，使纳米氧化锌粒子与毛纤维上的一部分自由基团结合，并且使纳米粒子牢固永久地结合在羊毛纤维上，这样不仅可以修补丝光处理后受到损伤的羊毛纤维，降低定向摩擦效应，达到防缩、易护理目的，使天然纤维成为抗菌、消毒、除臭的健康纤维；而且在纤维制条时，氧化硅能够增加纤维自身的抱合力，使制成的毛条纤维细度均匀，刚性强，最终成品轻、暖、柔、滑，光泽亮丽，具有羊绒的手感，产品具有抗起球、可机洗、防毡缩、易护理等特点。

纳米处理后的散纤和毛条，在外观、手感、风格、穿着功能等方面都发生了很大的变化（表 8-2）。而且经染色试验后，手感无明显减弱，仍保持染前的风格，说明纳米材料固着持久、稳定。经国家毛纺织产品质量监督检验中心（上海）及 ITS 测试，完全达到国际羊毛局 TM31 可机洗标准，抗起球达 3～4 级。同时经太原理工大学测试中心高分辨电子显微镜测试，结果表明毛绒纤维材料中吸附有纳米材料，具有极大的开发价值。

表 8-2　纳米化的丝光毛条指标

项 目	数 据	项 目	数 据
平均细度/μm	18.3	毛粒/（只/g）	1.3
细度离散/%	25.0	毛片/（只/m）	0.4
平均长度/mm	51.04	草屑/（只/g）	0
长度离散/%	39.82	色毛/（根/5 g）	1.0
20mm 以下短毛率/%	3.6	毡化收缩/%	−1.3
重量不匀率/%	2.0	起球/级	3～4
折合公定重量/（g/m）	17.48		

山羊绒存在一些缺点，如易起球、刚性差和成品无身骨等，对其进行鳞片温和、缓慢、均匀的剥蚀和纳米柔软处理可以改善这些问题。处理后的羊绒基本解决了其所存在的弊端，提高了羊绒产品的服用性和附加值。这意味着处理后的羊绒更加舒适、耐用和美观，并且可能具有更高的市场价值。对于蒙古绒、尼泊尔绒和细度偏粗的绒（细度大于 16 μm），经处理后细度减少 0.5～0.81 μm，并大大改善了手感。这表明纳米柔软处理不仅可以改善绒毛的细度，还可以提高其柔软度和舒适度。纳米化处理对于手感差的特种绒毛，如紫山羊绒、驼绒、牦牛绒等，都是可行的。这意味着纳米化处理可以广泛应用于各种绒毛，以达到更好的服用效果和更高的性价比。

纳米处理的毛（绒）纤维和山羊绒在性能上存在一些差异。具体来说，两者都表现出轻、暖、柔、滑的特点，但纳米处理的毛（绒）纤维在以下几个方面优于山羊绒：

① 光泽：纳米处理的毛（绒）纤维色泽较山羊绒更加亮丽，这可能是因为纳米材料对光的反射和折射效果更佳。

② 刚性和耐磨性：纳米处理的毛（绒）纤维由于表面附着有纳米氧化锌，因此刚性更强，比山羊绒更耐磨、定形更好。

③ 单纤强力：在相同的细度条件下，纳米处理的毛（绒）纤维单纤强力一般比山羊绒高 $1\sim1.5$ CN，说明其纤维强度更高。

④ 抗起球性能：纳米处理的毛（绒）纤维抗起球性能达到 3 级以上，并且可以达到完全易护理的要求，而山羊绒在这方面的性能稍逊一筹。

⑤ 抗菌、消毒、防臭功能：纳米处理的毛（绒）纤维具有山羊绒所不具备的抗菌、消毒、防臭等功能，这得益于纳米氧化锌的独特性质。

纳米技术的应用对毛（绒）纤维带来了显著的改进，提高了其附加值和性价比。纳米材料在纺织品领域的应用，为纺织品带来了新的功能和特性，从而拓宽了其应用前景。

3. 纳米二氧化钛（TiO_2）处理羊毛纤维

纳米二氧化钛具有降解废水和空气中的有机物、去除氮氧化合物、含硫化合物、还原水中部分重金属有害离子、杀菌、除臭等功能，这些功能为功能性纺织材料的改性提供了有利条件。

纳米二氧化钛主要有板钛矿型、锐钛型和金红石型三种晶态结构，其中金红石型和锐钛型二氧化钛最为常见。金红石型二氧化钛具有较高的介电常数、折射率、密度、硬度，其遮盖力和着色力也较高，相对锐钛型二氧化钛来说更加稳定和致密。而锐钛型二氧化钛对紫外线的吸收能力比金红石型低，但在可见光短波部分的反射率比金红石型二氧化钛高，带蓝色色调，具有更高的光催化活性。

TiO_2 的光催化活性与其晶型粒子尺寸有关。锐钛型的光催化活性远高于金红石型，前者为后者的 $200\sim300$ 倍。因此，当 TiO_2 作为光催化剂使用时，应选用锐钛矿型、纳米级、粒径最好小于 50 nm 的光催化剂。

大量研究显示，目前生物酶改性工艺常常采用 H_2O_2 等氧化剂进行预处理，直接对羊毛进行酶处理的效果不太理想。而纳米 TiO_2 在光降解有机物和染料分解方面具有高效性能。改性后的羊毛具有很强的降解染料的能力，且自清洁性能也得到证实。这种技术符合国家节能、环保的要求。

8.6.5　纳米材料在喷墨印花中的应用

1. 喷墨印花技术概述

印花是一种在纺织品上运用黏合剂和染料，通过印花设备进行图案设计的印染技术。其中，数码喷墨印花技术因为其独特的优势，被誉为 21 世纪纺织工业实现技术革命的关键技术之一。这种技术通过计算机控制系统直接在织物上喷印，具有精细的照片般的印花效果，可以实现小批量、多品种、多花色印花，且解决了传统印花占地面积大、污染严重等问题。然而，数字喷墨印花技术的关键是印花油墨的超细化或纳米化，这是由于喷墨印花机喷嘴的直径只有 50 μm，因此用于连续喷墨印花机的油墨粒径应小于 0.5 μm，最大值不超过 1 μm。超细化或纳米化的印花油墨可以提高喷墨印花的精度、质量以及印花的速度。

2. 纳米效应对油墨颜料颗粒的影响

纳米效应对油墨颜料颗粒的影响体现在以下 5 个方面。

（1）着色力提高

当颜料颗粒减小到纳米级别时，它们对光线的吸收有特殊的性质，这使得纳米颜料油墨相比普通油墨在着色力方面有显著的提高。

（2）遮盖力提高

纳米级别的颜料由于其小尺寸效应，对于光的折射有特殊的影响，导致纳米颜料油墨相比普通油墨具有更高的遮盖能力。

（3）耐光性和抗老化性能提高

纳米微粒因其小尺寸效应和表面界面效应，与常规的块体及粗颗粒材料不同，其光学性能也表现出独特的性质。这使得有机颜料在耐光性和抗老化性能方面得到提高。

（4）油墨再现色域增大

纳米颜料油墨由于吸收光谱出现蓝移和红移现象，以及某些纳米微粒自身具有发光基团可以自发发光，使得其色彩再现色域增大，从而使得印品层次更加丰富，阶调更加鲜明，图像细节的表现能力大大增强。

（5）提高颜料分散性和油墨印刷适性

纳米微粒具有很好的表面湿润性，当它们吸附于油墨中的颜料颗粒表面时，能大大改善颜料的亲油和可润湿性，并能保证整个油墨分散系的稳定，从而提高印花性能。

3. 喷墨墨水使用的着色剂

喷墨墨水使用的着色剂有染料和颜料两大类型。

（1）染料

染料可溶于水；或溶于水—有机溶剂混合物；或仅溶解于有机溶剂和油。一般具有较好的鲜艳度、渗透性、耐磨性和透明性，墨水（色墨）易于调制，而且稳定，染料品种多，具有较大的选择余地。缺点是耐久性差，易于扩散，影响图案精确度。

（2）颜料

颜料主要是有机颜料，个别场合使用炭黑。一般具有良好的光稳定性，不扩散，良好的耐水牢度。缺点是稳定性不佳，鲜艳度较差，易磨损、堵塞喷嘴，成本较高。喷墨墨水所使用的染料有水溶性或水不溶性两种类型。

喷墨印花墨水分为染料型（又分为活性染料、酸性染料和分散染料型）和颜料（亦称涂料型）。染料墨水因多溶于水，粒度易满足要求，所以墨水一般不会出现堵喷嘴现象，但不同的织物需要不同的染料，使用不便，染色牢度也存在不尽如人意的地方。而颜料墨水在两个方面优于染料墨水：

① 对纤维没有选择性，一种墨水可适用于棉、毛、丝、麻和化纤织物，一台喷印机，另一种墨水就可满足客户需求；

② 水洗牢度好，印花后干燥即成，可免去对织物的前、后处理工序。

但颜料墨水在喷墨印花时，颜料颗粒大小对堵塞喷嘴、墨水的流变性和稳定性影响特别敏感。颜料必须被粉碎成极小的颗粒并分散在水溶液里，形成墨水，这样的墨水亦可看成是水溶性墨水。所以，颜料墨水的微细化处理以及墨水体系的稳定性是技术关键。

4. 纳米颜料在喷墨印花中的应用实例

① 高分子分散剂 MM 的指标确定。

喷墨印花墨水中纳米级颜料含量大，比表面积也大，故更易聚集而堵塞喷嘴。所以如何防聚集是关键技术。高分子型分散剂 MM 是有效的防聚集颜料表面改性剂。

高分子型分散剂 MM 是甲基丙烯酸甲酯—马来酸酐无规共聚物。随着共聚物 MM 中马来酸酐含量的增加，分散稳定性有先增加后降低的趋势。马来酸酐是 MM 共聚物的亲水部分，其链节增加则分散剂的水溶性增强，使得颜料分散体系的 ε 电位变大，颜料粒子间的静电斥力增大，体系的分散稳定性增加；当马来酸酐的含量继续增加，甲基丙烯酸甲酯的含量减少，甲基丙烯酸甲酯是疏水部分，其链节减少后对颜料的亲和力减小，也不利于颜料粒子在分散体系中的稳定性，MM 中马来酸酐含量为 26%时，所生产高分子分散剂 MM 阻止颜料微小粒子重新絮凝的作用最强。

分散剂 MM 的分子量太低，则在颜料表面形成的空间阻碍较小，不能有效地阻止颜料微小粒子的再次聚集絮凝；当分散剂的分子量增大，分散剂在颜料表面形成的空间阻碍增大，这对防止颜料粒子聚集有利，但是分子量太大，容易发生同一个分散剂分子吸附在不同颜料粒子表面的"架桥"效应，促使颜料颗粒絮凝，反而不利于颜料的分散与稳定。所以，只有分子量大小较适中，分散剂才能在颜料的表面形成稳定的吸附层，并且保持有效的空间位阻效应，分散剂才有较强的抗絮凝作用。实验表明，当特性黏度为 26 mL/g 时，分散体系分散稳定性最好。

MM 用量为 0.5%时，分散体系便具有良好的分散稳定性；随着分散剂用量的增多，分散体系稳定性逐渐增加，在用量为 1.3%时，离心 20 min，体系的吸光度保持不变，即体系的分散稳定性很好；分散剂用量继续增加，体系的分散稳定性又降低。同时，体系的分散稳定性最好时，颜料颗粒的粒径也最小。随着分散剂用量的增加，分散体系的黏度逐渐增大，当分散剂用量太小时，不足量的分散剂不能将颜料表面完全覆盖，不足以在颜料表面形成完整的吸附层，颜料表面未被覆盖的部分为减小表面能而聚集，从而使颜料颗粒聚集，分散体系不稳定；分散剂的用量进一步增加时，有足够多的分散剂吸附在颜料颗粒表面，可以起到阻止粒子团聚的作用；当分散剂用量增大到一定程度后，不但造成分散剂的浪费，而且溶解在水介质中的分散剂互相缠结，此时的分散剂多呈卷曲状散布在粒子周围，与粒子间的结合力不够牢固，反而导致颜料粒子重新聚集，MM 产生沉降作用，使得颜料的分散稳定性下降低。

② 纳米喷墨印花墨水的制备。将 1.5%的甲基丙烯酸甲酯—马来酸酐无规共聚物（MM）溶于水中，搅拌下依次加入 13%的颜料黄（平均粒径 50 nm）、12%的保湿剂吡咯烷酮，15%的一缩二乙二醇、24%乙二醇（黏度调节剂，防堵塞剂），在高剪切乳化机上高速搅拌 60 min 后，转入胶体磨运转 45 min 即得到水溶性颜料型纳米喷墨印花墨水。

其他颜色的墨水亦可按上述方法制备。

③ 喷墨印花。采用 SH-180 喷墨印花机，按照电脑设计图案在已经退浆、

精练、漂白后的纯棉织物上喷印，130 ℃焙烘 3 min 即为印花纯棉布。

8.6.6　纳米材料在染色工艺中的应用

染料同纤维及其织物发生化学或物理化学结合，赋予其色彩的工艺过程叫作染色。染料在纤维上应有一定的耐皂洗、晒、摩擦、汗渍等性能，这些性能称为染色牢度。

1. 染色的三个阶段

按照现代的染色理论的观点，各类染料的染色原理和染色工艺，因染料和纤维各自的特性而有很大差别，不能一概而论，但就其染色过程而言，大致都可以分为三个基本阶段，这三个基本阶段是：吸附、扩散、固着。

（1）吸附

当纤维投入染浴以后，染料先扩散到纤维表面，然后渐渐地由溶液转移到纤维表面，这个过程称为吸附。随着时间的推移，纤维上的染料浓度逐渐增加，而溶液中的染料浓度却逐渐减少，经过一段时间后，达到平衡状态。吸附的逆过程为解吸，在上染过程中吸附和解吸是同时存在的。

（2）扩散

吸附在纤维表面的染料向纤维内部扩散，直到纤维各部分的染料浓度趋向一致。由于吸附在纤维表面的染料浓度大于纤维内部的染料浓度，促使染料由纤维表面向纤维内部扩散。此时，染料的扩散破坏了最初建立的吸附平衡，溶液中的染料又会不断地吸附到纤维表面，吸附和解吸再次达到平衡。

（3）固着

是染料与纤维结合的过程，随染料和纤维不同，其结合方式也各不相同。

上述三个阶段在染色过程中往往是同时存在，不能截然分开。只是在染色的某一段时间某个过程占优势而已。

2. 染料被固着在纤维上的类型

染料在纤维内固着，可认为是染料保持在纤维上的过程。不同的染料与不同的纤维之间固着的原理也不同，一般来说，染料被固着在纤维上存在着两种类型。

（1）纯粹化学性固色

纯粹化学性固色指染料与纤维发生化学反应，而使染料固着在纤维上。例如，活性染料染纤维素纤维，彼此形成醚键结合。通式如下：

$$DRX + Cell\text{—}OH \longrightarrow DR\text{—}O\text{—}Cell + HX$$

（DRX：活性染料分子，X：活性基团，Cell-OH：纤维素）

酸性媒介染料同蛋白质纤维形成配位键而固着也是化学性固着。

（2）物理化学性固着

染料与纤维之间靠范德华力及氢键而固着，成为物理化学性固着。许多染棉的染料，如直接染料、硫化染料、还原染料等染色纤维素纤维，分散染料染色聚酯等化学纤维，阳离子染料染色腈纶纤维等都是依赖这种引力而固着在纤维上的。染料染色牢度不够理想，故需在染色结束后加一道固色工艺过程。传统固色剂是多分子初缩体，如胺醛树脂型双氰胺甲醛初缩体、多胺缩合体、酚醛缩合体等。这些固色剂因存在甲醛残留超标问题而受到限制。近年来出现的纳米固色剂技术开辟了一片绿色固色剂新天地。

第9章 ZnO 纳米材料的制备及应用

9.1 引 言

ZnO 是一种无机化合物，是锌的一种氧化物，不溶于水、乙醇，溶于酸、氢氧化钠水溶液、氯化铵，是一种常用的化学添加剂，广泛地应用于塑料、硅酸盐制品、合成橡胶、润滑油、油漆涂料、药膏、粘合剂、食品、电池、阻燃剂等产品的制作中。此外，ZnO 的能带隙和激子束缚能较大，透明度高，有优异的常温发光性能，在半导体领域的液晶显示器、薄膜晶体管、发光二极管等产品中均有应用。近年来，微颗粒的氧化锌作为一种纳米材料在相关领域发挥着重要作用。

9.1.1 ZnO 的结构

1. ZnO 的晶体结构

晶体结构是指晶体以其内部原子、离子、分子在空间作三维周期性的规则排列为其最基本的结构特征。ZnO 主要有立方闪锌矿、立方盐和六角纤锌矿三种单晶结构。

立方闪锌矿结构的 ZnO 一般只能在立方结构的衬底上才能稳定地存在，而立方盐结构的 ZnO 只会在高压下（＞10 MPa）才会出现。而六角纤锌矿结构的 ZnO 在普通环境下热稳定性最好，所以也是最常见的一种 ZnO 结构。在常温常压下，六角纤锌矿结构属于六方晶系，空间群为 C_{6v}^4（P6$_3$mc），点群为 6 mm。在这种结构中，Zn 原子和 O 原子都是按照密堆积的方式排列：每个 Zn 原子周围有 4 个近邻的 O 原子并与之形成 sP^3 键并被 O 原子所形成的四面体所包围，并占据约四面体体积的一半大小，同时，O 原子也有着与 Zn 原子相同的排列方式。按照这种排列方式，Zn 原子层和 O 原子层交互堆积起就形成了整个晶体。其中，Zn 原子和 O 原子的堆积方向都是 [001] 方向，每个原子层也是一个 [001] 面方向。但是由于 ZnO 具有离子性，所以通常将从 O 晶面指向 Zn 晶面定义成［001］方向，从 Zn 晶面指向 O 晶面的为［001］方向[①]。由于［001］面在平衡状态下是具有光滑性，所以在 ZnO 薄膜的生长形成过程中，一般是具有极为明显的［001］面择优生长的特性，也就是 c 轴择优取向。纤锌矿结构的 ZnO 的晶格常数为：$a=3.2\,475\sim3.2\,496$Å，$c=5.2\,042\sim5.2\,075$Å；$c/a=1.5\,930\sim1.6\,035$（接近 1.633 的理想密堆结构），c 轴方向的 Zn 原子和 O 原子间距为 0.199 2 nm，除此之外方向的间距为 0.197 3 nm。

因为 ZnO 中的 Zn 和 O 原子之间的化学键处于离子键和共价键之间，c 轴方向所形成的 Zn—O 键具有较强的极性。而键的特性也决定了 ZnO 的一些特殊性质。

2. ZnO 的能带结构

能带结构是固体物理学中的重要概念，它描述了固体中电子的能量状态和分布情况。具体而言，能带结构是指电子在固体中的能级分布和电子波函数的对称性，以及这些能级和波函数之间的相互作用。这些信息决定了固体在电子学和光学方面的性质。能带结构的研究对于理解材料的物理和化学性质非常重要，特别是在涉及电子行为和能量转换的问题时。例如，太阳能电池、LED 等涉及能源转换和电子流动的设备都需要了解其材料的能带结构。一般来说，材料的能带结构可以通过实验或计算得到。实验方法包括 X 射线衍射、光谱学等，可以提供有关能带结构的信息。

一般情况下，纤锌矿 ZnO 的能带结构导带具有 Γ7 对称性，而价带却分裂成三个子价带：Γ7、Γ9 和 Γ7。而根据空穴的有效质量可以分析得知，越靠近价带的空穴有效质量越大，所以为了区分可以将这三个价带所对应激子的发射分别定义为：Γ7（A），导带底到重空穴的跃迁；Γ9（B），导带到轻空穴的跃迁；Γ7（C），导带到配位场分裂带的跃迁。因为在半导体中，存在着从导带与价带之间的载流子跃迁行为，而这些行为常常伴随着光子的吸收或者发射。所以半导体的能带结构决定着其光吸收和发射性能，对器件有着极大影响。

---

① Beck，N.，et al. Enhanced optical absorption in microcrystalline silicon［J］. Journal of Non-Crystalline Solids，1996，198-200，Part 2（0）.

9.1.2　ZnO 的性质

1. ZnO 的光学性质

半导体的光学性质与其禁带宽度密切相关。禁带宽度是指半导体材料能带结构中允许电子传导的能量范围，其大小决定了半导体材料对不同波长光的吸收和发射能力。ZnO 是一种宽带隙半导体材料，其室温下禁带宽度为 3.37 eV，对应紫外波段。这意味着 ZnO 在可见光范围内具有很低的透射率和高的反射率，因此常用作紫外波段的防护镜和窗口材料。此外，ZnO 还具有较高的激子束缚能（60 meV），这使得其在室温下能够实现本征激发，具有优异的发光性能。因此，ZnO 在短波长的光电器件应用上极具前景，特别是在蓝绿发光二极管和激光二极管等光电器件的应用上被寄予厚望。

此外，ZnO 还具有高透光性、高导热率、低热膨胀系数、良好的化学稳定性和机械强度等优点，使其在太阳能电池、LED、光电检测器等光电器件领域也有广泛的应用。

ZnO 具有非常重要的光学特性，包括受激发射和光致发光。受激发射是在特定条件下，当物质受到外来能量（如光或电子束等）的激发，会从基态跃迁到激发态，并释放出光子。ZnO 的受激发射特性被广泛应用于激光二极管和光电检测器等领域。在低温下，ZnO 的受激发射已经被观察到，但在室温下并不明显。近年来，随着制备技术的进步，越来越多的研究在室温下观测到 ZnO 的受激发射，这一现象引起了人们的极大兴趣。光致发光是当物质受到能量（如光子）的激发后，会释放出低能量的光子。ZnO 的光致发光特性被广泛应用于显示器、LED 和太阳能电池等领域。研究表明，室温下 ZnO 薄膜的发光波段包括紫外波段和可见光波段。对于可见光波段，一般认为是由 ZnO 中存在的锌间隙或者氧空位等形成的发光复合中心所导致的。而对于紫外波段，则是自由激子的复合产生光子所获得。

2. ZnO 的电学性质

ZnO 是一种宽带隙半导体。宽带隙使得 ZnO 能够在高温和高功率条件下工作，同时提供了高化学稳定性和机械强度。

本征 ZnO 是一种 N 型半导体，这意味着它主要是由电子导电，而不是空穴。其载流子浓度一般在 10 cm^{-3} 数量级，而电子迁移率在蒙特卡罗模拟下可以达到 300 cm²/Vs[①]。然而，实际制备的 ZnO 薄膜电子迁移率可能低于这个值，这主要取决于制备方法和条件。

在实际应用中，ZnO 的电子迁移率和载流子浓度通常通过掺杂来提高。掺杂可以引入额外的载流子，增加导电性，或者改变能带结构，以适应特定应用的需求。

表征 ZnO 的电学性质常用的方法包括霍尔效应、四探针电阻率测试、电流电压曲线测试和电容电压曲线测试等。

9.1.3　ZnO 纳米材料

纳米氧化锌（ZnO）是指粒径为 1～100 nm 的氧化锌材料，纳米氧化锌是由极细晶粒组成、特征维度尺寸在纳米数量级（1～100 nm）的无机粉体材料，与一般尺寸的氧化锌相比，纳米尺寸的氧化锌具有小尺寸效应、表面与界面效应、量子尺寸效应、宏观量子隧道效应等，因而它具有许多独特的或更优越的性能，如无毒性、非迁移性、荧光性、压电性、吸收散射紫外能力等。

这些特性的存在进一步推广了氧化锌的应用。在催化材料和光化学用半导体材料领域，氧化锌纳米材料可以催化光解有机物分子。10～25 nm 的 ZnO 可用于苯酚的催化光解，也可用作 CO 加氢直接合成甲醇的催化剂。与普通 ZnO 相比较，氧化锌纳米材料可以显著提高 CO 转化率及甲醇回收率。此外，氧化锌纳米材料还被用于制造有抗紫外线及抗红外线辐射功能的纤维，以及制造合成橡胶、涂料等。

9.2　ZnO 纳米材料的制备方法

ZnO 材料可以生长成各种各样的形貌（图 9-1），比如，零维纳米材料包括 ZnO 纳米颗粒、量子点；一维纳米材料包括 ZnO 纳米棒、纳米纤维、纳米线、纳米管和纳米针等；二维纳米材料如 ZnO 纳米薄膜、纳米片；三维纳米材料如纳米花。不同形貌的 ZnO 具有各不相同的性能，并具有不同的生长制备方法，吸引着研究人员对其研究探索。目前，对于纳米结构 ZnO 常用的生长方法有化学气相沉积法、沉淀法、电化学生长法、溶胶—凝胶法、水热合成法等；对于 ZnO 薄膜结构，常采用溶胶—凝胶法、电化学沉积法、磁控

---

① Jellison Jr，G.E.，Data analysis for spectroscopic ellipsometry[J]. Thin Solid Films，1993，234（1-2）. 112.

溅射、分子束外延、原子层沉积等方法制备。

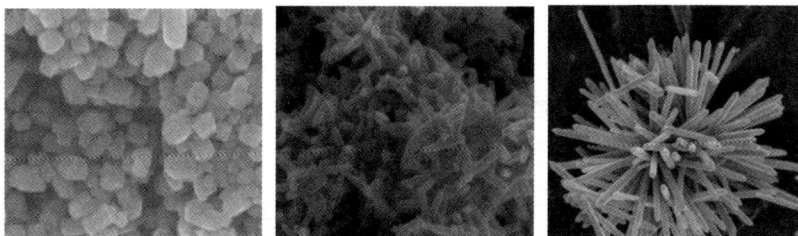

图 9-1 ZnO 纳米材料的不同形貌

（a）ZnO 纳米颗粒 （b）ZnO 纳米棒 （c）ZnO 纳米棒组成的纳米花

9.2.1 化学气相沉积法

根据反应过程的不同，化学气相沉积还有 VLS（气相—液相—固相）和 VS（气相—固相）之分。

1. VLS 法

VLS 法的主要工艺步骤包括在衬底表面上沉积一层具有催化作用的金属，然后升温加热利用金属与衬底的共晶作用形成合金液滴。此后，通过源气体的气相输运或固体靶的热蒸发，使参与生长纳米线的原子在液滴处凝聚成核。当这些原子数量超过液相中的平衡浓度以后，结晶会在合金液滴的下部析出并生长成纳米线，而合金则留在其顶部。采用 VLS 机制形成纳米线的主要优点是工艺简单，且可以制备出直径细达约 20 nm 和长度为数微米的纳米线。但是，由于金属催化剂的采用会对纳米线生长造成一定程度的污染，此外纳米线生长位置的控制有一定难度。

VLS 法生长 ZnO 纳米线，采用 Au 纳米颗粒作为催化剂，ZnO 和炭粉作为原料，其生长过程示意图如图 9-2 所示。

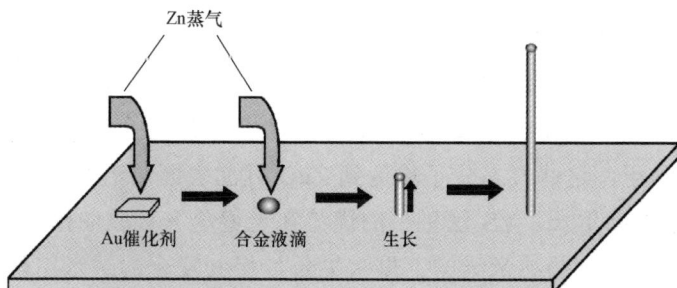

图 9-2 ZnO 纳米线的 VLS 生长过程示意图

在 900 ℃以上的高温下，ZnO 与炭粉反应生成气态的 ZnO 分子。该过程发生的反应主要有：

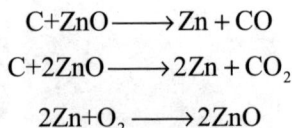

$$C+ZnO \longrightarrow Zn + CO$$
$$C+2ZnO \longrightarrow 2Zn + CO_2$$
$$2Zn+O_2 \longrightarrow 2ZnO$$

Au 纳米颗粒在高温下发生熔化，气态的 ZnO 分子溶解到 Au 中，直到达到饱和，饱和后 ZnO 以固态的形式从 Au 中析出，输运过来的气态 ZnO 分子继续溶解到 Au 中，这样形成的溶解析出平衡过程，就是 ZnO 纳米线逐渐长大的过程。整个生长过程可以概括为三步：ZnO 气态分子的形成；气态 ZnO 分子输运到 Au 表面并发生溶解；ZnO 以固态形式从 Au 中析出，并逐渐长大。Au 纳米颗粒对 ZnO 的生长起着决定性的作用，通过调节 Au 纳米颗粒的密度可以调节 ZnO 纳米线阵列的密度，还可以将 Au 纳米颗粒设计成一定的图案，得到具有一定图形分布的 ZnO 纳米线阵列。

VLS 法中金属催化剂的使用可以提供对 ZnO 纳米线直径、面密度和生长位置的控制。然而，留在纳米线顶端或根部的金属颗粒确实会成为一个问题，因为这些金属颗粒难以除去，可能会污染纳米线的纯度。如果这些金属颗粒的化学状态不稳定或者与 ZnO 的相容性不佳，可能会影响纳米线的性能。更为重要的是，如果这些金属颗粒掺杂进纳米线中，可能会破坏 ZnO 的晶体结构，进一步影响其电学、光学等性质。这会限制 ZnO 纳米线在许多重要应用领域，如半导体电子学和光电子学中的应用。因此，为了解决这个问题，往往需要在生长 ZnO 纳米线的过程中，采取更为精确的控制措施，以确保金属催化剂的完全消耗，防止其在纳米线中残留。同时，也需要开发新的合成方法，以避免使用金属催化剂，从而得到纯度更高的 ZnO 纳米线。

2. VS 法

VS 法生长 ZnO 纳米结构与 VLS 法有着明显的区别。VS 法生长过程中不使用金属催化剂，如 Au，没有液相的形成。它在衬底上制备一层 ZnO 籽晶层，然后利用 ZnO 粉末和石墨粉末作为反应原料，经过高温反应产生气态 ZnO 分子。这些气态分子输运到 ZnO 籽晶表面，沿着 ZnO 籽晶的优势生长晶面逐渐生长。VS 法生长的优势在于避免了金属催化剂对 ZnO 的污染，并可以在一些纳米结构上再次生长，得到复合的纳米结构，如纳米树、纳米梳等。

X.Meng 等人在 2005 年采用 VS 方法制备了 ZnO 纳米梳结构，通过在衬底上外延生长一层高度一致、结构整齐的纳米棒，然后将该结构放入管式炉中用 VS 方法继续生长，得到了 ZnO 纳米梳结构。这是 VS 法在制备特殊 ZnO 纳米结构方面的一个成功应用。

然而，VS 法也存在一些局限性。它对籽晶的依赖性强，如果籽晶的取向不一致，得到的纳米线的取向也可能存在很大差异。这可能对纳米结构的生长和性能产生不利影响。因此，为了实现更好的控制和可重复性，需要进一步研究和改进 VS 法的生长条件和籽晶制备技术。

总的来说，VLS 法和 VS 法是两种不同的化学气相沉积技术，各有其优点和局限性。选择哪种方法取决于具体的生长条件和应用需求。对于需要精确控制纳米结构生长和性能的应用，如半导体电子学和光电子学领域，VS 法可能更适合。但是，对于需要更多涉及液相过程或者共晶合金形成的应用，VLS 法则可能更有优势。

9.2.2　沉淀法

1. 直接沉积法

该法的原理是在可溶性锌盐溶液中加沉淀剂（OH^-、$C_2O_4^{2-}$、CO_3^{2-} 等）后，在一定条件下，生成沉淀从溶液中析出，并将阴离子洗去，沉淀经热分解得到纳米 ZnO。常用沉淀剂有 NaOH、$NH_3 \cdot H_2O$、$(NH_4)_2CO_3$ 及 Na_2CO_3 等。沉淀剂不同、沉淀产物不同、反应机理不同，其分解温度也不同。如以 $ZnSO_4$ 为原料，NaOH 为沉淀剂制得平均粒径为 12～25 nm 的纳米 ZnO。分别以 $ZnSO_4$ 和 $ZnCl_2$ 为原料，$NH_3 \cdot H_2O$ 为沉淀剂制得了平均粒径为 18 nm 左右的纳米 ZnO。关敏等用 $NaHCO_3$ 和 $NaNO_3$ 为原料制备了平均粒径为 15～30 nm 的纳米 ZnO 颗粒，XRD 分析 ZnO 为六方纤锌矿结构，TEM 观察为类球形颗粒[①]。

这种方法操作简单易行，对设备需求不高，成本低，但存在一些缺点，如粒子粒径分布宽、分散性差、粒子容易发生团聚。这些缺点可能会影响纳米材料或纳米结构的性能和应用。例如，如果粒径分布宽，不同粒径的粒子可能会具有不同的性质和功能，这可能导致制备的材料或结构的性能不够均匀和稳定。而分散性差和容易团聚则可能会导致纳米材料或纳米结构之间的

---

① 关敏，李彦生. 国内外纳米 ZnO 研究和制备概况［J］. 化工新型材料，2005，33（2）. 92.

相互作用不均匀，进而影响其整体性能和应用效果。

为了克服这些缺点，可能需要采用更为先进的制备方法和技术，例如分子束外延、金属有机化学气相沉积、原子层沉积等。这些方法可以更加精确地控制纳米材料或纳米结构的生长条件和过程，从而获得更加均匀、稳定、高分散性的纳米粒子或纳米结构，以满足更高性能材料或器件的需求。

2. 均匀沉积法

均匀沉积法是一种利用中间反应产物，使溶液中的构晶粒子由溶液中缓慢地、均匀地释放出来的方法。该方法的优点包括颗粒均匀、容易洗涤、粒子分布均匀、能避免杂质共沉淀等。在制备 ZnO 纳米粒子时，均匀沉淀法中的沉淀步骤是控制粒子形状的关键，分解步骤是控制粒度的关键。只有二者有机结合，才可获得所需形状和大小的 ZnO 纳米粒子。

9.2.3 电化学生长法

电化学生长 ZnO 纳米线通常采用 ITO 作为衬底，ITO 具有良好的透光性和导电性，且与 ZnO 形成欧姆接触，方便后续的性能测试和器件制作。采用三电极系统进行电化学沉积，三个电极分别为工作电极、参比电极和辅助电极。其中，ITO 作为工作电极，Pt 片作为辅助电极，参比电极采用 Ag/AgCl 标准参比电极。电解液采用硝酸锌和六亚甲基四胺的混合溶液。将上述装置放于 60 ℃ 恒温水浴锅中，在工作电极加 -0.9 V 的工作电压，生长 20 min 之后，将样品从电解液中取出，用去离子水冲洗，除去表面吸附的离子和落于表面的纳米棒，用烘箱烘干样品。

在沉积过程中，Zn^{2+} 在电场作用下向 ITO 工作电极移动，ITO 表面的 NO_3^- 发生还原反应在碱性环境生成 OH^-，反应方程式为：

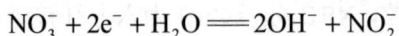

$$NO_3^- + 2e^- + H_2O = 2OH^- + NO_2^-$$

OH^- 与在电场作用下与输运过来的 Zn^{2+} 结合形成 $Zn(OH)_2$，$Zn(OH)_2$ 不稳定，很快脱水形成 ZnO，沉积在 ITO 表面。沉积在衬底表面的 ZnO 分子择优取向生长就得到了纳米线阵列。

9.2.4 溶胶—凝胶法

1. 溶胶—凝胶法制备纳米材料的步骤

溶胶—凝胶法是一种常用于制备纳米材料的方法，其基本步骤包括溶胶的制备、胶体的陈化与聚集、凝胶的干燥和热处理等。

（1）溶胶的制备

选择适当的化学原料，如醋酸锌等，将其溶解于适量的溶剂中，形成均一、稳定的溶液，这一步也称为"溶胶的制备"。

（2）溶胶的旋涂

将制备好的溶胶均匀地旋涂在衬底上，形成一层液态薄膜。这一步通常需要借助旋转涂布机等设备来实现。通过控制旋涂的速度、溶胶的浓度、溶剂的性质等因素，可以实现对薄膜厚度、均匀性等方面的精确调控。

（3）退火处理

退火处理是指将涂好溶胶的样品置于高温炉中，在一定的温度和气氛下进行热处理。这一步的主要目的是使溶胶中的有机物充分挥发，同时促进溶胶中各组分之间的化学反应，使无机物晶体结构更加稳定，并最终形成固态、致密的纳米结构材料。

在 ZnO 溶胶的制备过程中，醋酸锌作为原料被选择。醋酸锌在高温下会发生分解反应，产生 ZnO 和挥发性气体。由于挥发性气体的存在，最终得到的 ZnO 产品纯度高、杂质少。同时，由于 ZnO 颗粒的大小一致且分布均匀，使得形成的薄膜致密且均匀。

2. 溶胶—凝胶法制备 ZnO 溶胶的方法

ZnO 溶胶的制备有多种方法，有机物溶剂的选择也各种各样。有文献报道采用醋酸锌的乙二醇甲醚和乙醇胺溶液，配制浓度为 300 mmol/L 的溶液 40 mL，称取醋酸锌 2.23 g，溶解在 0.74 mL 乙醇胺和 39.26 mL 乙二醇甲醚中，即可得到溶胶。这种方法制备的溶胶分散性好，黏度适中。但是采用了多种有机溶剂，具有一定危险性，且配制过程烦琐。另一种制备 ZnO 溶胶的方法采用乙醇作为溶剂，将无水的醋酸锌分散于其中。通常醋酸锌含有结晶水，结晶水的存在会增加醋酸锌在乙醇中的溶解度，使其形成溶液，所以需要采用无水醋酸锌制备溶胶。这种方法制备步骤简单，无毒，产物也无污染，但溶胶黏度较小，需要更多次的旋涂和退火操作。溶胶的旋涂和样品的退火处理是交替重复进行的。将配制好的溶胶用匀胶机在清洗好的衬底表面涂覆一层薄膜，将其放入 400 ℃的退火炉中煅烧，得到 ZnO 纳米颗粒。旋涂一次得到的 ZnO 密度较小，多次重复旋涂和退火过程，可以形成均匀致密的薄膜。

9.2.5 水热合成法

水热生长 ZnO 纳米线阵列，采用的原料为醋酸锌［Zn（CH₃COO）₂］和六亚甲基四胺（HMT）。首先采用磁控溅射在衬底表面溅射一层 ZnO 纳米颗粒，作为水热法生长的籽晶；其次将醋酸锌和六亚甲基四胺配制成摩尔比为 1:1 的溶液，将一定量的溶液装入反应釜的聚四氟乙烯内衬中；最后将表面长有 ZnO 籽晶层的衬底正面朝下悬空放置于溶液中。将反应釜盖好拧紧之后放置于 90 ℃的恒温箱中，保温 4 h，即可在衬底表面得到 ZnO 纳米线阵列。生长过程中主要发生的反应有：

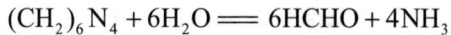

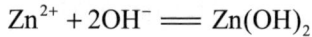

$$(CH_2)_6 N_4 + 6H_2O = 6HCHO + 4NH_3$$

$$NH_3 + H_2O = NH_4^+ + OH^-$$

$$Zn^{2+} + 2OH^- = Zn(OH)_2$$

$$Zn(OH)_2 = ZnO + H_2O$$

六亚甲基四胺发生持续的水解反应释放出 OH⁻，溶液中的 Zn²⁺与 OH⁻结合生成 Zn(OH)₂，Zn(OH)₂ 不稳定，在反应条件下会脱去水得到具有活性的 ZnO 分子，活性的 ZnO 分子不断输运到籽晶表面沉积生长。由于 ZnO 晶体的各个晶面极性不同，生长的速率也不相同，垂直于（0001）面的生长速率较快，因此最终得到的是沿（0001）方向生长的纳米线。水热生长 ZnO 纳米线需要控制反应速率，采用能持续缓慢释放出 OH⁻的弱碱，而不采用强碱提供 OH⁻，避免溶液中 OH⁻浓度过大，反应速率过快，产生 Zn(OH)₂ 沉淀。

表面活性剂的选择和添加确实可以显著影响纳米结构的生长和形貌。这是通过改变溶液中的界面张力以及表面活性剂分子之间的相互作用来实现的。当加入抑制（1010）面生长的活性剂时，这类活性剂会优先吸附到（1010）面上，通过降低（1010）面的表面张力或是改变其表面能，使得这个面的生长速度变慢或是停止。这样，纳米线的形成主要受到（0001）面的影响，由于（0001）面的生长速度未受影响，所以最终得到的纳米结构是极细的纳米线。当加入抑制（0001）面生长的活性剂时，这类活性剂同样会优先吸附到（0001）面上，降低其表面张力或是改变其表面能，使得这个面的生长速度变慢或是停止。这样，（1010）面成为了主要的生长面，由于（1010）面的生长速度未受影响或是提高，所以最终得到的纳米结构是纳米薄片。

9.2.6 分子束外延

1. 分子束外延技术概述

分子束外延技术（MBE）是一种在超高真空条件下生长高质量薄膜的先进技术。在 MBE 中，将所需生长材料的前驱体通过加热或其他手段升高到一定的温度，蒸发出对应的原子或分子，形成喷射的分子束。分子束流到达衬底表面，经过一系列吸附、反应和生长过程，进而形成薄膜。由于其采用分子束流生长方式，可以沿着晶面逐层分子甚至原子进行生长，利用这一特性甚至可以生长出薄至几个原子层的薄膜，还可以实现超晶格结构的生长。

MBE 技术在生长薄膜方面具有其他技术无法相比的优点。首先，由于分子水平上的生长，晶体质量非常好，并且可以精确控制材料的组分、厚度等。其次，可以逐层交替生长多种材料，形成超晶格结构，多种材料的界面处不发生互扩散，为突变结构。此外，外延生长对衬底温度要求低，可以在较低的温度下实现高质量薄膜的生长。同时，对 MBE 技术系统配备 SIMS 等设备后，可以在原位监测生长过程，并根据需要在生长过程中对生长条件做出调整。

然而，分子束外延技术也存在一些明显的缺点。首先，设备昂贵，系统复杂，操作困难，需要专业技术人员进行操作和维护。其次，生长薄膜的面积较小，难以实现大规模的工业化生产。此外，MBE 技术需要高真空条件，需要严格的真空控制和测量技术，这也增加了操作和维护的难度。

2. 分子束外延技术生长 ZnO 薄膜

分子束外延技术生长 ZnO 薄膜，需要高纯金属锌作为锌源，而氧源则采用氧气。为了在生长高质量的 ZnO 薄膜中取得成功，通常需要采用射频等离子体辅助的手段，在将氧气引入生长室之前，用射频技术将氧气分解形成氧原子。这一技术不仅对于生长高质量的 ZnO 薄膜意义重大，而且也使在生长过程中直接引入氮原子对 ZnO 进行掺杂成为可能。氮气也可以采用同样的方法进行分解，并引入生长室作为掺杂源。

等离子体辅助分子束外延（p-MBE）技术是研究 ZnO 掺杂的主要手段之一。通过采用这种技术，可以在生长过程中引入掺杂原子，实现 ZnO 薄膜的 p 型掺杂，进一步调控薄膜的物理和化学性质。在 p-MBE 技术中，等离子体被用来增强反应和促进薄膜的生长。通过将等离子体引入生长室，可以实现对薄膜生长过程的精确控制，包括掺杂浓度、组分和厚度等参数。

总之，通过采用分子束外延技术，尤其是等离子体辅助分子束外延技术，可以在高真空条件下实现 ZnO 薄膜的生长，同时对薄膜的掺杂和物理化学性质进行精确调控。这种技术在 ZnO 薄膜的生长和掺杂方面具有重要的应用价值和研究意义。

9.3 不同形貌的 ZnO 纳米材料的制备

9.3.1 ZnO 纳米颗粒的制备

ZnO 纳米颗粒的制备很多，其中直接沉淀法是制备 ZnO 纳米颗粒普遍采用的一种方法。下面主要介绍直接沉淀法制备 ZnO 纳米颗粒。

1. 基本原理

在可溶性锌盐溶液中加入表面活性剂和沉淀剂后，生成氢氧化锌或锌盐沉淀。在一定条件下，沉淀经热分解得到纳米 ZnO。将生成的纳米 ZnO 从溶液中析出，并将阴离子洗去，常用沉淀剂有 NaOH、Na_2CO_3 等。沉淀剂不同、沉淀产物不同、反应机理不同，其分解温度也不同。

ZnO 纳米颗粒的制备中使用的主要药品如表 9-1 所示。

表 9-1 实验所用药品

试剂名称	相对分子质量	纯 度	级 别
氢氧化钠	40.00	≥96.0%	分析纯
硝酸锌	297.49	≥9.0%	分析纯
聚乙烯醇	1 750±50	≥99.5%	分析纯
双氧水	34.01	≥99.0%	分析纯
十六烷基三甲基溴化铵	364.36	≥99.0%	分析纯

2. 工艺流程

制备纳米 ZnO 颗粒的工艺流程如图 9-3 所示。

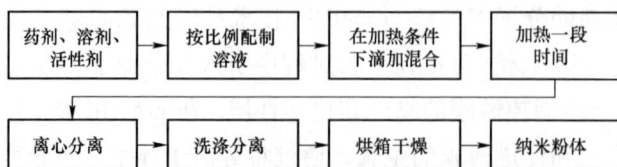

图 9-3 制备纳米 ZnO 的工艺流程

3. 具体方法

制备纳米 ZnO 颗粒的方法如下。

方法一：分别称取不同质量（1 g、2 g、6 g）的活性剂聚乙烯醇配成 200 mL 溶液；5.949 8 g Zn（NO₃）₂·6H₂O 配成 100 mL 0.2 mol/L 的硝酸锌溶液；4 g NaOH 配成 100 mL 1 mol/L 的氢氧化钠溶液；在 80 ℃ 分别将氢氧化钠溶液和硝酸锌溶液滴加入溶解后的聚乙烯醇溶液中，恒温加热搅拌 3 h 后，再经离心分离、洗涤、干燥制成样品。

方法二：称取 5.949 8 g Zn（NO₃）₂·6H₂O 配成 100 mL 0.2 mol/L 的硝酸锌溶液；4 g NaOH 配成 100 mL 1 mol/L 的氢氧化钠溶液；将氢氧化钠溶液在不断搅拌下缓慢滴加入硝酸锌溶液中。然后恒温 80 ℃ 油浴 3 h。再经离心分离、洗涤、干燥制成样品。

方法三：称取 5.949 8 g Zn(NO₃)₂·6H₂O 配成 100 mL 0.2 mol/L 的硝酸锌溶液；4 g NaOH 配成 100 mL 1 mol/L 的氢氧化钠溶液；0.01 g 活性剂十六烷基三甲基溴化铵；先将活性剂十六烷基三甲基溴化铵加入硝酸锌溶液中，将氢氧化钠溶液在不断搅拌下缓慢滴加入硝酸锌溶液中，生成氢氧化锌沉淀。先经离心分离、洗涤，再将氢氧化锌沉淀放入 H₂O₂ 水中，恒温 80 ℃ 油浴 3 h 后，再经离心分离、洗涤、干燥制成样品。

9.3.2　ZnO 纳米线的制备

ZnO 纳米线的制备方法有很多种，如热氧化法、溶胶—凝胶法、化学气相沉积法等。其中，化学气相沉积法是近几十年发展起来的制备无机材料的新技术。该技术最初被用于传统的晶体和薄膜生长，后来逐渐用于制备粉状、块状和纤维等材料，目前也被广泛用于制备碳纳米管、硅纳米线等多种一维纳米材料。下面以化学气相沉积法制备 ZnO 纳米线为例，进行介绍。

1. 化学气相沉积法制备纳米材料的特点

化学气相沉积法制备纳米材料的特点主要表现在以下几个方面：

（1）高度选择性

化学气相沉积法可以高度选择性地只在特定表面上沉积材料，这使得制备高度均匀和纯度的纳米材料成为可能。

（2）高表面分辨率

由于化学气相沉积法是在原子或分子尺度上进行沉积，因此可以获得高表面分辨率的纳米结构。

（3）温度和压力控制

化学气相沉积过程中的温度和压力可以精确控制，这有助于控制材料的结构和性质。

（4）纳米粒子的可调性

通过调整化学气相沉积过程中的参数，可以控制纳米材料的尺寸、形貌和组成，实现纳米粒子的可调性。

（5）适用范围广

化学气相沉积法可以用于制备各种类型的纳米材料，包括金属、半导体、陶瓷等，具有广泛的应用前景。

（6）工业化潜力

随着化学气相沉积技术的不断发展和优化，其工业化潜力也在逐渐显现，有望实现大规模、低成本生产纳米材料。

2. 化学气相沉积法实验装置

化学气相沉积法实验装置的主体是由一台温度和气氛可控的管式炉组成的。化学气相沉积过程就是利用易挥发的原料与其他气体发生化学反应，形成不易挥发的固体产物在基底上沉积下来的过程。

实验试剂包括：氧化锌（分析纯）、碳粉、氩气/氧气等。

仪器包括：电子天平、超声清洗仪、纯水机、管式炉等。

分析设备包括 X 射线衍射分析仪、扫描电子显微镜、紫外—可见分光光度计等。

3. 实验步骤

（1）清理基片

在开始实验之前，使用丙酮、无水乙醇和去离子水超声清洗样品基片。本实验使用单晶硅或石英片作为基片。这一步是为了确保基片的清洁度，以避免污染物对实验结果的影响。

（2）镀金膜

使用磁控溅射仪在预处理后的基片上镀一层金膜。这一步是为了在基片上增加一层导电层，以便于后续的氧化锌纳米线的生长。

（3）准备氧化锌和还原性碳粉

将氧化锌粉与还原性碳粉按照摩尔比 1:1 充分研磨 20 min，然后转移至坩埚中。这一步是为了制备氧化锌和碳的混合物，为接下来的热反应做准备。

（4）放置坩埚和基片

将坩埚放置在管式炉的中央，将 3～5 片镀金基片放在坩埚的上风口或下风口方向位置。这样做是为了确保坩埚内的氧化锌和碳的混合物能在管式炉中得到充分的热反应。

（5）抽真空和气体流入

关闭管式炉，使用机械泵抽真空 20 min 左右，然后氩气和氧气按照 90/1 sccm 流量流入。这一步是为了创建一个还原性环境，为接下来的热反应做准备。

（6）热反应

核心区温度 950 ℃，保温 20 min，然后自然冷却。这一步是让氧化锌和碳的混合物在高温下发生还原反应，生成氧化锌纳米线。

（7）煅烧和研究

待温度冷却后取出样品基片，得到生长在基片上的 ZnO 纳米线。然后通过调控煅烧温度（900 ℃～1 100 ℃，120 min），得到不同煅烧条件下的 ZnO 纳米线，研究不同煅烧条件对 ZnO 纳米线结构与形貌的影响。

9.3.3　ZnO 纳米管阵列的制备

半导体纳米材料，特别是 ZnO 纳米材料，由于其独特的物理化学性质，已经在光电器件、能量收集器件、电子器件和传感器等领域展现了巨大的应用潜力。ZnO 纳米管阵列的制备原理是在已经生成 ZnO 纳米棒的基础上，通过降低温度，使可逆反应反向进行，溶解中间部分形成管状结构。下面结合电化学沉积法与化学刻蚀法，制备 ZnO 纳米管阵列。

1. 制备试剂与仪器

试剂包括：异丙醇、聚乙二醇-400、硝酸锌、无水乙醇、去离子水、无水乙二胺、氢氧化钾、FTO 导电玻璃等。

仪器包括：高温管式炉、电子天平、电热恒温干燥箱、X 射线衍射仪、扫描电镜、紫外—可见分光光度计、恒温磁力搅拌器、恒温水浴锅、电化学工作站等。

2. ZnO 纳米管阵列的制备方法

ZnO 纳米管阵列的制备可以分为生长和溶解两个过程。生长过程需要较高的温度，与 ZnO 纳米棒阵列的形成过程相同。溶解过程是对应于在较低温度下 ZnO 的溶解。在这种情况下，由于在较低的温度下部分 ZnO 处于非稳定状态，因此会溶解并形成管状结构。具体步骤如下。

（1）FTO 导电玻璃的预清洗

预清洗 FFO 导电玻璃表面，依次使用去离子水、异丙醇、无水乙醇和去离子水进行 10～15 min 的超声清洗，然后将清洗好的 FTO 导电玻璃放入恒温干燥箱中充分干燥。

（2）利用化学沉积法制备 ZnO 纳米棒阵列

配制沉积液。称取一定量的硝酸锌加入 150 mL 的去离子水中，得到 0.012 5 mol/L 的硝酸锌溶液，随后依次加入 200 μL 的聚乙二醇-400、50 μL 的无水乙二胺，将上述混合溶液磁力搅拌 1 h，得到沉积液。

利用标准三电极体系，进行 ZnO 纳米棒阵列电化学沉积实验，其中参比电极为 Ag/AgCl 电极，对电极为铂丝电极，工作电极为预处理后的 FTO 导电玻璃。电化学沉积过程中，沉积反应液温度保持在 70 ℃，沉积电势设定为 −1.1 V 的恒定电势，沉积时间为 90 min。沉积反应结束后，使用镊子取下样品，并用去离子水冲洗几次，然后将样品置于 60 ℃ 的恒温干燥箱中充分干燥。

（3）利用化学刻蚀法制备 ZnO 纳米管阵列

在利用电化学沉积法将 ZnO 纳米棒阵列沉积在 FTO 导电玻璃后，通过化学刻蚀法将 ZnO 纳米棒结构刻蚀为 ZnO 纳米管结构。配制 0.18 mol/L 的氢氧化钾溶液作为刻蚀液，将表面沉积有 ZnO 纳米棒阵列的 FTO 导电玻璃浸没在刻蚀液中，80 ℃ 下恒温水浴 60 min，取出后用去离子水冲洗数次，然后放置于 400 ℃ 条件下退火 30 min，最终得到 ZnO 纳米管阵列。

9.3.4　ZnO 薄膜的制备

1. 无机盐络合溶胶—凝胶法制备介孔 ZnO 薄膜

介孔是指孔径大小在 2～50 nm 之间的孔道，介于微孔和大孔之间。它们是一种具有高度有序结构的纳米孔，通常由选择性氧化或还原方法制备而成。

无机盐络合溶胶—凝胶法的原理是在金属盐溶液中加入特定的络合剂，通过有机络合剂与无机盐中的金属离子络合而形成稳定的络合物。这些络合物经过一系列的水解、缩合化学反应，形成稳定的透明溶胶体系。然后，溶胶经陈化，胶粒间缓慢聚合，形成三维空间网络结构的凝胶。凝胶网络间充满了失去流动性的溶剂，形成凝胶。最后，凝胶经过干燥、烧结固化制备出分子乃至纳米亚结构的材料。

　　这种方法的优点在于可以将含高化学活性组分的化合物经过溶液、溶胶、凝胶而固化，再经热处理而成的氧化物或其他化合物固体的方法。无机盐络合溶胶—凝胶法是一种制备纳米薄膜的先进技术，具有生产成本相对较低、镀膜效率高、镀膜均匀性好等优点。同时，由于这种方法能够通过低温化学手段和控制材料的显微结构，并且可以制得用传统烧结方法较难得到的材料，因此在制备精确化学计量比材料的领域受到广泛的重视。

　　在无机盐络合溶胶—凝胶法中，络合剂的选择和使用是关键。不同的络合剂可以与不同的金属离子络合，形成不同的络合物，进而影响凝胶的形成和性质。因此，对于不同的应用场景和需求，需要选择合适的络合剂，并严格控制反应条件，以获得高质量的凝胶和最终制备的材料。

　　下面采用 $Zn(NO_3)\cdot 6H_2O$ 为前驱盐，柠檬酸或 EDTA 为络合剂制备溶胶，对介孔 ZnO 薄膜的制备过程进行介绍。

（1）ZnO 溶胶的制备

实验采用廉价易得的 $Zn(NO_3)\cdot 6H_2O$ 为原料，无水乙醇或水/无水乙醇不同比例的混合液做溶剂，柠檬酸或乙二胺四乙酸二钠盐为络合剂，按适量比例配成均匀的溶胶。基础配方如表 9-2、表 9-3 所示。

表 9-2　溶胶的基础配方 1

配方	QHsOH/mL	H_2O/mL	$Zn(NO_3)_2\cdot 6H_2O$：络合剂
1（a）	—	40	
1（b）	10	30	1:1
1（c）	20	20	
1（d）	40	—	

表 9-3　溶胶的基础配方 2

配方	$Zn(NO_3)_2\cdot 6H_2O$/(mol/L)	柠檬酸/（mol/L）	C_2H_5OH/mL
2（a）	0.5	1	
2（b）	0.5	0.5	40
2（c）	1	0.5	

具体过程如下：

① 准确称取一定量的六水合硝酸锌，这需要精确的称量设备。

② 将硝酸锌溶解在无水乙醇或水中，可能需要一些时间来确保它完全溶解。

③ 加入柠檬酸或 EDTA，这可能是为了与硝酸锌中的锌离子形成络合物。

④ 继续搅拌，直到柠檬酸或 EDTA 完全溶解。

⑤ 继续搅拌 2 h，这可能是为了让络合物充分形成和稳定。

⑥ 封好备用，这可能涉及将溶液转移到一个密封的容器中，并储存在适当的地方。

工艺流程图如图 9-4 所示。

干凝胶：将制备好的溶胶在 60 ℃～70 ℃下干燥，蒸发溶剂制得干凝胶。

（2）薄膜的制备

将制备好的溶胶通过浸渍—提拉方法得到湿膜，湿膜经热处理后得到纳米 ZnO 多孔薄膜，其合成工艺流程如图 9-5 所示，涉及的主要过程如下：

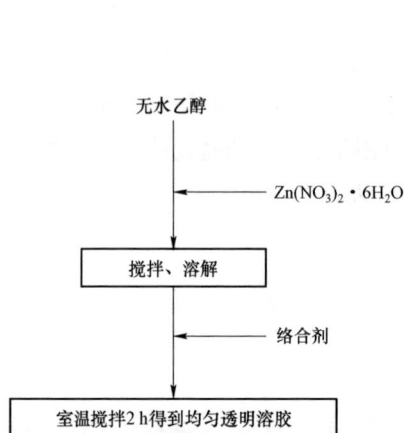

图 9-4 无机盐络合溶胶凝胶法合成薄膜工艺流程

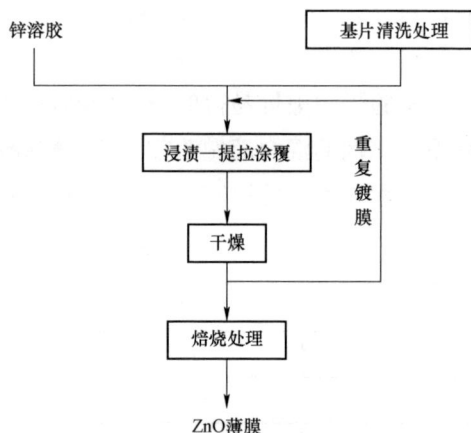

图 9-5 溶胶—凝胶法合成薄膜工艺流程

① 玻璃衬底的处理

所有实验均采用衬底为 75 mm×25 mm×1 mm 的普通载玻片。将玻璃基片先在异丙醇中用 KQ-50B 型超声波清洗器超声清洗 15 min，接着用体积比为 H_2O:HCl = 2:1 的洗涤液清洗 15 min，再用 AR 级无水乙醇超声清洗 15 min，然后放入烘箱中烘干备用。

② 浸渍—提拉法涂覆薄膜

将清洗干净的玻璃基片竖直、匀速（6 cm/min）浸入配制好的溶胶中，静置一定时间后，以同样的浸入速度垂直、匀速向上提拉基片，并在 100 ℃下干燥 5 min，重复上述操作以制备多层薄膜。镀完最后一层膜后，再在 100 ℃下干燥 30 min。

③ 焙烧处理

将干燥后的 ZnO 凝胶膜放入箱式高温电阻炉中，以一定的速度缓慢升温至一定的温度并保温 1 h，随炉自然冷却至室温，即可得到纳米 ZnO 介孔膜。

2. PEG 辅助的溶胶—凝胶法制备多孔 ZnO 薄膜

溶胶—凝胶模板材料制备技术是一种结合了溶胶—凝胶技术和模板技术的材料制备技术。它通过使用模板剂与金属或非金属源进行交联或重排，形成有机无机组装体，然后通过煅烧等方式除去有机物来制备具有特定结构和性能的纳米结构材料。这种制备技术具有一些优点。首先，制备过程相对简单。通过使用模板剂和溶胶—凝胶技术，可以控制纳米结构材料的组装和形成，从而实现简单、有效的制备过程。其次，制备效果良好。利用模板技术可以精确控制纳米结构材料的结构和性能，从而获得高质量、高性能的纳米结构材料。在制备多孔结构的膜材料方面，溶胶—凝胶模板材料制备技术具有独特的优势。多孔结构的膜材料在气体分离、催化剂载体、传感器、生物医学等领域有着广泛的应用前景。通过溶胶—凝胶模板材料制备技术，可以精确控制膜材料的孔径、孔容、比表面积等参数，从而获得满足特定应用需求的优质膜材料。

下面采用二水醋酸锌的异丙醇（PriOH）溶液为前驱液、二乙醇胺（DEA）和水为络合剂，加入表面活性剂 PEG，探索在玻璃基底上制备多孔 ZnO 薄膜。分析各种因素对形成多孔薄膜的影响，并对 PEG 在形成多孔 ZnO 薄膜中的作用进行研究。

（1）PEG 辅助的溶胶凝胶法制备锌溶胶

用分析天平准确称取一定量的 $Zn(CH_3COO)_2 \cdot 2H_2O$，将其溶解在 50 mL 异丙醇中，然后放在磁力搅拌器上加热搅拌（温度为 50 ℃～60 ℃），待溶液呈牛奶状后，用量筒准确量取一定量的二乙醇胺，逐滴加入到溶液中（30 s 内完成），再用量筒准确量取一定量的去离子水，加入到溶液中，继续搅拌。待溶液完全溶解澄清后，再加入表面活性剂 PEG2000。其过程如图 9-6 所示。

Zn(CH₃COO)₂·2H₂O　　　　　　　　溶剂（异丙醇）

搅拌

添加二乙醇胺和水

搅拌

添加表面活性剂

搅拌

透明、稳定、无色溶胶

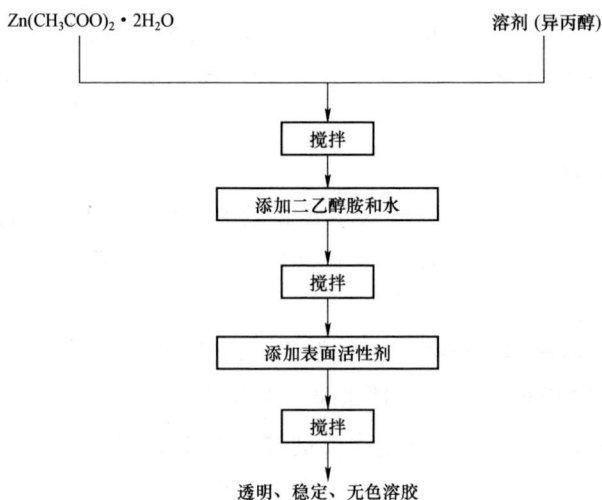

图 9-6　锌溶胶制备过程

（2）薄膜的制备

将制备好的溶胶通过浸渍—提拉方法得到湿膜，湿膜经热处理后得到纳米 ZnO 多孔薄膜，其合成工艺流程如图 9-7 所示，涉及的主要过程如下。

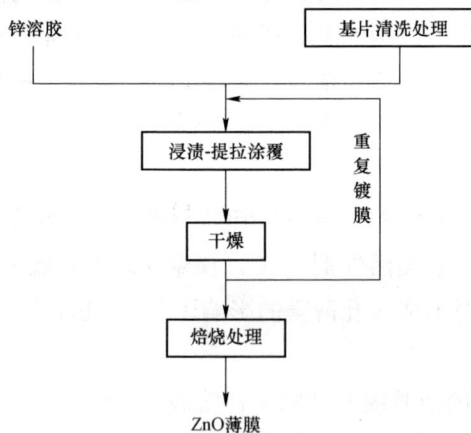

锌溶胶　　　　　　　基片清洗处理

浸渍-提拉涂覆　　重复镀膜

干燥

焙烧处理

ZnO薄膜

图 9-7　溶胶—凝胶法合成薄膜工艺流程

① 玻璃衬底的处理

所有实验均采用衬底为 75 mm×25 mm×1 mm 的普通载玻片。将玻璃基片先在异丙醇中用 KQ-50B 型超声波清洗器超声清洗 15 min，接着用体积比为 $H_2O:HCl=2:1$ 的洗涤液清洗 15 min，再用 AR 级无水乙醇超声清洗 15 min，然后放入烘箱中烘干备用。

② 浸渍—提拉法涂覆薄膜

将清洗干净的玻璃基片竖直、匀速（6 cm/min）浸入配制好的溶胶中，静置一定时间后，以同样的浸入速度垂直、匀速向上提拉基片，并在 100 ℃下干燥 5 min 后，重复上述操作以制备多层薄膜。镀完最后一层膜后，再在 100 ℃下干燥 30 min。

③ 焙烧处理

将干燥后的 ZnO 凝胶膜放入箱式高温电阻炉中，以一定的速度缓慢升温至一定的温度并保温一定时间，随炉自然冷却至室温，即可得到纳米 ZnO 多孔膜。

3. 电化学沉积法制备 ZnO 纳米阵列薄膜

（1）基本原理

电化学沉积法制备 ZnO 纳米阵列薄膜，采用硝酸锌溶液作为电化学沉积液，设置合适的生长温度和沉积电势（相对参比电极）。当进行电化学沉积并在阴极（FTO）施加电压时，溶液中的锌离子在电场的作用下运动到阴极附近，溶液中的硝酸根离子得到电子而发生还原反应，生成亚硝酸根离子，同时在阴极附近生成氢氧根离子，这些氢氧根离子与运动到阴极附近的锌离子发生反应，生成氢氧化锌，氢氧化锌在一定温度下转化为氧化锌[①]。

电化学沉积法制备纳米材料具有如下优势：① 设备简单，容易操作，原材料利用率高；② 材料生长温度低，可以在常温常压下进行操作，生成的薄膜材料中很少存在残余热应力问题，有利于增强薄膜材料与基底之间的结合力；③ 沉积速率高；④ 通过控制电压、电流、沉积液组分、pH、温度和浓度等实验参数，可以精确调控材料的化学组分、结构、厚度及孔隙率等；⑤ 适合在各种复杂衬底上生长材料；⑥ 可以进行大面积的镀覆，适用于批量生产。

（2）实验器材

试剂包括：聚乙二醇-400（分析纯）、硝酸锌（分析纯）、异丙醇（分析纯）、无水乙醇（分析纯）、乙二胺（分析纯）、去离子水等。

仪器包括：恒温加热箱、电化学工作站、磁力搅拌器、电子天平、超声清洗仪、量筒、烧杯等。分析设备包括 X 射线衍射分析仪、扫描电子显微镜等。

（3）实验器皿预清洗

首先，将实验所需用的容器进行超声清洗，并用去离子水冲洗 3 次，放入干燥箱中烘干备用。接着，将 FTO 导电玻璃切割成 1.5 cm×4.5 cm 大小，

---

① 徐志堃. 一维 ZnO 纳米结构的制备及其光化学性质的研究 [D]. 中国科学院研究生院，2012.

作为材料生长的基底；然后将切割好的 FTO 导电玻璃用去离子水、无水乙醇和异丙醇超声清洗 20 min，以去除基底表面吸附的杂质离子；最后将清洗好的 FTO 导电玻璃保存于密封的异丙醇溶液中备用。

（4）配制电化学沉积液

将一定量的硝酸锌加入 150 mL 的去离子水中，得到 0.012 5 mol 的硝酸锌溶液，然后依次加入 200 μL 的聚乙二醇-400 和 50 μL 的乙二胺，持续搅拌 1 h，得到电化学沉积液。

（5）电化学沉积法制备 ZnO 纳米阵列薄膜

① 三电极体系的设置

这是电化学沉积的基础。其中，对电极为铂丝电极，参比电极为 Ag/AgCl 电极，工作电极为预处理后的 FTO 导电玻璃。

② 沉积液温度和沉积时间的设定

在电化学沉积过程中，沉积液的温度被保持在 70 ℃，这是 ZnO 纳米结构形成的一个关键参数。沉积时间设定为 90 min，这也是一个关键步骤，因为过短或过长的沉积时间都可能影响 ZnO 纳米结构的形貌和性能。

③ 沉积结束后样品的处理

沉积结束后，立即取出工作电极并用镊子取下样品，然后置于去离子水中冲洗几次以去除可能附着的电解质或其他杂质。然后将样品放入 60 ℃ 的真空干燥箱中干燥，这一步是为了确保样品的干燥和质量的稳定。

④ 沉积条件的调控

在这个实验中，你还通过调控沉积温度（60 ℃～90 ℃）和沉积时间（60～120 min）来研究不同沉积条件对 ZnO 纳米阵列结构和形貌的影响。这是电化学沉积中非常关键的一部分，因为不同的沉积条件可能导致不同的 ZnO 纳米结构形貌和性能。

9.4 ZnO 纳米材料的应用

9.4.1 ZnO 纳米材料在能源方面的应用

ZnO 纳米材料在能源方面有多种应用，以下是一些例子。

1. 太阳能电池

ZnO 在染料敏化太阳电池中有着广泛的应用，这是因为 ZnO 可以制成多种纳米结构，如纳米线、纳米管、纳米粒子薄膜等，其中 ZnO 纳米线具有优良的结晶性能和导电性能。在染料敏化太阳电池中，ZnO 作为电解质层的一部分，可以与光敏染料接触并传递电子。这些电子被光激发的染料吸收并注入到 ZnO 导带中，从而实现光伏转换。ZnO 纳米线的高结晶性能和导电性能使其成为制造高效染料敏化太阳电池的理想材料。其能够为电子输运提供直接而快速的通道，从而提高太阳电池的电流特性。此外，ZnO 纳米线与光敏染料的相互作用也有助于提高能量转换效率。这是因为 ZnO 纳米线可以提供更多的表面区域来支持染料的吸附和电子注入，同时其高效的电子传输能力也使得电子能够在染料和 ZnO 之间快速转移，降低了能量损失，提高了能量转换效率。总的来说，ZnO 纳米线在染料敏化太阳电池中扮演着重要的角色，其优良的性能有助于提高太阳电池的效率和稳定性。

2. 场发射器件

ZnO 纳米材料也可以应用于场发射器件中，作为电子源，其具有高导电性、高化学稳定性以及低成本等优势。

3. 紫外探测器

ZnO 纳米材料对紫外光敏感，可以制成紫外探测器。

4. 气体传感器

由于 ZnO 纳米材料对特定气体分子（如二氧化碳）有反应，可以制成高效的气体传感器。

此外，ZnO 纳米材料还可以应用于纳米发电机、LED、纳米激光器等设备中。

9.4.2　ZnO 纳米材料在医学方面的应用

ZnO 纳米材料在医学方面具有广泛的应用，以下是一些例子：

1. 牙科材料

由于 ZnO 纳米材料具有高强度、高模量、抗菌特性等优点，可以将其加入复合树脂体系中，显著提高复合树脂的力学性能，同时可以替代传统的烤瓷牙。

2. 手术服材料

ZnO 是一种宽带隙半导体材料，具有良好的光电特性。它的纳米粒子具有较高的光催化活性和紫外线防护性能。在紫外线辐射下，ZnO 纳米材料能够吸收紫外线并将其转化为热能或电能，从而避免对人体造成伤害。

当将 ZnO 纳米材料应用于手术服时，它可以通过以下方式实现紫外线防护。

（1）吸收紫外线：ZnO 纳米材料能够吸收紫外线并将其转化为热能或电能，从而减少紫外线的能量。

（2）散射紫外线：当紫外光的波长远大于 ZnO 纳米材料的粒径时，纳米粒子可以向各个方向散射紫外线，从而降低紫外线在照射方向上的强度。

（3）反射紫外线：ZnO 纳米材料还可以反射紫外线，阻止其穿透材料并保护内部结构。

总之，ZnO 纳米材料是一种具有紫外线防护功能的材料，可以应用于手术服的生产中，以保护医护人员和患者免受紫外线的伤害。

3. 生物医学领域

ZnO 纳米材料在生物医学领域中具有广泛的应用，如分子荧光探针、抗菌、生物传感器、药物载体、肿瘤光化学治疗等。

此外，ZnO 纳米材料还可以应用于药物载体和肿瘤治疗等方面。在药物载体方面，ZnO 纳米材料具有良好的生物相容性和药物吸附能力，可以将药物吸附在其表面，形成药物载体，将药物输送到病变部位，提高药物的疗效。在肿瘤治疗方面，ZnO 纳米材料可以作为光敏剂，在特定波长的光照下产生光化学反应，杀死肿瘤细胞。

9.4.3 ZnO 纳米材料在磁性材料方面的应用

ZnO 纳米材料在磁性材料方面具有广泛的应用，以下是一些例子。

1. 软磁材料

纳米材料在软磁材料中的应用确实具有诸多优势，如高磁导率、低损耗、高饱和磁化强度等，已经应用于开关电源、变压器、传感器等方面，可实现器件的小型化、轻型化、高频化以及多功能化，近年来发展十分迅速。如工业上广泛使用的锰锌铁氧体，是一种软磁材料，其制造工艺极为复杂，需要在 1 300 ℃下进行烧结。如果采用纳米 ZnO 作原料，不仅可以简化制造工艺，而且还可以提高产品的"均一性"和磁导率，减少产品在烧制过程中破裂的损失，降低烧结温度，使产品质量显著提高。

2. 磁存储材料

ZnO 纳米材料可以用于制备高密度磁存储材料，利用其超顺磁性和量子效应等特性，可以实现高密度、快速、可靠的磁存储。

9.4.4　ZnO 纳米材料在催化剂方面的应用

ZnO 纳米材料在催化剂方面具有广泛的应用，以下是一些例子。

1. 光催化剂

纳米 ZnO 粒子可以作为光催化剂，促使反应速率提高 100～1 000 倍，且不引起光的散射，同时具有大的比表面积和宽的能带。这种特性使纳米 ZnO 在各种催化反应中得到广泛应用，被认为是一种极具应用前景的高活性光催化剂。

2. 热催化剂

纳米 ZnO 可以作为热催化剂，与高氯酸铵按一定比例混合研磨，可以催化高氯酸铵在加热条件下的分解，降低分解温度。

此外，ZnO 纳米材料还可以作为抗菌材料、空气净化材料、化妆品中的紫外线屏蔽剂、橡胶活化剂和增强剂等多种不同用途。

9.4.5　ZnO 纳米材料在涂料方面的应用

ZnO 纳米材料在涂料方面具有广泛的应用，以下是一些例子：

1. 抗菌涂料

纳米 ZnO 具有较好的抗菌和抗炎活性，可以用于制备抗菌涂料。在制备过程中，纳米 ZnO 粉体需要与涂料基质混合均匀，使涂层中含有一定量的纳米 ZnO，从而发挥其抗菌作用。

2. 防霉涂料

纳米 ZnO 可以用于制备防霉涂料，通过抑制霉菌生长和繁殖，从而达到防霉效果。在制备过程中，纳米 ZnO 需要与防霉剂、涂料基质等原料混合均匀，形成均匀稳定的涂料体系。

3. 屏蔽紫外线涂料

纳米 ZnO 具有较好的紫外线屏蔽作用，可以用于制备屏蔽紫外线涂料。在制备过程中，纳米 ZnO 需要与涂料基质混合均匀，使涂层具有较好的紫外线屏蔽效果。

4. 复合增强性涂料

纳米 ZnO 具有高透明性、抗菌性、屏蔽紫外线等性能，可以用于制备复合增强性涂料。在制备过程中，纳米 ZnO 需要与多种纳米材料、助剂等混合均匀，形成均匀稳定的涂料体系，提高涂料的综合性能。

9.4.6　ZnO 纳米材料在陶瓷方面的应用

ZnO 纳米材料在陶瓷方面的应用包括以下几个方面。

1. 陶瓷添加剂

ZnO 纳米材料可以作为陶瓷添加剂，在陶瓷制品的制造过程中加入适量的纳米 ZnO，可以提高陶瓷的硬度、耐磨性、抗冲击性、抗氧化性等性能，同时可以增强陶瓷制品的自洁作用，使其具有更好的抗菌除臭和分解有机物的作用。

2. 陶瓷催化剂载体

ZnO 纳米材料可以作为陶瓷催化剂载体，在催化剂领域中具有广泛的应用。例如，将纳米 ZnO 与特定的催化剂结合，可以制备出具有高活性的催化剂，用于催化氧化、还原、加氢等反应。

3. 陶瓷传感器

ZnO 纳米材料可以作为陶瓷传感器材料，用于制造传感器。例如，纳米 ZnO 薄膜可以作为化学传感器材料，用于检测空气中的化学物质，以及各种生化指标。

4. 陶瓷涂层

ZnO 纳米材料可以作为陶瓷涂层材料，在涂层制备中加入适量的纳米 ZnO，可以显著提高涂层的硬度、耐磨性、抗冲击性、抗氧化性等性能，并可以增强涂层的自洁作用，使其具有更好的抗菌除臭和分解有机物的作用。

9.4.7　ZnO 纳米材料在橡胶方面的应用

ZnO 纳米材料在橡胶方面的应用主要包括以下几个方面。

1. 增强橡胶的力学性能

纳米 ZnO 可以与橡胶分子链进行物理和化学结合，显著提高橡胶材料的耐磨性、硬度、弹性和韧性等机械性能。

2. 改善橡胶的阻燃性能

作为一种优良的阻燃剂，纳米 ZnO 可以提高橡胶材料的阻燃性能，有效阻止火焰扩散，从而延长橡胶材料的使用寿命。

3. 提高橡胶的耐候性能

纳米 ZnO 具有极高的光稳定性和耐候性，可以增强橡胶材料的抗氧化、抗紫外线能力和耐候性能。

4. 静电屏蔽材料

在某些应用场景中，纳米 ZnO 还可以作为静电屏蔽材料，保护橡胶制品免受静电干扰。

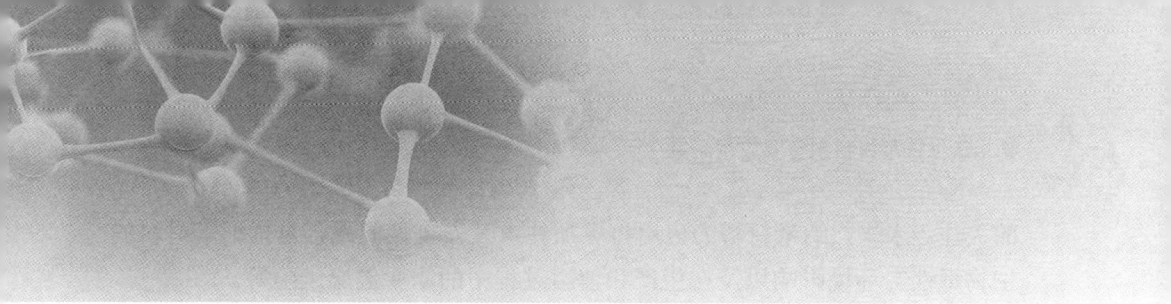

结　语

纳米材料由于技术含量高、产品应用广，具有很好的发展前景。纳米材料的制备及应用的发展趋势可以从以下几个方面进行总结。

1. 多元化制备方法的开发

物理法、化学法和生物法等多种制备方法并存，且每种方法都有其独特优势和局限性。例如，物理法中的气相沉积法和溅射法可以制备出高质量、大面积的纳米材料，但制备过程受到设备限制；化学法中的溶胶—凝胶法和沉淀法可以实现大规模制备，但需要精确控制反应条件。未来，纳米材料的制备方法将更加多元化，不同方法之间的融合和交叉使用将更加普遍。

2. 绿色环保制备技术的推广

随着对环保问题的重视，纳米材料的绿色环保制备技术越来越受到关注。生物法作为一种环保的纳米材料制备方法，已经受到广泛关注。此外，化学法中的一些环境友好的制备技术，如微波辐射法也将得到更广泛的应用。

3. 跨领域应用研究的拓展

纳米材料的应用领域已经涵盖了能源、医疗、环保、信息等众多领域，未来将进一步拓展到更广泛的领域。例如，纳米材料在新能源领域的电池和太阳能电池制备中具有重要作用；在生物医学领域，纳米材料可被用于药物输送、生物成像和治疗等方面；在高端材料领域，纳米材料可被用于制备高性能复合材料和高强度钢等。

4. 理论模型的深入研究

纳米材料的制备和应用涉及复杂的物理、化学和生物过程，需要深入的理论模型来指导实验研究。未来，随着计算科学和理论模型的发展，通过计算机模拟和理论计算来预测纳米材料的性能和优化制备条件将更加普遍。

5. 关注纳米材料的安全性问题

随着纳米材料应用范围的扩大，纳米材料的安全性问题也逐渐引起人们的关注。未来，纳米材料的应用将更加注重其安全性问题，包括纳米材料的生物毒性、环境影响以及在生产和使用过程中的职业健康风险等。

总的来说，纳米材料的制备及应用具有巨大的发展潜力，未来的发展趋势将更加注重多元化制备方法的开发、绿色环保制备技术的推广、跨领域应用研究的拓展、理论模型的深入研究以及关注纳米材料的安全性问题。同时，也应该认识到纳米材料的应用前景和挑战，继续深入研究和探索纳米材料的新颖性质和潜在应用，以推动纳米科技的发展和应用。

参考文献

[1] 汪济奎，郭卫红，李秋影. 新型功能材料导论 [M]. 上海：华东理工大学出版社，2014.

[2] 练勇，姜自莲. 工程材料与成形技术 [M]. 北京：电子工业出版社，2012.

[3] 梁伯润，屈凤珍，潘利华，等. 高分子物理学 [M]. 北京：中国纺织出版社，1999.

[4] 朱和国，王恒志. 材料科学研究与测试方法 [M]. 南京：东南大学出版社，2008.

[5] 祁景玉. 现代分析测试技术 [M]. 上海：同济大学出版社，2006.

[6] 李群. 纳米材料的制备与应用技术 [M]. 北京：化学工业出版社，2008.

[7] 杨万泰. 聚合物材料表征与测试 [M]. 北京：中国轻工业出版社，2008.

[8] 黄开金. 纳米材料的制备及应用 [M]. 北京：冶金工业出版社，2009.

[9] 李晓俊，刘丰，刘小兰. 纳米材料的制备及应用研究 [M]. 济南：山东大学出版社，2006.

[10] 叶颖. 沉淀法制备纳米氧化铝粉体的研究 [M]. 南京：南京工业大学，2006.

[11] 刘虎威. 气相色谱方法及其应用 [M]. 北京：化学工业出版社，2010.

[12] 吴辉煌. 应用电化学基础 [M]. 厦门：厦门大学出版社，2006.

[13] 夏蔡娟. 纳米技术与分子器件「M」. 西安：西北工业大学出版社，2012.

[14] 倪星元，姚兰芳，沈军，等. 纳米材料制备技术 [M]. 北京：化学工业出版社，2008.

[15] 徐志军，初瑞清. 纳米材料与纳米技术 [M]. 北京：化学工业出版社，2010.

[16] 孙万昌，张毓隽. 先进材料合成与制备 [M]. 北京：化学工业出版社，2016.

［17］王世敏，许祖勋. 纳米材料制备技术［M］. 北京：化学工业出版社，
　　　2002.

［18］翟庆洲. 纳米技术［M］. 北京：兵器工业出版社，2006.

［19］李凤生. 微纳米粉体技术理论基础［M］. 北京：科学出版社，2010.

［20］杨玉平. 纳米材料制备与表征—理论与技术［M］. 北京：科学出版社，
　　　2021.

［21］董晓臣，刘斌，黄啸谷，等. 材料制备原理与技术［M］. 北京：中国
　　　科技出版传媒股份有限公司，2022.

［22］施利毅. 纳米材料［M］. 上海：华东理工大学出版社，2007.

［23］张倩. 高分子近代分析方法［M］. 成都：四川大学出版社，2020.

［24］杨立荣，王春梅. 氧化锌纳米材料制备及应用［M］. 北京：化学工业
　　　出版社，2016.

［25］童忠良. 纳米化工产品生产技术［M］. 北京：化学工业出版社，2006.

［26］夏法锋，马春阳，王明. 机械零件表面沉积纳米镀层及测试技术
　　　［M］. 哈尔滨：哈尔滨工程大学出版社，2011.

［27］王树，刘礼兵，吕凤婷. 纳米材料前沿纳米生物材料［M］. 北京：化
　　　学工业出版社，2018.

［28］唐元洪. 纳米材料导论［M］. 长沙：湖南大学出版社，2011.

［29］孙兰，文玉华，严家振，等. 功能材料及应用［M］. 成都：四川大学
　　　出版社，2015.

［30］李凤生，杨毅. 纳米功能复合材料及应用［M］. 北京：国防工业出版
　　　社，2003.

［31］潘峰，周天胜，刘美娜，等. 现代毛纺技术［M］. 北京：中国纺织出
　　　版社，2017.

［32］林志东. 纳米材料基础与应用［M］. 北京：北京大学出版社，2010.

［33］高家武. 高分子材料近代测试技术［M］. 北京：北京航空航天大学出
　　　版社，1994.

［34］张玉龙. 纳米复合材料手册［M］. 北京：中国石化出版社，2005.

［35］陈雪莲. 中空二氧化硅纳米粒子制备减反射薄膜的研究［D］. 杭州：
　　　浙江工业大学，2014.

［36］刘荣. 基于 ZnO 和 TiO_2 纳米结构敏化太阳能电池的光电化学性能
　　　［D］. 湖北大学，2016.

［37］吴玉凤. 化学沉淀法制备 ZrO_2 纳米粉体及机理研究［D］. 哈尔滨：哈尔滨理工大学，2005.

［38］盛楠. 一维 ZnO 纳米材料压电电子学效应及其应用基础［D］. 北京科技大学，2017.

［39］林志伟. 功能陶瓷材料研究进展综述［J］. 广东科技，2014（14）.

［40］朱其永. 纳米复合材料制备技术及最新进展［J］. 陶瓷学报，2005（01）.

［41］曹立新，袁迅道，万海宝，等. 溶胶—凝胶法制备有机—无机纳米复合材料［J］. 应用化学杂志，1998（03）.

［42］刘结，滕翠青，余木火. 纳米复合材料研究进展［J］. 合成技术及应用，2000（04）.

［43］邬润德，童筱莉，周安安. SOL-GEL 法制有机聚合物/无机纳米粒子复合材料［M］. 浙江工业大学学报，2000（04）.

［44］答元. 纳米磁性材料的研究现状［J］. 现代商贸工业，2007（10）.

［45］陈国华，陈琳. 纳米磁性材料及器件的发展与应用［J］. 电子元器件应用，2002（C1）.

［46］韩宏学，孙常青，桑志强，等. 纳米技术在毛（绒）纤维上的应用［J］. 技术创新，2004（04）.

［47］邓辉，施冬梅，杜仕国. 有机无机纳米复合材料的制备方法［J］. 现代化工，2000（11）.

［48］吴崇浩，王世敏. 纳米微粒表面修饰的研究进展［J］. 化工新型材料，2002（07）.

［49］王铀，沈静姝. 制备聚合物纳米复合材料展望［J］. 化工新型材料，1998（01）.

［50］张超灿，韦丽莉，汤先文，等. 纳米技术与复合材料［J］. 玻璃钢（复合材料），2002（06）.

［51］徐广标，刘维，楼英，等. 木棉纤维拉伸性能的测试与评价［J］. 东华大学学报：自然科学版，2009，35（5）.

［52］梁顺可. 纳米机器人发展综述［J］. 科技展望，2015（07）.

［53］刘志宏，张淑英，刘智勇，等. 化学气相沉积制备粉体材料的原理及研究进展［J］. 粉末冶金材料科学与工程，2009，14（6）.

［54］涂盛辉，吴佩凡，巫辉，等. 水热法制备不同形貌纳米 ZnO 阵列及光

学性能的研究［J］. 功能材料，2012，43（24）.

［55］谭英杰，梁玉蓉. 生物医用高分子材料［J］. 山西化工，2005，25（4）.

［56］董显林. 功能陶瓷研究进展与发展趋势［J］. 中国科学院院刊，2003（6）.

［57］Towata A, Hwang H J, Yasuoka M, et al. Seeding Effects on Crystallization and Mirostructure of Sol gel Derived PZT Fibers［J］. J Mater Sci, 2000, 35.

［58］Park Y I, Kim C E. Effects of Catalyst and Solvent on $PbTiO_3$ Fibers Prepared from Triethanolamine Complexed Titanium Isopropoxide［J］. J Sol gel Sci Technol, 1999, 14.

［59］Tsai M T. Preparation and Crystallization of Forsterite Fibrous Gels［J］. J Eur Ceram Soc, 2003, 23.

［60］Zhang K, Zheng L, Zhang X, et al. Silica-PMMA core-shell and hollow nanospheres［J］. Colloids & Surfaces A Physicochemical & Engineering Aspects, 2006, 277(1-3).

［61］Liu T T, Wang M H, Zhang H P. Synthesis and Characterization of ZnO/Bi_2O_3, Core/Shell Nanoparticles by the Sol-Gel Method［J］. Journal of Electronic Materials, 2016, 45(8).